大安全观研究丛书

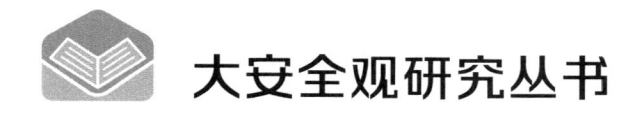

安全哲学初探

Introduction of Safety Philosophy

亓 光 王恩元 主编

中国矿业大学出版社
·徐州·

内 容 提 要

本书依托中国矿业大学安全科学与工程学科群等优势学科,针对公共安全、人工智能安全、意识形态安全、生态安全的科技创新文化,中国科技创新理念与体制,科技创新伦理风险与治理进行探究。

本书适合安全科学与工程研究人员以及哲学、政治学和科技哲学等专业研究者以及爱好者阅读。

图书在版编目(CIP)数据

安全哲学初探 / 亓光,王恩元主编. — 徐州:中国矿业大学出版社,2024.8. — ISBN 978-7-5646-6369-8

Ⅰ.X9

中国国家版本馆 CIP 数据核字第 20245RN301 号

书　　名	安全哲学初探
主　　编	亓　光　王恩元
责任编辑	何晓明　何　戈
出版发行	中国矿业大学出版社有限责任公司
	(江苏省徐州市解放南路　邮编 221008)
营销热线	(0516)83885370　83884103
出版服务	(0516)83995789　83884920
网　　址	http://www.cumtp.com　E-mail:cumtpvip@cumtp.com
印　　刷	苏州市古得堡数码印刷有限公司
开　　本	787 mm×1092 mm　1/16　印张 14　字数 274 千字
版次印次	2024 年 8 月第 1 版　2024 年 8 月第 1 次印刷
定　　价	62.00 元

(图书出现印装质量问题,本社负责调换)

序　一

随着科学技术的加速发展及其对人类生活世界的深远影响,技术不断呈现出一种客观、独立、自主的力量,成为现代性批判的核心问题之一。特别是面对当代技术的巨大风险,安全问题成为技术现代性批判的"焦点"。传统上,技术(工程)安全往往作为一种工程技术问题,被界定为风险计算、量化或通过实证检验的客观问题。但在不断形成的技术社会中,技术的影响从物理层面转移到精神层面,从外在自然界转变为人类的肉身,从局部微观走向整体聚合的维度。技术尽管是人类社会历史的产物和本质力量的对象化,但是技术同样显现出一种巨大的独立性而超脱人类的控制,从而在生存论层面影响了人类安全的方方面面。因此,在人机日益融合的技术社会中,安全绝不仅仅是技术工程范式下的"实证问题",而涉及哲学、文化、历史、价值观、伦理等社会历史因素。

何为技术社会？早在19世纪,面对机器大工业的诞生,马克思把当时的技术称为自动机器体系——一种庞大的自动机。在资本主义应用条件下,自动的机器体系日益呈现为一种独立的、具有生命力的存在,而人则异化为机器的智能器官和活的附属物。随着技术的发展,20世纪初期,卡尔·雅斯贝尔斯在《时代的精神状况》一书中指出,技术已然成为现代性的基础和本质特征。但真正提出技术社会概念的是法国著名技术哲学家雅克·埃吕尔。在《技术社会》一书中,他提出,现代社会是一个不断进步的技术文明社会,这意味着技术的不断扩展和不可逆转的规则延伸到生活的所有领域。技术不再是狭义上的机器,不再是一种手段和中介,而成为一种独立和自主的实在。埃吕尔详细描述了现代技术的本质,技术选择自动化、技术的自我增强、技术一元论和技术的自主性成为现代技术社会的内在特质。甚至于,现代技术独立于社会经济和政治,并引发了社会、政治和经济的巨大变革。

更重要的是，就人与现代技术的关系而言，作为创造物的技术越来越独立于人而具有自己的发展趋势，就此而言，技术成为一种命运，而人成为催化剂。这一观点深深影响了兰登·温纳。在《自主性技术》一书中，他指出，技术渗透了生活世界的各个角落，掌控着自身的进程、速度和目的。技术不再作为一种中立工具而完全受制于人类，而是演变为超出既定目的设置的技术巨系统，相伴而生的是技术行动后果的不确定性和难以控制性。技术不再是社会系统的一个组成部分，而成为社会发展的决定性力量，建构了一种内在具有"人工性"的技术文明。由此可见，技术成为人类的一种生活方式。温纳指出，技术社会不再是狭义上的技术专家统治论，而是"对有生命以及无生命对象加以改造、支配和调整，使之与纯粹的技术结构和秩序完全相符的全部能力"。技术社会日益呈现出隐形的复杂性，具有内在的系统性的风险与危险。当利用技术工具去解决技术系统带来的问题时，总是会产生意想不到的灾难性后果。因此，安全问题不再是一种"技术本身"的问题，而是技术社会系统的"弗兰肯斯坦难题"。

通过技术社会的论述，可以发现技术安全是技术社会系统的历史性生成效应，具有生存论意蕴。换言之，技术具有内在的不确定性、应用范围的不确定性、应用后果的不确定性，即安全问题成为存在论意义上的确定性丧失。针对此种境况，不得不提20世纪哲学家京特·安德斯的《过时的人》。安德斯指出，面对现代技术，人类产生了一种"普罗米修斯的羞愧"，即在自己制造的技术产品面前感到一种自叹不如的羞愧。特别是人类在原子弹符号下的存在是一种随时等待被判决的命运。"任何人难免一死"在技术人造物——原子弹的巨大威慑下已经变得毫无意义，因为人类作为整体可以被灭绝。当然，这并不是一种事实层面的描述，而是人类制造的原子弹已经在方法论层面将自己"消灭"。在安德斯看来，原子弹不再是手段。作为达成目的的媒介的手段在完成目的之际，其自身的某一"量"也就消失了。很明显，原子弹一旦爆炸，其效应远远超出事先设定的目的和人类期望的目的，产生一种"超验的终结性效应"。原子弹成为一种绝对性的危险，成为海德格尔所言的"座架"，人成为被限制、计算和摆置的对象。在存在论层面，人类不断走向自己制造的世界末日，陷入了虚无主义境地。

与安德斯在哲学层面以原子弹为例深度思考技术安全的生存论向度不同，乌尔里希·贝克则从风险社会的角度对技术安全的现代性症候进行了深度批判。风险是指工业社会中不可计算性的后果和威胁，具有现实性和非现实性的双重维度。现实性的风险是指业已发生的诸如化工污染、生态破坏等危险；而非现实性的风险则表示未来可能发生的不确定性后果。技术现代性的风险不再是传统意义的威胁，而是一种工业化进程中相伴而生的产物，超越了地域性，具有全球性效应。贝克指出，高度发展的核技术和化学工业的危险具有无法预料的后果,成为社会历史发展的主宰力量,拥有自身分配的平等性和非正义性逻辑。进而言之,技术风险既具有"实在性",又具有"建构性"。在建构性维度上,技术风险被理解为生产出特定不确定性的实践,其特征不在于事实层面的正在发生的危险,而是未来的可能性风险。当然,风险的建构性并不是一种主观臆想,而是指技术自身因偶然性、危险性、复杂性和潜伏性而产生超出人类感知的危险。对此,美国工程哲学家查尔斯·佩罗提出了高风险技术与正常事故理论。技术系统的本质特征必然产生不可避免的事故,这是一种系统性风险。换言之,高风险技术实践导致的偶然性、复杂性、断裂性等构成了风险社会中技术制造的不确定性。

当然,随着技术逻辑的自我演进,技术实践的安全性挑战样态也日益发生变化,从化学工业、核工业、能源工业等大工程的灾难性事故形态转变为以基因工程技术、合成生物技术和人工智能技术等对人类自身进行改造所带来的安全性问题。特别是以大工程、大装备为代表的现代科学技术,逐渐演变为技性科学,不断融合中形成了会聚技术(NBIC),即纳米技术、信息技术、生物技术和认知科学的相互渗透和融汇。因此,随着智能技术和生命技术的融合,当代技术的一个重要特征是对生命进行深度设计和建造。安全性问题不再是一个外在的负面事件的影响,而是在本体上重构人类基因、肉身、认知和生命所带来的风险问题。正如哲学家汉斯·尤纳斯所言,当人类——生物学的实体被当代技术侵袭的时候,隐私、自由、公平与正义等伦理问题都被重构。基因工程技术在微观尺度层面以"增强与改善"人类为目的,带来的最大不安全是技术生命形态的创造和人性丧失的风险。这种追求"完美肉体和灵魂"的超人类技术不再是乌托邦式的理想,而正在借助于新一轮科技革命不断实现。自然与人造、人与机器等界限不断消融,引发了人性安全与人的存在论安全的反思。在超人类主义与生物保守主义的争论范式中,生命技术对人的干预实践的现实风险不断凸显。面对生命技术的威胁,迈克尔·桑德尔和弗朗西斯·福山分别发出"反对完美:科技与人性的正义之战"和"用政治锁死超人类技术"的声音,以维护人的自然性和安全性。

如果说生命技术是社会技术化的内在路径,那么人工智能技术则是社会技术化的外在路径。人工智能技术的广泛应用与推进引发了人类的生产方式、生活方式和思维方式的改变,带来了技术层面和社会伦理层面的安全风险。在技术层面,人工智能安全问题主要包括数据安全、信息安全、算法安全和平台安全等问题。在社会伦理层面,人工智能技术引发了政治安全、经济安全、社会安全、意识形态安全等种种问题。特别是在日常生活场景中,数据隐私、大数据杀熟、深度伪造、智能决策等对人们的生命、健康、自由和财产安全造成前所未有的威胁。人工智能与人构成了"社会行动体",在人机交互的过程中,智能机器作为类人行动体带来了"技术黑箱",让安全问题更加隐蔽和复杂化。

由上可知,在技术文明社会的推进中,安全问题已经超出了狭义的技术事故,具有多重维度。一方面,安全是一种确定性的追求,代表着绝对安全世界建构的乌托邦幻想;另一方面,在实践中,安全是一种可接受性风险,受到技术水平、文化、制度、社会伦理观念、经济利益的制约和建构,本质上是一种价值排序中的相对安全。更重要的是,安全是一种生存论意义上的人类的自我关照,如何在"巨机器"不断崛起的技术文明时代建构守护人类的安全文化与安全伦理,这既是一种现实选择,更是一种实践智慧。

教育部长江学者特聘教授
南京大学马克思主义学院教授、博士生导师 胡大平

序 二

科学技术是一把双刃剑，在促进社会发展的同时也会带来潜在的风险。正如习近平总书记所言："科技是发展的利器，也可能成为风险的源头。要前瞻研判科技发展带来的规则冲突、社会风险、伦理挑战，完善相关法律法规、伦理审查规则及监管框架。"因此，面对科学技术活动不断显现的社会利益和公共安全的威胁、风险与灾难，我国颁布了《关于加强科技伦理治理的意见》等重要文件，提出了"科技创新，伦理先行"的发展理念。所谓伦理先行，是将科技伦理要求贯穿科学研究、技术开发等科技活动全过程，促进科技活动与科技伦理协调发展、良性互动。在科技伦理的众多问题之中，重要问题之一是合理控制科技活动的风险。由于科学技术本身的不确定性和应用的不确定性，特别是科技成果的误用、滥用可能会危及社会安全、公共安全、国家安全、生物安全和生态安全，因此，科技伦理绝不是对科技活动的限制，相反，科技伦理恰恰是推动科技向善、确保科技安全的重要保障。

与科技伦理相伴而行的是工程伦理的兴起和发展。工程伦理问题是指人类工程实践活动中出现的伦理风险和困境。工程特别是重大工程是塑造文明、改造世界、推动人类社会进步和经济发展的阶梯和引擎，构成了现代社会存在和发展的基础。如果说科学的核心是以追求客观世界的普遍性规律为目的，技术是以发明为核心，体现为人类改造客观世界的方法和技能，那么工程则是人类能动地改造客观世界和建造人工世界为目的的活动。因此，工程活动实际上是科学技术与社会的互动过程，在持续创造巨大社会效益和经济价值的同时，也产生了一系列复杂的社会伦理风险。相较于科学和技术的"可重复性"，作为"造物"和"做事"的工程是一种解决特定问题的实践活动，涉及自然环境、社会文化、组织管理等方方面面，需要处理特殊性、偶然性和具体性的问题。就这个意义而言，工程活动是一种社会实践,不仅涉及人与自然的关系,更涉及人与人、人与社会的关系。一方面,工程实践需要处理自然生态平衡问题,比如化工厂或核电站的选址往往需要处理生态环境破坏和周边居民的生态补偿等问题;另一方面,工程实践需要合理计算和应对其相应的经济收益和社会各群体的利益诉求与冲突。特别是现代工程活动是一种"高科技工程",具有大规模的汇聚性,即各种科学技术的交叉应用和经济、社会、管理、文化、制度因素的融合,从而对社会政治经济的影响达到前所未有的规模和广度。因此,当代工程活动本身承载着复杂的社会价值,是"技术活动的工程""经济活动的工程""社会活动的工程""伦理活动的工程"。因此,工程活动是一种真理尺度和价值尺度辩证统一的社会实践,应该追求真、善、美的统一。

人类在不确定性的世界中借助科学技术与工程活动追求确定性,即建构一个"安全的世界"。如果说科学技术与工程活动是创造"安全世界"的硬件构成,那么科技伦理和工程伦理则是塑造"安全世界"的软件因素。在安全世界创建的硬件因素中,有一门学科是"安全科学与工程"。安全科学旨在揭示人类免受外界危险伤害的客观规律,安全工程则侧重于研究在具体安全工程实践中如何确保人-机-环境处于和谐稳定的状态。因此,安全科学与工程不仅需要从理论与实践层面应对人类工程活动中的技术风险,还需要处理人为因素产生的风险和环境风险。而作为维护和改善人类福祉和健康的先决条件的安全是具体环境中不同因素相互影响而产生的一种动态平衡的结果,具有两个维度:一个维度是客观性维度,需要通过技术手段进行客观参数的评估和测算;一个是主观性维度,涉及政治、经济、文化等诸多因素,是一种"社会的、文化的建构物",并不是一种绝对的客观实体。因此,如何从哲学的角度探索安全科学与工程中的本体论、认识论与方法论问题,阐释安全文化和安全文明的建构路径,成为当前技术文明时代的应有之义。

特别是面对新一轮科技革命广泛推进带来的机遇和挑战,如何应对挑战、把握机遇,推动中国从工程大国迈向工程强国成为一个重要的理论和实践问题。为此,我们必须转变工程理念,推进"跨领域、跨行业和跨学科"的"大安全"的文、工、理、管交叉融合的发展新路径,积极探索工程强国下的安全哲学与文化建设。以文厚工,让社会价值内嵌入安全科学与工程学科群,塑造以人为本的安全伦理、安全哲学与安全文化,从而推动安全领域的负责任的科技创新和社会服务。新时代的大工程应该坚持安全至上、以人为本的"工程向善"的发展理念,让工程成为人类安全的坚实后盾,实现工程、人类社会、自然世界的有机融合。因此,安全哲学与文化的研究有助于建设有温度、厚度、高度和广度的大工程,更好地造福人类社会,增进人类福祉。如何实现与呈现工程的人文价值和文化内涵,这不仅关系到重大工程的技术创新,更代表了重大工程在中国式现代化进程中承担的新的历史使命。

面对新时代中国工程强国建设的新要求和新理念,中国矿业大学发挥"双一流"安全科学与工程学科群的领头效应,辐射带动相关学科立足"大安全",做好"大文章",主动加强学科交叉融合,对安全哲学的跨学科研究进行尝试,以期打造"价值引领、文理渗透"的大安全学科特色品牌,致力于加快建设工程强国、实现高水平科技自立自强的重大目标。

中国矿业大学副校长 张吉雄
教授、博士生导师

前　言

"安全"是工程哲学与伦理中一个十分重大的课题。安全的研究大致分为两种模式：技术工程模式和社会文化模式。技术工程模式往往从安全度、安全系数、可靠性、事故与危险预防的角度理解和研究"安全"。相比较而言，社会文化模式更加强调安全的社会文化建构性，指出安全性和危险事故不仅由技术因素决定，而且由技术（工程）系统和社会系统互动的复杂性和文化组织因素交互而成。这种理解方式的不同往往也引发了科技专家与公众对于工程安全和技术安全的认知差异与争议。

特别是在中国工程现代化和科技创新的进程中，我们究竟应该怎样理解和阐释"安全"？技术安全或工程安全的本质是什么？技术安全或工程安全的争议何以产生？技术安全或工程安全的决策机制是什么？在重大工程基础设施建设中和科技发展推进中，如何确定一种科学技术层面和社会文化层面的具有可接受性的"安全标准"？面对技术安全和工程安全的不确定性，如何应对安全的价值争议和文化冲突？如何理解技术安全和工程安全的社会实践语境？所有这些问题实际上都需要从哲学层面和文化层面对"安全"进行深入研究和专门探讨。

本书正是围绕上述问题，在哲学、文化学、政治学的跨学科的理论语境中，对安全概念与理论进行专门研究和阐释。

第一章"安全哲学论纲"，着重分析中国古代哲学中关于国家安全的思想。本章通过对比东西方社会三元结构的历史文化差异性，阐释以商鞅和韩非子为代表的先秦法家的国家安全政治主张与理念，旨在揭示中国古代先秦法家的国家安全哲学思想遵循三元功能型社会结构模式。

第二章"安全伦理论纲"，从安全何以关涉伦理出发，详细阐释了安全与可接受性风险、安全的不确定性维度、安全的价值选择和排序。在此基础上，指出本体性安全的生活世界意蕴和安全伦理凸显。面对现代科技安全悖论,有组织的不负责任导致了责任伦理困境,为此如何建构安全伦理以应对现代科技的风险和负面效应成为一个重要问题。

第三章"安全文化论纲",进一步探讨了安全文化的概念、特征功能和当代发展。本章首先对安全文化的概念进行解析,然后详细地剖析了安全文化的民族性、时代性、多样性、约束性等特征,以及安全文化的导向功能、凝聚功能、激励功能、规范调节功能和辐射同化功能。在此基础上,探讨了中国安全文化思想的发展,特别是习近平安全思想对安全文化的新发展,并指出新时代安全文化建设的思路和方略。

第四章"政治制度安全论纲"。制度安全不仅直接体现着国家政权安全和意识形态安全,而且影响着能源、粮食等其他安全。基于此,本章深入阐释了制度安全的丰富内涵与基本特征,揭示了制度安全的历史演进与价值意蕴,进而发掘新时代制度安全的现实启示。本章首先厘清了制度安全的缘起、内涵以及制度安全的基本特征,分别包括自主性与开放性、稳定性与变动性、有效性与合法性。在此基础上,深度剖析了推进制度安全建设的历史演进和价值意蕴,阐明了制度安全建设的秩序价值、正义价值和人权价值。

第五章"基于新型举国体制的科技安全建构"。国家科技安全是国家安全的重要组成部分和物质技术基础,以何种体制保障国家科技安全是影响国家安全状态与能力的关键。本章从总体国家安全观视域把握国家科技安全的系统性障碍与现实难题,基于新型举国体制与总体国家安全观的高度契合性,破解国家科技安全的系统性障碍和难题。从关键核心技术、基础研究、产业链、供应链、规则设定、创新意志方面提出以新型举国体制保障国家科技安全的方法论原则,阐述新型举国体制在维护和塑造国家科技安全中的优化重点。

第六章"意识形态安全论纲"。意识形态安全是总体国家安全观的重要组成部分,是推进中国式现代化、实现中华民族伟大复兴的坚强思想保障。本章针对西方话语霸权的三个代表性观点,以马克思主义理论为指导,从历史、理论与实践的角度批判性分析现代化就是西方化、中国威胁论以及文明冲突论等观点的历史形成、理论实质和实践影响,指出它们在理论和实践上都是不成立的,实质上都是西方向世界输出自己的意识形态,确立话语霸权以压制中国等异己者、异见者,维护自身利益和霸权地位的话语工具。揭示西方话语霸权的意识形态本质,有助于避免陷入西方意识形态话语陷阱,巩固社会主义意识形态建设的阵地。

第七章"平安乡村建设论纲"。"平安中国"是中国共产党在中国特色社会主义道路、理论、制度、文化建设进程中提出的重大战略目标。本章首先从总体国家安全观出发,详细地剖析了平安乡村建设的历史起源和现实发展,指出平安乡村建设是维护国家安全的应有之义、国家安全是平安乡村建设的坚实保障。然后详细剖析了总体国家安全观视域下平安乡村建设的现存困境、地方实践与典型路径。最后提出了总体国家安全观视域下平安乡村建设的要点与对策。

第八章"生态安全的社会支撑体系问题"。生态安全的社会支撑体系有:生态经济、生态政治和生态教育。本章首先从科技、产业和生态经济互动的关系出发,指出经济的发展应以生态安全为底线,同样,只有生态的经济形态才能为生态安全托底。然后重点剖析了生态安全的政治支撑体系,主要包括政府的生态责任、生态行动力和生态救助制度等。最后指出生态安全教育作为环境教育和安全教育的首要目标的重要性。

第九章"新型信息技术的安全哲学研究"。信息技术呈现持续快速发展态势,诱发或激化了一些新的风险和危机。本章首先论述了新型信息技术的典型特征,主要包括数字化与网络化、虚拟化、智能化、整体化、去中心化。在此基础上,阐释了新型信息技术安全风险的逻辑特点:第一,高度关联性促使风险影响扩大;第二,认知与资源不对称深化社会技术鸿沟;第三,智能化趋势诱发技术依赖问题;第四,整体性增强催生关键集成风险。最后提出了新型信息技术安全风险的应对策略。

第十章"工程科学创新中技术科学家的安全责任问题"。工程科学创新是引领中国高质量发展,推动突破"卡脖子"技术,实现科学技术自立自强的重要支柱。工程科学创新的核心是提出新的工程方案,论证其可行性、可靠性和经济性。技术科学家在工程科学创新中兼具科学创新和集成创新双重职责。本章指出技术科学家作为工程决策咨询和工程方案设计工作的主要承担者,在维护工程安全中扮演着重要角色,其首要安全责任就是维护工程伦理的底线原则,也即保障公众的安全、健康和福祉的原则,需要通过建立安全"吹哨人"制度、工程共同体安全责任共担制度等将技术科学家的安全责任落实到位。

第十一章"中华人民共和国成立初期煤炭工业安全生产的历史变迁(1949—1957年)"。中华人民共和国成立后,煤炭工业的安全生产既是经济问题,也是政治问题。本章基于大量历史数据详细分析了中国共产党针对高发频仍的安全事故,分别从思想、制度和技术三个方面展开整顿和治理工作。思想层面分别是加强安全生产教育和强化责任意识;制度层面分别是颁布规章制度、创建保安机构、组建矿山救护队;技术层面则是改善通风系统和增加安全装置,以及防治尘肺病。经过整治,中华人民共和国成立初期煤炭工业的安全生产问题得到了有效的改善,并积累了大量的经验,不过,仍然存在很多亟待解决的问题。

第十二章"中华人民共和国成立初期的水安全建设问题——以苏北地区为

例"。中华人民共和国成立初期,由于长期战争,水利工程设施遭受严重破坏,水旱灾害频繁发生,对于新生的人民政权来说,解决这一问题成了当务之急。本章以苏北"导沂整沭"工程及骆马湖改造工程为例,详细分析了中华人民共和国成立初期保障水安全建设的早期实践,在此基础上指出中国共产党治理苏北水利的出发点是为了解决水患本身,本质是为了人民。

具体编写分工如下:第一章由贾辰阳撰写;第二章由张灿、丛佳卉、王亮撰写;第三章由亓光、刘晓斐撰写;第四章由王慧撰写;第五章由刘斌撰写;第六章由郭华撰写;第七章由王琦撰写;第八章由何丹撰写;第九章由阎国华、李忠辉撰写;第十章由杨萌、王凯撰写;第十一章由王慎撰写;第十二章由孙博撰写。全书由亓光、王恩元统稿定稿。

由于能力有限,书中不足和疏漏之处在所难免,恳请广大读者批评指正。

编 者

2024 年 5 月

目　录

第一章　安全哲学论纲 ……………………………………………… 1
　第一节　三元社会与人性论基础 …………………………………… 1
　第二节　法以治理人民 ……………………………………………… 5
　第三节　术以辖制官吏 ……………………………………………… 11
　第四节　势以拱卫国君 ……………………………………………… 16

第二章　安全伦理论纲 ……………………………………………… 20
　第一节　安全何以关涉伦理 ………………………………………… 20
　第二节　本体性安全的生活世界意蕴 ……………………………… 26
　第三节　安全伦理：超越责任伦理 ………………………………… 30
　第四节　安全伦理的社会建构进路 ………………………………… 36

第三章　安全文化论纲 ……………………………………………… 41
　第一节　"安全文化"的概念解析 …………………………………… 41
　第二节　"安全文化"的特征功能 …………………………………… 42
　第三节　中国"安全文化"的发展 …………………………………… 45
　第四节　习近平安全思想对安全文化的新发展 …………………… 49
　第五节　新时代安全文化建设的思路和方略 ……………………… 53

第四章　政治制度安全论纲 ………………………………………… 56
　第一节　制度安全的缘起与内涵 …………………………………… 56
　第二节　制度安全的基本特征 ……………………………………… 58

第三节　推进制度安全建设的历史演进 ………………………… 60
第四节　推进制度安全建设的价值意蕴 ………………………… 63
第五节　推进制度安全建设的现实启示 ………………………… 67

第五章　基于新型举国体制的科技安全建构 …………………… 72
第一节　相关研究综述 …………………………………………… 73
第二节　国家科技安全的内涵与外延 …………………………… 76
第三节　总体国家安全观视域下国家科技安全的系统性障碍 … 79
第四节　新型举国体制保障国家科技安全的依据 ……………… 86
第五节　新型举国体制保障国家科技安全的优化路径 ………… 90

第六章　意识形态安全论纲 ………………………………………… 100
第一节　"现代化就是西方化"的神话祛魅 …………………… 101
第二节　"中国威胁论"的解构 ………………………………… 106
第三节　文明冲突论的破解 ……………………………………… 111

第七章　平安乡村建设论纲 ………………………………………… 118
第一节　总体国家安全观与平安乡村建设概述 ………………… 119
第二节　国家安全与平安乡村建设的辩证逻辑关系 …………… 122
第三节　总体国家安全观视域下平安乡村建设的现存困境 …… 125
第四节　总体国家安全观视域下平安乡村建设的地方实践
　　　　与典型路径 …………………………………………… 128
第五节　总体国家安全观视域下平安乡村建设的要点与对策 … 133

第八章　生态安全的社会支撑体系问题 …………………………… 137
第一节　科技、产业与生态经济 ………………………………… 138
第二节　生态安全的政治支撑体系 ……………………………… 144
第三节　生态安全教育 …………………………………………… 152

第九章　新型信息技术的安全哲学研究 …………………………… 154
第一节　新型信息技术及其典型特征 …………………………… 154
第二节　新型信息技术安全风险的逻辑特点 …………………… 158
第三节　新型信息技术安全风险的应对策略 …………………… 166

第十章 工程科学创新中技术科学家的安全责任问题 170
- 第一节 问题提出 170
- 第二节 工程科学创新中的技术科学家角色 172
- 第三节 工程科学创新中技术科学家的安全责任 175
- 第四节 提升工程科学创新中技术科学家安全责任的路径 178

第十一章 中华人民共和国成立初期煤炭工业安全生产的历史变迁（1949—1957年） 181
- 第一节 安全生产思想的宣教 182
- 第二节 安全生产制度的构建 185
- 第三节 安全生产技术的改进 189

第十二章 中华人民共和国成立初期的水安全建设问题——以苏北地区为例 193
- 第一节 "导沂整沭"工程及骆马湖改造工程实施的历史背景 194
- 第二节 新沂河的开挖与骆马湖的改造 198
- 第三节 "导沂整沭"工程及骆马湖改造工程取得的成就与历史意义 203

第一章 安全哲学论纲

先秦法家旨在实现国家安全的哲学思想遵循着三元功能型社会结构的模式,即将国家视为大写的人,是具有欲望、意志和精神的有机整体,并分别对应提供物质需求的普通民众、提供安全保障的君王和提供精神引领的智识阶层。虽然东西方社会的三元结构由于历史文化原因而存在一定差异,但以商鞅和韩非子为代表的先秦法家的政治主张与三元结构的社会模式不谋而合。"法、术、势"是对法家思想的高度概括,其中法以治理人民、术以辖制官吏、势以拱卫国君,以此来实现国家有机体的和谐稳定和长治久安。

第一节 三元社会与人性论基础

一、东西方社会三元结构的异同

将国家视为生命有机体,这种隐喻在中西方文化中都有体现。在柏拉图的《理想国》中,国家被当作大写的人,人民被大致分为三个阶层,分别是由黄金构成的统治者、由白银构成的护卫者和由铜铁构成的劳动者,三种人要依照天赋而各安其分、各司其职,国家因此就获得和平与正义。统治者的德性是智慧,对应人体的头部;护卫者的德性是勇敢,对应人体的胸膛;劳动者的德性是激情,对应人体的腹部。总之,个人品德的完满与国家实现和谐与正义,在结构和功能上是一致的。这种"身国同构"的思想也体现在中国文化中,晋代葛洪说:"故一人之身,一国之象也……故知治身,则能治国也。"①其实,先秦时期的韩非子在构建其国家安全哲学之时,已经采用了三元功能型结构的考察方法。韩非子的"法、术、势"分别对应人民、官吏和国君,上中下的三元结构颇为清晰,法以治理人民、术以辖制官吏、势以拱卫国君。如果三者的功能都得到正常发挥,国家的安全就可以得到保障。否则,"府库空虚于上,百姓贫饿于下,然而奸吏富矣"②,此即所谓"中饱私囊","中"指官吏,是与在上的国君和在下的人民相对而言的。

对于上述社会架构,法国学者皮凯蒂称之为"三元社会"或者"三元功能结构"。"最简单的三元社会由三个不同的社会群体组成,每个群体都履行着为社群服务的基本职能。他们是教士、贵族和第三等级。教士是宗教和知识分子阶层,它负责社群的精神引领、价值观和教育;通过提供必要的道德和知识方面的规范和指南,教士使得社群的历史和未来富有意义。贵族是军人阶级,它用武器提供安全、保护和稳定,从而使社群免受持久的混乱和肆虐的暴力的祸害。第三等级,即普通人,从事劳动。农民、工匠和商人提供了食物和衣服,使整个社区得以繁荣。因为这三个群体中的每一个都履行着特定的功能,三元社会也可以被称为三元功能社会。"③

中国社会的三元结构与西方社会存在着差异。西方社会中的教士,作为给社会提供精神引领的阶层,在形式上凌驾于国王和作为护卫者的军队之上,这与柏拉图《理想国》中的构想大体类似。直到近代,随着资本主义的产生和民族国家的兴起,世俗王权才得以逐渐走出中世纪神权的束缚。但在中国,社会文明在开端之时,王权就成功实现了对神权的控制。在颛顼和尧帝时期出现过两次"绝地天通"事件,"表面上要回复到人神不杂的阶段,实际上原始宗教经历了一个否定之否定的过程,人人都有权与神灵相通的局面结束了,原始宗教中的民主与平等意识逐渐消亡,神权开始为特权贵族所一手垄断"④。到了殷商时代,商王通常就是大巫师。卜辞中有大量的先王"宾于帝"的说法,"由此可见,帝为殷人的至上神,是没有疑问的"⑤。《诗经·大雅·文王》中说:"文王降陟,在帝左右",就是说文王作为祖先神,可以与帝直接沟通。在基督教传统中,能够与上帝直接沟通的是祭司、先知,而君王需要经由先知"受膏"才具有正当性。

---

① 葛洪.抱朴子[M].张松辉,译注.北京:中华书局,2011:594.
② 韩非.韩非子[M].高华平,王齐洲,张三夕,译注.北京:中华书局,2010:522.
③ PIKETTY T.Capital and ideology[M].London:The Belknap Press of Harvard University Press,2020:51-52.
④ 肖萐父,李锦全.中国哲学史:上卷[M].北京:人民出版社,1982:33.
⑤ 陈来.古代宗教与伦理:儒家思想的根源[M].北京:生活·读书·新知三联书店,2009:116.

在西方社会,王权需要得到神权的认可方才有效;而在中国,神职人员则需要经由王权的认可,甚至各种神灵都是皇帝封的,否则即属于"淫祀"范围。黑格尔评论中国的情形说:"皇帝作为天的儿子可以给神指定位置、事务和官职"。①由于神权被王权褫夺,负责对社会进行道德教化和精神引领的阶层,就不再是西方社会中的那种纯粹的宗教神职人员,而是依附于世俗权力的"士大夫"阶层。韩非子明确提出人民需"以吏为师"(《韩非子·五蠹》),而科举取士则将知识分子区分为在朝与在野两种,在朝为官吏,在野则为乡绅。作为科举取士知识体系来源的儒家思想,就具有了与西方的基督教相同的功能,"对于西方来说,政教合一之作为政治与宗教的统一,世俗权力直接受制于宗教权力,国家权力臣服于教会权力,国家必须维持教会主张的绝对权威性;对中国来说,政教合一之作为政治与教化的合一"②。

由此可见,东西方社会共同具有三元功能性社会结构:负责精神引领的是教化者,负责社会安全的是护卫者,负责物质生产的是劳动者。就权力地位高低而言,中西方稍有差别。西方社会的上、中、下三个等级的结构是教士、国王、人民,而中国则是国王、官绅、人民。我们发现,以韩非子为集大成者的先秦法家在构建其国家安全哲学的时候,无意间选择了三元功能型结构:法以治理人民、术以辖制官吏、势以拱卫国君。

二、人性论的经济基础

政治哲学通常以相应的人性论为基础,契合人性本真状态的制度设计会取得良好的治理效能,否则会适得其反。问题在于,不同的政治哲学对人性的描述也会大相径庭。儒家倡导礼乐教化,因此认为人性本善,"不教而杀谓之虐"(《论语·尧曰》)。法家认为人性本恶,仁德不足以教化人,所以,应当使用严刑峻法,"以刑去刑"(《商君书·去强》)。同理,卢梭和洛克倡导主权在民的民主政治,他们所描述的自然状态中的人善良且富于同情心;而霍布斯倡导绝对王权的专制统治,他所描述的自然状态中的人奸恶且互为寇仇。这些哲学家如实地描述人性,而后在观察到的事实基础之上建构政治哲学?还是说他们已经预先有了成熟的政治理想,而后为这种政治哲学"补妆"一套人性论假说呢?这两种追问都无法得到满意的回答。首先,如实描述人性,这是无法实现的。因为人性是抽象的,只有通过人的行为来观察,然而,人的行为又是复杂多样的,既可以支持人性

---

① 黑格尔.世界史哲学讲演录:1822—1823[M].刘立群,沈真,张东辉,等译.北京:商务印书馆,2015:144.
② 任剑涛.政治哲学讲演录[M].桂林:广西师范大学出版社,2008:245.

恶的假说,也可以支持人性善的假说。在中国哲学史上有人性善、人性恶、人性善恶混杂等多种论述,每一种论述都能在现实中找到事实依据,然而,一个事实或现象,永远无法驳倒另一个事实或现象。其次,认为哲学家先有政治理想,而后为政治理想进行理论论证,这几乎是在质疑说:哲学家是结论先行、自欺欺人的骗子。

在政治哲学与人性论基础两者之间的关系问题上,马克思和恩格斯的论述最为恰切。马克思指出:"任何真正的哲学都是自己时代精神的精华,所以必然会出现这样的时代:那时哲学不仅从内部即就其内容来说,而且从外部即就其表现来说,都要和自己时代的现实世界接触并相互作用。"①哲学思想体现的是时代精神,但哲学家所持有的立场和价值观通常是一种无意识的行为。"人们自觉地或不自觉地,归根到底总是从他们阶级地位所依据的实际关系中——从他们进行生产和交换的经济关系中,获得自己的伦理观念。"②也就是说,哲学家的伦理观念当然包括他们对人性的观察和论断,在无意识中就成了时代状态在人的头脑中的反映。马克思和恩格斯的论述给我们提供了两点启发:首先,不存在永恒不变的人性或者价值观,因为哲学是时代精神的反映,而时代精神总是与一定历史阶段的生产方式和经济基础相联系;其次,哲学家有意识的思维创造有着无意识的基础,因为他们所持有的立场和价值观是特定时代和特定阶级立场的表现,他们不自觉地成了时代精神的代言人。

据此,先秦法家也是先秦时期时代精神的代言人,他们的人性论反映了当时社会的政治经济现实。随着铁器农具的广泛使用和牛耕的出现,春秋战国时期的生产力水平明显提高,西周时期确立的井田制开始遭到破坏。新开垦的土地不属于周天子,被称为私田,私田的拥有者可以占有土地上的产物。人们开垦土地、耕种私田的积极性大大提高,对于"井"字中心的那片公田失去了兴趣,敷衍了事。③ 起初,农民的私田不用交税,后来,各国诸侯为了增加税收,开始对私田进行征税。比如,公元前685年齐国管仲采取"相地而衰征",公元前645年晋国设立"作爰田",公元前594年鲁国实行"初税亩",公元前548年楚国开始"量入修赋",公元前538年郑国子产"丘赋",公元前408年秦国推行"初租禾"。对私田征税等于官方承认了私田的合法性,可见春秋战国时期是生产关系发生大范围变革的时期。私田的扩大和税收的增加使得周天子分封的那些诸侯国经济实力迅速提高,开始逐渐脱离周天子的控制,这就表现为宗法制度的衰败。建立在

---

① 马克思,恩格斯.马克思恩格斯全集:第1卷[M].北京:人民出版社,1956:121.
② 恩格斯.反杜林论[M].北京:人民出版社,2018:98.
③ 马平安.先秦法家与中国政治[M].北京:团结出版社,2021:44-45.

血缘亲情之上的诸侯分封制度,将国视为大写的家,但人类在接续繁衍、维系大家庭的那种血脉关系方面逐渐淡薄。这在宗法制度本身也是不得不承认的:五服之外,别立小宗。生产力的发展表现为生产关系的变化,生产关系的变化进一步反映在上层建筑之中。诸侯随着经济实力增加,开始在政治上反抗周天子的权威。孔子哀叹当时礼崩乐坏的状况时说:"天下有道,则礼乐征伐自天子出;天下无道,则礼乐征伐自诸侯出。自诸侯出,盖十世希不失矣;自大夫出,五世希不失矣;陪臣执国命,三世希不失矣。天下有道,则政不在大夫。天下有道,则庶人不议。"(《论语·季氏》)如何通过集权实现社会各个阶层的和谐稳定并维护国家的安全,就成了包括法家在内的先秦诸子要解决的时代难题。

第二节　法以治理人民

一、商韩对人性的观察

我们通常认为商鞅和韩非子持有人性本恶的观点,而事实上,查遍现有文献,却找不到他们做出的人性恶的判断。《商君书》和《韩非子》中出现的"恶"绝大多数情况下都是用作动词,表示厌恶,只有极少数情况下用作形容词,但也从来没有用来界定人性。当然,如果把对人的自然好恶的描述当作对人性恶的间接论证,从而认为商韩二人持有人性恶的观点,也是合乎情理的。"韩非虽然没有写过论性恶的专篇文章,可是他在性恶说上真算是走到了极点。"[①]商韩二人均认为人性是贪生怕死、好逸恶劳、趋利避害、自私自利的。

商鞅认为人的天性是好逸恶劳、贪图名利,"民之性:饥而求食,劳而求佚,苦则索乐,辱则求荣,此民之情也。民之求利,失礼之法;求名,失性之常。奚以论其然也?今夫盗贼上犯君上之所禁,而下失臣民之礼,故名辱而身危,犹不止者,利也。其上世之士,衣不煖肤,食不满肠,苦其志意,劳其四肢,伤其五脏,而益裕广耳,非性之常也,而为之者,名也。故曰:名利之所凑,则民道之"(《商君书·算地》)。人的天性是好逸恶劳,但是名利的诱惑和驱使可以让人甘于违背人性之常,违背礼教和君上的法禁。因此,商鞅指出:"民之于利也,若水于下也,四旁无择也。"(《商君书·君臣》)

韩非子的观点与商鞅保持高度一致:"夫民之性,恶劳而乐佚。"(《韩非子·

---

① 傅杰.韩非子二十讲[M].北京:华夏出版社,2008:243.

心度》)"民之政计,皆就安利如辟危穷。"(《韩非子·五蠹》)"利之所在,民归之;名之所彰,士死之。"(《韩非子·外储说左上》)"鳝似蛇,蚕似蠋,人见蛇则惊骇,见蠋则毛起。渔者持鳝,妇人拾蚕,利之所在,皆为贲、诸。"(《韩非子·说林下》)韩非子列举生动的事例,他说:"医善吮人之伤,含人之血,非骨肉之亲也,利所加也。故舆人成舆,则欲人之富贵;匠人成棺,则欲人之夭死也。非舆人仁而匠人贼也,人不贵,则舆不售;人不死,则棺不买。情非憎人也,利在人之死也。"(《韩非子·备内》)不仅普通民众唯利是图,即便是天子,他们的进退也是围绕私利进行抉择的。韩非子说,尧舜禹时期之所以禅让天下,那是因为天子在衣食住行方面的供养甚至比奴隶还要差,"夫古之让天子者,是去监门之养,而离臣虏之劳也,古传天下而不足多也。今之县令,一日身死,子孙累世絜驾,故人重之。是以人之于让也,轻辞古之天子,难去今之县令者,薄厚之实异也……轻辞天子,非高也,势薄也;重争土橐,非下也,权重也。"(《韩非子·五蠹》)

进而,韩非子认为夫妻、父子、君臣之间都是利益关系,而不是仅仅由情感来维系的。妻子希望丈夫发财,但却不希望丈夫发大财,因为赚钱太多,丈夫有可能买小妾。父母对儿女的供养有欠缺,子女长大后会牢骚满腹;儿女对父母的赡养有欠缺,父母也会怨愤不平。韩非子还讲到了杀女婴的现象,"且父母之于子也,产男则相贺,产女则杀之。此俱出父母之怀衽,然男子受贺,女子杀之者,虑其后便,计之长利也。故父母之于子也,犹用计算之心以相待也,而况无父子之泽乎?"(《韩非子·六反》)至于君臣关系,也纯粹是利害算计的一场交易,"且臣尽死力以与君市,君垂爵禄以与臣市。君臣之际,非父子之亲也,计数之所出也"(《韩非子·难一》)。"害身而利国,臣弗为也;害国而利臣,君不为也。臣之情,害身无利;君之情,害国无亲。君臣也者,以计合者也。"(《韩非子·饰邪》)

值得注意的是,先秦法家虽然对人性的状况做出了人性恶的描述,但他们并没有从抽象的道德立场出发去抨击人性。相反,他们反复强调,能否直面人性的现实恰好是实现国家安全的枢机所在。法家没有像儒家那样教化众生,导民向善,让人们有耻且格,而是将人性的本然状态当作事实接受下来,就如同接受自然界的客观规律一样。水依照引力的原则是往低处流的,人们不需要改变这一事实,接受了事实、认识了规律,反倒可以使之服务于人类的福祉。商鞅说:"人生而有好恶,故民可治也。人君不可以不审好恶。"(《商君书·错法》)将人们的好恶之心、自利之行通过法制的措施,导入国家的公共利益之中,从而实现社会的繁荣和发展。在这一点上,先秦法家颇具辩证思维的特点。

二、法以治民

商鞅认为,"民之外事,莫难于战","民之内事,莫苦于农"(《商君书·外内》)。国家制定的法规政策若能让人民就范,主动从事于耕战,就能实现霸王之道:"民之欲利者,非耕不得;避害者,非战不免。境内之民莫不先务耕战,而后得其所乐。故地少粟多,民少兵强。能行二者于境内,则霸王之道毕矣。"(《商君书·慎法》)要想让人民去做自己厌恶的事情,就需要掌握两点立法原则:"政作民之所恶"和"利出一孔"。

第一,政作民之所恶。商鞅说:"政作民之所恶,民弱;政作民之所乐,民强。民弱国强;民强国弱。"(《商君书·弱民》)可见,商鞅认为人民的私人利益与国家的公共利益之间是相互矛盾的,国家要有力量,就要对人民获取幸福生活的途径进行立法规范,让人民先做他们讨厌的事情,"使民必先行其所恶,然后致其所欲"(《商君书·说民》),"行其所恶"是"致其所欲"的前提和手段。从人民自身来讲,趋利避害,自然会盘算如何取得最大可能的幸福。"夫农,民之所苦;而战,民之所危也。犯其所苦,行其所危者,计也。故民生则计利,死则虑名。名利之所出,不可不审也。利出于地,则民尽力;名出于战,则民致死。入使民尽力,则草不荒;出使民致死,则胜敌。胜敌而草不荒,富强之功可坐而致也。"(《商君书·算地》)

第二,利出一孔。如果在国家行政权力之外可以获得富贵,那么,国家赏赐的俸禄和爵位就会失去吸引力,"民,辱则贵爵,弱则尊官,贫则重赏……民有私荣,则贱列卑官;富则轻赏"(《商君书·弱民》),自然而然,国家也就失去了对人民的统治权。商鞅所批评的"六虱"和韩非子所痛斥的"五蠹",都是亡国的征兆。商鞅说:"亡国之俗,贱爵轻禄。不作而食,不战而荣,无爵而尊,无禄而富,无官而长,此之谓奸民。"(《商君书·画策》)因此,国家要杜绝耕战之外的其他任何获得富贵的手段和途径,这叫"利出一孔"。最终实现"富贵之门必出于兵,是故民闻战而相贺也,起居饮食所歌谣者,战也"(《商君书·赏刑》),"民之见战也,如饿狼之见肉,则民用矣。凡战者,民之所恶也。能使民乐战者,王。"(《商君书·画策》)。"利出一孔"的实质在于国家政权垄断一切社会资源,既包括生存和发展的物质资料,也包括体现尊严和价值的名誉地位。韩非子举例说:"夫驯乌者断其下翎焉。断其下翎,则必恃人而食,焉得不驯乎?"(《韩非子·外储说右上》)

商鞅和韩非子的法制思想还有两点需要说明:首先,反对顺应民意;其次,提倡严刑峻法。商鞅认为"民不可与虑始,而可与乐成"(《商君书·更法》),人性贪婪自私,只喜欢享受美好的结果,却不乐意接受艰苦奋斗的过程。因此,人民愚拙淳朴,则有利于治理,聪明睿智,反倒滋生机巧变诈。商鞅不惧世人诟病,直接提出"民愚则易治也"(《商君书·定分》)的命题。韩非子则认为,人民的心性犹如婴儿,目光短浅、任性而为,如果听从民意,必然是取败之道。"民智之不可用,犹婴儿之心也……今上急耕田垦草以厚民产也,而以上为酷;修刑重罚以为禁邪也,而以上为严;征赋钱粟以实仓库,且以救饥馑、备军旅也,而以上为贪;境内必知介而无私解,并力疾斗,所以禽虏也,而以上为暴。此四者,所以治安也,而民不知悦也。"(《韩非子·显学》)

与拒绝顺从民意相应,先秦法家明确提倡严刑峻法。韩非子说:"夫严家无悍虏,而慈母有败子。吾以此知威势之可以禁暴,而德厚之不足以止乱也。"(《韩非子·显学》)哪怕在大街上丢垃圾,也要处以刑罚,"殷之法,刑弃灰于街者。"(《韩非子·内储说上七术》)反对者会认为严刑峻法显得过于刻薄寡恩,但韩非子说:"圣人之治民,度于本,不从其欲,期于利民而已。故其与之刑,非所以恶民,爱之本也。刑胜而民静,赏繁而奸生。故治民者,刑胜,治之首也;赏繁,乱之本也。"(《韩非子·心度》)"故法之为道,前苦而长利;仁之为道,偷乐而后穷。圣人权其轻重,出其大利,故用法之相忍,而弃仁人之相怜也……重一奸之罪而止境内之邪,此所以为治也……所谓轻刑者,奸之所利者大,上之所加焉者小也。民慕其利而傲其罪,故奸不止也。故先圣有谚曰:'不踬于山,而踬于垤。'山者大,故人顺之;垤微小,故人易之也。今轻刑罚,民必易之。犯而不诛,是驱国而弃之也;犯而诛之,是为民设陷也。"(《韩非子·六反》)这是承袭商鞅的观点,商鞅甚至说:"故王者刑用于将过,则大邪不生;赏施于告奸,则细过不失。治民能使大邪不生,细过不失,则国治。国治必强。一国行之,境内独治。二国行之,兵则少寝。天下行之,至德复立。此吾以杀刑之反于德而义合于暴也。"(《商君书·开塞》)严刑峻法最终返回到了"德政",即"刑反于德";而被人诟病的所谓暴政最终符合了"仁义",即"义合于暴"。

三、法以治民的批判审视

将民众视为"婴儿"的看法明显具有父权家长制的色彩,婴儿自然不知道何者是对自己最好的东西,他们没有分辨判断的能力,不能做自己的主人,必然就需要由家长来替他们做主。这是政治哲学中为专制进行论证的常见手法。在西方,为君权神授进行论证的菲尔麦便将父权与王权相提并论,将基督教中的人类始祖亚当视为后世王权的合法性来源。[①] 马克思说:"德国国王把人民称为自己的人民,正像他把马叫做自己的马一样。国王宣布人民是他的私有财产,只不过表明私有者就是国王。"[②]

作为视民众为婴儿的后果之一,先秦法家将法律的惩罚视为对民众的诱导和规劝。商鞅明确"以刑去刑"的主张,提出"刑反于德""义合于暴",而韩非子则

---

① 洛克.政府论:上篇[M].瞿菊农,叶启芳,译.北京:商务印书馆,1982:9.
② 马克思,恩格斯.马克思恩格斯选集:第1卷[M].北京:人民出版社,2012:16.

认为所谓的仁政实则是"为民设陷"。严刑峻法是为了人民自身的利益,最终是为了保护人民,就像家长惩罚孩子是为了孩子着想一样。这与以康德和黑格尔为代表的德国古典哲学对惩罚的性质的判断截然相反,他们认为法律惩罚的实质乃是出于报复,只不过这种报复来自公权力,而非出自个人的私刑。黑格尔将对犯罪行为的惩罚视为一种否定之否定,是对罪犯人格和尊严的认可:一个有理性的人能够为自己的行为负责。"刑罚既被包含着犯人自己的法,所以处罚他,正是尊敬他是理性的存在。如果不从犯人行为中去寻求刑罚的概念和尺度,他就得不到这种尊重。如果单单把犯人看做应使变成无害的有害动物,或者以儆戒和矫正为刑罚的目的,他就更得不到这种尊重。"①马克思对法律惩罚性质的理解,远远超出了先秦法家和德国古典哲学,他认为"不应当惩罚个别人的犯罪行为,而应当消灭产生犯罪行为的反社会的温床,使每个人都有社会空间来展示他的重要的生命表现。既然是环境造就人,那就必须以合乎人性的方式去造就环境"②。

当然,马克思主义更不会认同商鞅的"刑用于将过",因为这是一种预防性的法律。"在犯罪行为发生之前采取预防措施、在犯罪行为发生之后查明情况和惩处,是政府一项无可争议的职能。然而,政府的预防职能比其惩处职能更加容易被人滥用,从而危及到自由;因为在一个人合法的行动自由当中,几乎所有的组成部分都有可能且很有可能被人说成是为某种犯罪行为提供了更多的便利条件。"③马克思对普鲁士政府预防性的书报检查令也提出过与穆勒类似的驳斥:"现实的预防性法律是不存在的……法律在人的生活即自由的生活面前是退让的,而且只是当人的实际行为表明人不再服从自由的自然规律时,自然规律作为国家法律才强迫人成为自由的人;同样,只是在我的生命已不再是符合生理规律的生命,即患病的时候,这些规律才作为异己的东西同我相对立……预防性法律没有范围,因为为了预防自由,它应当同它的对象一样大,即不受限制。因此,预防性法律就是一种不受限制的限制的矛盾。"④"刑用于将过"一类的预防性的法律会剥夺人民本应该享有的自由。

法家的严刑峻法不符合现代的法制精神,量刑与犯罪行为要保持适度,用来医治疾病的药物对身体带来的伤害大于疾病的时候,这种治疗手段便在事实上宣布自身为无效。"如果你在其他一些国家发现,只有通过残酷的惩罚才能遏止

---

① 黑格尔.法哲学原理[M].范扬,张企泰,译.北京:商务印书馆,1961:119.
② 马克思,恩格斯.马克思恩格斯文集:第1卷[M].北京:人民出版社,2009:335.
③ 穆勒.论自由[M].欧阳瑾,戴花,译.上海:上海文化出版社,2020:137.
④ 马克思,恩格斯.马克思恩格斯全集:第1卷[M].北京:人民出版社,1995:176-177.

人们犯罪，那么可再一次断定，这主要还是因为政府的暴虐导致的，他们会因小小的罪过就施以严厉的惩罚。一个想纠正弊病的立法者，萦绕在他脑海里的通常只是纠正弊病本身，在他的眼里只有这件事，而不考虑这样做存在的弊端。一旦纠正了这一弊病，能看到的只是立法者的严苛，但是由这种严苛导致的弊端仍会存在于这个国家里。人民的精神会受到腐蚀，对专制主义变得习以为常……有两种败坏，一种是人民无视法律，另一种是人民被法律腐蚀。后者无可救药，因为病根就在药中。"①马克思则讥讽说：打人耳光是错误的，为了防止打耳光这种事情的发生，"因此应当决定，打耳光就是杀人"②。

问题的关键在于先秦法家没有"人民至上"的立法理念，他们将人民视为工具和手段，而将政权的巩固和强大视为首要的目的，并且进而把国家的富强和人民的富强对立起来，认为民弱则国强、民强则国弱，故此坚持"政作民之所恶"。商鞅以耕战促成国家富强的手段，就是让人民处在贫贱状态，要摆脱贫穷，就必须努力耕耘；要摆脱低贱，就必须在战场杀敌。这种国家的富强之道，就是人民的贫贱之道，人民的贫贱是国家得以富强的前提，而保持人民贫贱的方法就是"利出一孔"。人民富裕就会骄奢淫逸，尊贵就会蔑视长上，让人民始终在贫贱线上徘徊，就能够实现国家利益的最大化。

总之，"政作民之所恶"和"利出一孔"的立法原则彻底颠倒了国家和人民的关系，"夫生而乱，不如死而治"（《韩非子·外储说右下》），与其让人民活下去而国家混乱，不如让人民去死而国家稳定。国家不再是推动人民实现幸福生活的力量，反而异化为旨在确保人民始终贫困的力量。法家推崇"政作民之所恶"，当然就不会考虑民众的呼声和意志，这里的确没有丝毫民主的成分。而真正的最广泛的民主体现为中国共产党的群众路线，"凡属正确的领导，必须是从群众中来，到群众中去。这就是说，将群众的意见（分散的无系统的意见）集中起来（经过研究，化为集中的系统的意见），又到群众中去作宣传解释，化为群众的意见，使群众坚持下去，见之于行动，并在群众行动中考验这些意见是否正确。然后再从群众中集中起来，再到群众中坚持下去。如此无限循环，一次比一次地更正确、更生动、更丰富"③。人民群众所遵守的一切法规政策，本身就是人民群众意志的反映，这才是民主的本质意涵所在。

---

① 孟德斯鸠.论法的精神[M].祝晓辉，刘宇飞，卢晓菲，译.北京：北京理工大学出版社，2018：116-117.
② 马克思，恩格斯.马克思恩格斯全集：第1卷[M].北京：人民出版社，1995：241.
③ 毛泽东.毛泽东选集：第3卷[M].北京：人民出版社，1991：899.

第三节　术以辖制官吏

一、君臣关系的张力

君臣关系是相反相成、彼此映现的关系：没有君主，臣子无所依附；没有臣子，君主无所凭借。两者的利益相同之时，可以合作；两者的利益相悖之时，相互提防，因此，君王与臣子之间只能在张力之中维持微妙的平衡关系。

首先，韩非子认为君臣是有机整体，可以合作。"为人臣者，譬之若手，上以修头，下以修足；清暖寒热，不得不救入；镆铘傅体，不敢弗搏。"（《韩非子·有度》）臣子保护君王，犹如手足保护大脑，"贤者之为人臣，北面委质，无有二心。朝廷不敢辞贱，军旅不敢辞难；顺上之为，从主之法，虚心以待令，而无是非也"（《韩非子·有度》），这是韩非子心目中理想的君臣关系。

君臣之间的合作是一场以利害算计为基础的交易行为，所谓"主卖官爵，臣卖智力"（《韩非子·外储说右下》），主仆之间并无恩情可言，"今有功者必赏，赏者不得君，力之所致也；有罪者必诛，诛者不怨上，罪之所生也"（《韩非子·难三》），"富贵者，人臣之大利也。人臣挟大利以从事，故其行危至死，其力尽而不望。此谓君不仁，臣不忠，则可以霸王矣"（《韩非子·六反》）。

其次，君臣之间利害有时相反，所以，彼此的用心也不同。君臣利益相悖，"主利在有能而任官，臣利在无能而得事；主利在有劳而爵禄，臣利在无功而富贵；主利在豪杰使能，臣利在朋党用私。是以国地削而私家富，主上卑而大臣重"（《韩非子·孤愤》）。君王的盘算是"有功则君有其贤，有过则臣任其罪"（《韩非子·主道》）。但臣子也有自身的盘算，子产是子国的儿子，他忠于郑国国君，但这令子国非常担心，他训斥子产说："夫介异于人臣，而独忠于主。主贤明，能听汝；不明，将不汝听。听与不听，未可必知，而汝已离于群臣；离于群臣，则必危汝身矣。非徒危己也，又且危父也。"（《韩非子·外储说左下》）

极端情况下，虽然文臣武将济济满堂，却也被韩非子视为"廷无人"，因为官吏只为自己的私利谋划，而不愿意为国家做贡献，这样朝廷上等于没有人存在。"亡国之廷无人焉。廷无人者，非朝廷之衰也。家务相益，不务厚国；大臣务相尊，而不务尊君；小臣奉禄养交，不以官为事。"（《韩非子·有度》）西门豹治邺，清正廉洁、不结党营私，结果受到同僚的排挤弹劾，几乎被魏文侯罢免官职。他在第二任期内就开始横征暴敛，打造官僚之间私下的利益共同体，任期结束接受考核时，在官场声誉极佳。但西门豹请求辞官，并且说："往年臣为君治邺，而君夺臣玺；今臣为左右治邺，而君拜臣。臣不能治矣。"（《韩非子·外储说左下》）官吏手中的公权力如果用来结党营私,这是"为左右";如果用来为国家和人民谋福利,这是"为君"。

由于"君臣不同道",所以"上下一日百战"(《韩非子·扬权》),"今人主以二目视一国,一国以万目视人主"(《韩非子·外储说右上》)。君主无法事必亲躬,必须任用官吏,然而信任的大臣,也是君主需要严加防范的人。因为大奸大恶通常来自手握重权的臣子。"上古之传言,《春秋》所记,犯法为逆以成大奸者,未尝不从尊贵之臣也"(《韩非子·备内》)。"乱臣者,必重人;重人者,必人主所甚亲爱也。"(《韩非子·外储说右上》)"人主之所以身危国亡者,大臣太贵、左右太威也。所谓贵者,无法而擅行,操国柄而便私者也。所谓威者,擅权势而轻重者也。此二者,不可不察也。"(《韩非子·人主》)

晋文公流亡期间的随从箕郑,忍饥挨饿多时也不愿意吃餐壶中的饭,晋文公归国执政之后就准备重用箕郑,认为他不会背叛自己。但韩非子评价说:"故明主者,不恃其不我叛也,恃吾不可叛也;不恃其不我欺也,恃吾不可欺也。"(《韩非子·外储说左下》)国君将自身和国家的安危寄托在臣子的个人道德之上,在韩非子看来,犹如燕巢于飞幕之上,鱼游于沸鼎之中,同时,这也是君主缺乏御下之术的表现。

二、君王御下之术

治理国家的要害在官吏,而不是人民。"闻有吏虽乱而有独善之民,不闻有乱民而有独治之吏,故明主治吏不治民。"(《韩非子·外储说右下》)"人主之大物,非法则术也。法者,编著之图籍,设之于官府,而布之于百姓者也。术者,藏之于胸中,以偶众端而潜御群臣者也。故法莫如显,而术不欲见。"(《韩非子·难三》)法主要是治理普通民众的,要宣扬于天下;而术是辖制官吏的,要暗藏于胸中。"道在不可见,用在不可知;虚静无事,以暗见疵。"(《韩非子·主道》)国君在暗处,臣子在明处,从暗处容易看到明处,这叫"以暗见疵",也是后世君王"面南背北"的理由。

帝王御下之术,首先是"循名责实"。韩非子说:"术者,因任而授官,循名而责实,操杀生之柄,课群臣之能者也,此人主之所执也。"(《韩非子·定法》)譬如射箭,闭目而妄发,虽中秋毫指端,算不上善射。设立固定的目标,能够击中,方是能力的表现。君王对待臣子的议论,也是如此,"故无度而应之,则辩士繁说;设度而持之,虽知者犹畏失也,不敢妄言"(《韩非子·外储说左上》)。韩非子讥讽华而不实的空谈为"劝饭之说"。"不能具美食而劝饿人饭,不为能活饿者也;不能辟草生粟而劝贷施赏赐,不能为富民者也。今学者之言也,不务本作而好末事,知道虚圣以说民,此劝饭之说。"(《韩非子·八说》)作为当时显学的儒家和墨家,像巫婆神汉"千秋万岁"之声聒噪于耳旁,检验其治国的实效,却毫无用处。

其次是操持"二柄"。"明主之所导制其臣者,二柄而已矣。二柄者,刑、德也。何谓刑、德?曰:杀戮之谓刑,庆赏之谓德。为人臣者畏诛罚而利庆赏,故人主自用其刑德,则群臣畏其威而归其利矣。"(《韩非子·二柄》)"二柄"的说法与《管子》"六柄"(生之、杀之、富之、贫之、贵之、贱之)的思想相比,显得更为简洁凝练,易于君主操作运用。[①]

作为二柄的赏与罚不可偏废,其中"罚"甚至比"赏"更为重要。"夫虎之所以能服狗者,爪牙也。使虎释其爪牙而使狗用之,则虎反服于狗矣。人主者,以刑德制臣者也。今君人者释其刑德而使臣用之,则君反制于臣矣。"(《韩非子·二柄》)宋桓侯将实施惩罚的权柄委托给了司城子罕,过了一年,子罕杀了宋桓侯,篡夺取了政权。

循名责实是君王的法宝,而结党营私则是臣下的法宝。"下匿其私,用试其上;上操度量,以割其下。故度量之立,主之宝也;党与之具,臣之宝也。臣之所不弑其君者,党与不具也。"(《韩非子·扬权》)为了防止臣下结党,韩非子甚至提出了反对世袭的措施,他说:"大臣太重,封君太众。若此,则上逼主而下虐民,此贫国弱兵之道也。不如使封君之子孙三世而收爵禄,绝灭百吏之禄秩,损不急之枝官,以奉选练之士。"(《韩非子·和氏》)

为了防范那些"亏法以利私,耗国以便家"的"重人",或者叫"当涂之人",君王在他们身边安插卧底进行监视,卧底随时向君王禀报,这应该是后世间谍和情报组织的原型。[②] 君王可以在臣子身边安插间谍,而臣子似乎也可以同样的方式窥窃君主。比如,韩非子认为,费仲就是周文王设置在殷纣王身边的间谍,"文王资费仲而游于纣之旁,令之谏纣而乱其心"(《韩非子·内储说下六微》)。但费仲似乎是双面间谍,他也曾多次劝告纣王杀掉周文王。

此外,韩非子也支持采取人质挟持的手段,"是故明君之蓄其臣也,尽之以法,质之以备"(《韩非子·爱臣》)。通过抵押人质防止臣子谋反,是从春秋战国以至于清代的常见做法。君王也鼓励臣子之间相互揭发,"如此,则慎己而窥彼,发奸之密。告过者免罪受赏,失奸者必诛连刑。如此,则奸类发矣"(《韩非子·制分》)。

[①] 杨辉.《管子》与《韩非子》君臣民观念比较研究[D].兰州:兰州大学,2017:19.
[②] 相关论述和事例见《韩非子·内储说上七术·说六》中"卜皮为县令"的记载和《韩非子·内储说下六微·说七》中"秦侏儒善于荆王"的记载。

三、术以治吏的批判审视

先秦社会的主要政治问题是权力无法集中在最高权力机构,而最高权力机构的政令无法顺畅下达和执行。韩非子说:"智术之士明察,听用,且烛重人之阴情;能法之士劲直,听用,且矫重人之奸行。故智术能法之士用,则贵重之臣必在绳之外矣。是智法之士与当途之人,不可两存之仇也。"(《韩非子·孤愤》)在韩非子看来,社会的主要矛盾不是君王和人民之间的矛盾,而是统治者内部,君王同官僚集团之间永远无法协调一致的矛盾。子产"有封洫""作丘甲",普通民众从中受惠,最终热烈支持,始终表示反对的恰好是世胄贵族;孔子"堕三都",削弱季氏家族的军事力量,很明显也是要削弱统治阶层内部的权臣,也就是韩非子所说的"重人"和"当涂之人"。

君王为了自身和政权的安全,对"重人"和"当涂之人"百般防范,鼓励告密、支持连坐、安插卧底、抵押人质,如此手段让臣子人人自危、如履薄冰,并由此而制造出一种类似特务治国的恐怖气氛。乃至到了清朝,三朝元老的曹振镛论及自己得以全身而退的方法时说:"多磕头、少说话。"①为官不求有功,但求无过;遇事相互推诿,敷衍塞责。明崇祯时期的"航海攻心战术"是官僚政治彼此推脱的生动案例。有人提议跨海攻击后金政权腹地,崇祯允准,但此后的经费筹措、船只建造、军事训练等,一概难以落实,此计划最终烂尾,无疾而终。吴晗总结说:"所谓官僚政治,有三个字可以形容之:骗,推,拖。"②

商鞅提倡"利出一孔",这就使得官僚士绅只有依附于君王或政府,才能够获得生计和人生出路。智能之士在社会中上升的途径单一,最终会出现一个庞大的官僚体系。穆勒指出,如果全国所有的优秀人才都被吸纳进政府的公务员队伍,凡是需要有组织协作的社会事务,全都掌控在政府手中,社会中的其余阶层就只能都指望这些官僚。"违背官僚机构利益的任何改革也是不可能实行的……连沙皇(Czar)本人,也无力去对抗那个官僚集团;虽说他可以把其中的任何一人发配到西伯利亚去,可若是没有那些官僚,若是违背那些官僚的意志,沙皇就没法统治整个国家了。"③君王任用官吏而又防范官吏,官吏依附国君而又畏惧国君,所以,君臣关系原本就是貌合神离。费孝通在《论绅士》一文中恰当地总结了官僚士绅的心态:"中国传统的官吏并不认真做官,更不想终身做官;打防疫针的人绝不以打针为乐,目的在免疫和免了疫的康健。中国的官吏在做官时掩护他亲

---

① 邢超.失稳的帝国:从鸦片战争到太平天国运动[M].北京:中国青年出版社,2013:120.
② 吴晗.明朝历史的教训[M].北京:台海出版社,2016:278.
③ 穆勒.论自由[M].欧阳瑾,戴花,译.上海:上海文化出版社,2020:159-160.

亲戚戚,做了一阵,他任务完成,就要告老还乡了,所谓'归去来兮'那一套。退隐山林是中国人的理想……他们更不想改革社会制度,因为他们一旦把皇权的威胁消除了,或推远了,他们就不能靠这制度得到经济的特权。他们在农业经济中是不必体力劳动的既得利益者,他们可说是不劳而获的人——这种人就是绅士。"①士绅和君王,彼此把对方视为柠檬,把汁榨干了,就可以全身而退。

经济上的不独立,决定了官僚士绅阶层无论对待封建君王还是对待人民大众,都是一种若即若离、首鼠两端的心态。经济基础决定了意识形态,"某一阶级的各个人所结成的、受他们的与另一阶级相对立的那种共同利益所制约的共同关系,总是这样一种共同体,这些个人只是作为一般化的个人隶属于这种共同体,只是由于他们还处在本阶级的生存条件下才隶属于这种共同体;他们不是作为个人而是作为阶级的成员处于这种共同关系中的"②。可见,在阶级社会,作为个体的官吏在政治上的表现,完全体现为其所代表的阶级所必然具有的意识。韩非子看到了经济利益所起的决定作用,认为若要让官吏就范,就像对待家畜一样,控制草料就可以了,即"若如臣者,犹兽鹿也,唯荐草而就"(《韩非子·内储说上七术》)。但韩非子同时也看到,君臣不同利,所以主张操杀生之柄,抱法处势,以术辖制官吏。其结果我们已经看到,中国古代的官僚士绅阶层与王权处于若即若离的状态,做官是手段并非目的,获取经济和政治上的安全保障才是目的。"先天下之忧而忧"的道德高调,恰好是官僚士绅阶层可望而不可及的理想状态,奉公守职只是获取私利的权宜之计。

传统社会中官僚士绅阶层的经济地位一直没有发生实质的改变,为了让他们的个人私利与国家的公利真正结合起来,明末大儒顾炎武甚至提出了"合天下之私以成天下之公""寓封建之意于郡县之中"的政治主张。首先,他反对以公灭私的道德高调,认为文王、周公设置官职就是要通过让官员获得私人生活保障的方式,来实现让他们为国家服务的目的。个人利益的实现,也就是公共利益的实现,这叫"合天下之私以成天下之公"。同时,为了让官员士绅真正把为国家的公益服务视为自己的终生志业和生命价值所在,顾炎武提出县级单位的长官,也就是县令,实施终身制、世袭制。如此一来,为全县人民谋福利,就是在为自己和家族做长远打算。在《封建论》一文中,亭林先生颇为激动和自信地讲:"有圣人起,寓封建之意于郡县之中,而天下治矣。"③

韩非子的主张是现实的,但百弊丛生;而顾炎武的主张是完美的,却陷于空

---

① 费孝通,吴晗,等.皇权与绅权[M].北京:生活·读书·新知三联书店,2013:13.
② 马克思,恩格斯.德意志意识形态:节选本[M].北京:人民出版社,2018:67-68.
③ 顾炎武.顾炎武全集:第21卷[M].上海:上海古籍出版社,2011:57.

想。作为意识形态的官吏道德和作为上层建筑的政治制度,都不是人们任意选择的结果,而是一定社会历史时期的生产关系的反映,而生产关系的发展变化最终依赖于生产力的进步。在阶级社会,个人劳动和社会劳动、个人利益和社会利益始终无法达成直接的统一,也就是说,工作与生活无法达成直接的统一,因为工作只是谋生的手段。只有到了消灭阶级和私有制的共产主义社会,"社会生产内部的无政府状态将为有计划的自觉的组织所代替。个体生存斗争停止了。于是,人在一定意义上才最终地脱离了动物界,从动物的生存条件进入真正人的生存条件"[①]。

第四节　势以拱卫国君

一、抱法处势则治

韩非子明确指出:"且民者固服于势,寡能怀于义。"(《韩非子·五蠹》)他说孔子周游列国、辙环天下,所化仅七十余人,如此,如何化天下众生。"夫有材而无势,虽贤不能制不肖。故立尺材于高山之上,则临千仞之溪,材非长也,位高也。桀为天子,能制天下,非贤也,势重也;尧为匹夫,不能正三家,非不肖也,位卑也。千钧得船则浮,锱铢失船则沉,非千钧轻而锱铢重也,有势之与无势也。故短之临高也以位,不肖之制贤也以势。"(《韩非子·功名》)"君执柄以处势,故令行禁止。柄者,杀生之制也;势者,胜众之资也。"(《韩非子·八经》)

为了说明"势"对于君主的重要性,韩非子使用了三个隐喻:"爪牙""渊""车马"。首先,势位是君主的"爪牙",就像虎豹的爪牙。"虎豹之所以能胜人执百兽者,以其爪牙也,当使虎豹失其爪牙,则人必制之矣。今势重者,人主之爪牙也,君人而失其爪牙,虎豹之类也。"(《韩非子·人主》)其次,"势重者,人主之渊也;臣者,势重之鱼也。鱼失于渊而不可复得也,人主失其势重于臣而不可复收也"(《韩非子·内储说下六微》)。最后,势位是君主的"车马",韩非子说:"国者,君之车也;势者,君之马也。夫不处势以禁诛擅爱之臣,而必德厚与天下齐行以争民,是皆不乘君之车,不因马之利,释车而下走者也。"(《韩非子·外储说右上》)

势可以区分为自然之势与人设之势,君王应当顺自然之势,而主动营造并依

[①] 马克思,恩格斯.马克思恩格斯选集:第3卷[M].北京:人民出版社,2012:815.

靠人设之势。关于自然之势,韩非子说道:"明君之所以立功成名者四:一曰天时,二曰人心,三曰技能,四曰势位。非天时,虽十尧不能冬生一穗;逆人心,虽贲、育不能尽人力。故得天时,则不务而自生;得人心,则不趣而自劝;因技能,则不急而自疾;得势位,则不进而名成。若水之流,若船之浮。守自然之道,行毋穷之令,故曰明主。"(《韩非子·功名》)韩非子认为自然之势"非人之所得设也。若吾所言,谓人之所得设也"(《韩非子·难势》)。营造人设之势的方法依然是法制,"语曰:'家有常业,虽饥不饿;国有常法,虽危不亡。'夫舍常法而从私意,则臣下饰于智能;臣下饰于智能,则法禁不立矣……夫悬衡而知平,设规而知圆,万全之道也。明主使民饰于道之故,故佚而有功。释规而任巧,释法而任智,惑乱之道也"(《韩非子·饰邪》)。

韩非子明确反对君王靠自己的才能和品德来治理国家,"吾所以为言势者,中也。中者,上不及尧、舜,而下亦不为桀、纣。抱法处势则治,背法去势则乱。今废势背法而待尧、舜,尧、舜至乃治,是千世乱而一治也"(《韩非子·难势》)。依靠法制,方能保持国家的稳定局面,"释法术而任心治,尧不能正一国。去规矩而妄意度,奚仲不能成一轮。废尺寸而差短长,王尔不能半中。使中主守法术,拙匠执规矩尺寸,则万不失矣。君人者,能去贤巧之所不能,守中拙之所万不失,则人力尽而功名立"(《韩非子·用人》)。

至于所谓的仁德治国,韩非子明确予以否定,"彼民之所以为我用者,非以吾爱之为我用者也,以吾势之为我用者也"(《韩非子·外储说右下》)。他也再次提到,君不仁,臣不忠,则可以王天下:"治强生于法,弱乱生于阿,君明于此,则正赏罚而非仁下也。爵禄生于功,诛罚生于罪,臣明于此,则尽死力而非忠君也。君通于不仁,臣通于不忠,则可以王矣。"(《韩非子·外储说右下》)

二、势以卫君的批判审视

韩非子的政治主张被不少学者视为绝对君权和独裁专制的代表。余英时讥讽韩非子的主张为"反智论","西方基督教徒说:'一切荣耀皆归于上帝'。韩非的'明君'正是这样的上帝。'不贤而为贤者师,不智而为智者正'"[①]。劳思光则认为韩非子推崇绝对君权的主张是先秦思想的一大幻灭、一大沉溺,"韩非子所代表之法家理论之出现,不代表一新哲学系统之产生,而实表示先秦哲学之死亡"[②]。

---

① 余英时.中国思想传统及其现代变迁[M].2版.桂林:广西师范大学出版社,2014:361.
② 劳思光.新编中国哲学史:卷一[M].增订本.北京:生活·读书·新知三联书店,2019:341.

亚里士多德认为,公正是一切德性的总括,许多人的德性表现在私人领域而不能推及公共领域,私德完满而公德有缺。而公职最能表现一个人的品质,"因为,在担任公职时,一个人必定要同其他人打交道,必定要做共同体的一员。正是由于公正是相关于他人的德性这一原因,有人就说惟有公正才是'对于他人的善'。因为,公正所促进的是另一个人的利益,不论那个人是一个治理者还是一个合伙者"①。任何一个在岗公务人员,都要将私人生活中的事务和情绪暂时悬置起来,以公职所要求于自己的那些纪律去工作。如果说普通官吏尚且可以在下班、退休或解职之后自由享受私人生活,那么,君王则完全没有这种可能,君王的私人生活与国家的公共安全紧密相连。根据韩非子的描述,我们可以得出结论:合格的君王,哪怕只是能够保全自己性命而寿终正寝的君王,都不再是日常生活意义上的自然人,而完全成了国家权力的体现,是国家权力在个人身上的"道成肉身",并且这不以当政者的个人好恶为转移。

出乎人们意料的是,韩非子并没有通过神道设教、以德配天等理论来论证君权的合法性,而是认为君王的势位来自人民,"众人助之以力……尊者载之以势"(《韩非子·功名》),"人主者,天下一力以共载之,故安;众同心以共立之,故尊"(《韩非子·功名》)。君王立法执政虽然并不顺从人民的意志,但也不是故意违背人民的,"圣人为法国者,必逆于世而顺于道德。知之者,同于义而异于俗;弗知之者,异于义而同于俗。天下知之者少,则义非矣"(《韩非子·奸劫弑臣》)。君王如果要保障自身和国家的安全,就必须依赖于人设之势,而人设之势来源于法制,法制的精髓在于明于公私之分。"主之道,必明于公私之分,明法制,去私恩。"(《韩非子·饰邪》)普通民众和官吏可以讲求"私恩"义气,可以宠爱妻妾儿女,可以追求个人爱好……但这一切对于君王而言,都可能招致"身死国亡,为天下笑"的后果。他要喜怒哀乐不行于色,"明君不悬怒,悬怒,则罪臣轻举以行计,则人主危"(《韩非子·难四》)。他要放弃个人的智识,以法度治国;放弃个人的情感,防止同床(妻妾)、在旁(优伶)、父兄等人篡权弑君……俗称君王为"寡人",不可不谓之恰切。君王如果想在王位上寿终正寝,就必须抱法处势、虚静无为,按照时代精神的要求活着。黑格尔说,我们必须崇敬国家,把它看作地上的神物,而君主就是主权国家的人格化存在,"人们时常反对君主,以为通过了他,国家的一切事态都依存于偶然性,因为君主可能受到恶劣的教养,也可能不够资格占据国家的最高职位,所以说这样的情况应该作为一种合乎理性的情况而存在,那是荒谬的。殊不知这种说法的前提,即一切依存于特殊性的品质这一点是无意义的……在一个有良好组织的君主制国家中,唯有法律才是客观的方面,而君

---

① 亚里士多德.尼各马可伦理学[M].廖申白,译注.北京:商务印书馆,2003:130.

主只是把主观的东西'我要这样'加到法律上去"①。

在具体事务上,人主可以循名责实,让官吏承担责任,但是国家的安危存亡,却只能由国君负责任,韩非子说:"故世之所以不治者,非下之罪,上失其道也。"(《韩非子·诡使》)先秦法家所推崇的"抱法处势"的君王虽然不是现代西方哲学意义上的立宪君主,但他的成功执政必须以放弃自然人的任性为前提,在此意义上,君王不过是统治阶级利益的代言人,是时代精神实现自身的工具而已。据此,把批判的矛头指向君主本身或者粗疏地认为君主专制等于邪恶,就不免失之于空泛了。

---

① 黑格尔.法哲学原理[M].范扬,张企泰,译.北京:商务印书馆,1961:343.

第二章 安全伦理论纲

第一节 安全何以关涉伦理

一、安全与可接受性风险

现代意义上的"安全",既包括客观层面的安全,也包括主观层面心理上的安全感,主客观层面的安全可以在人类活动的实践中得到检验。客观层面的安全涉及规范性的判断,可以通过对安全标准的量化及测量来检验。主观层面的安全与人的主体感知相关,是人根据经验和知识对当前事物是否安全进行判断,以获得安全的感受。与安全相对,我们在做出一些选择的同时也要承受其带来的一系列影响或风险,但人是趋利避害的,风险不是在任何意义和程度上都是可接受的,这就涉及可接受风险水平的确立问题。

怎样确定相对安全的标准,将风险控制在可接受的范围之内、在考虑利益的同时将风险系数降至最低,需要考虑多重因素,因此这种决策是很难做到完全公平的。可接受风险一般是指:"风险发生的概率或者相关危险事故和暴露发生的概率以及损伤的严重性,在实践中必须是尽可能地低且在特定的环境下是可忍受的。"[①] 可接受风险水平的确立方法一般分为两种。一种是量化的统计分析方

---

① 王国豫,张灿.技术安全的维度与语境[J].自然辩证法研究,2014,30(9):52-57.

法,一种是以公共认知为基础的社会调查方法。风险发生的概率与风险大小在一定程度上是可以被量化的,风险量化的统计分析方法为我们提供了重要的参考信息。正如有些学者指出的,公众或组织对于风险的认知往往存在着偏差,而通过科学手段定量地测量风险的大小可以弥补认知的偏差,以帮助他们应对生活中的风险或给予政策制定者一定的支持,这是一种类似于工程风险的行为模式。这种风险的定义和测量对我们的日常生活、工作和社会决策至关重要,为我们更好地生活提供了重要的信息源,但计算出的风险事件发生的概率和风险大小并不是决定风险可接受性的唯一标准。虽然技术的风险性和可接受程度在一定程度上是可通过实证研究加以量化的,许多新技术由于可预见的客观风险程度较低,故应用于社会并被社会所接受,但风险可接受问题并不是一个纯粹技术层面的客观的问题,它涉及不同主体,是一个牵涉社会伦理、涉及主观价值判断和决策的问题。从主观的价值层面来看,一种新技术是否被人们主动接受、接受意愿如何、被什么样的群体所接受、对其风险性的评价如何等,在代表不同利益的不同群体中是不一致的,因此需要基于公众经验的社会调查方法在主观层面对相关群体的意见进行整合和协调。

安全关涉的群体大致可分为:国家、社会群体、个人三部分。国家安全一般较为宏观,涉及国家的内政外交安全。社会群体安全更多以群体利益不受损为前提,维持自身并实现发展。个人的安全则更为具体,客观上涉及自身生命及财产安全不受侵害,主观上涉及对生存环境的满足感和安定感等。

因此,可接受性风险水平的确立是一个涉及不同群体利益并在社会调查的基础上进行抉择的伦理问题。不同的个体和组织从不同的价值观、原则和利益出发,对风险的感知不同,对风险的接受程度也不同。正因群体之间存在不同的利益诉求,相互冲突,因此,"无法确定这样一个风险水平,低于这个水平的风险能被接受,而高于这个水平的风险就不能被接受"[1]。安全认同具有主体差异性,即便是顶尖的技术专家,也无法真正为我们解答什么样的安全可被称为足够安全,什么样的安全程度是可被接受的。之所以确定可接受风险水平是困难的,具体原因在于:"① 问题限定的不确定性。② 评估实际情况的困难性。③ 评估相关价值的困难性。④ 决策过程中人的因素的不确定性。⑤ 评估决策质量的不确定性。"[2]

---

[1] 费斯科霍夫,利希滕斯坦,斯诺维克,等.人类可接受风险[M].王红漫,译.北京:北京大学出版社,2009:11.

[2] 费斯科霍夫,利希滕斯坦,斯诺维克,等.人类可接受风险[M].王红漫,译.北京:北京大学出版社,2009:12.

二、安全的不确定性维度

安全作为相对化的概念,影响其程度的不确定性因素繁杂。客观层面,现代风险社会中人类活动所产生的后果是不确定的;主观层面,对安全的认知判断是因人而异的,风险社会中的人们感知到的潜在风险增多加剧了主体的不安全感。正因为安全在主客观层面都存在诸多不确定性,所以处于现代社会中的人们易陷入不安全感和恐慌感之中。

从客观上讲,技术的发展方向是不确定的,其未来应用的后果是不可逆的。或许技术的最初应用目的和方式是"善"的,但其后果却可能是"恶"的,现代社会中,技术应用的后果不再具有确定性特征。以生成式人工智能为例,所谓生成式人工智能,就是通过各种机器学习方法从数据中学习对象的特征,进而组合生成全新的、完全原创内容(如文字、图片、视频)的人工智能①。其中最具有代表性的就是于 2022 年问世并在各领域广泛应用的生成式人工智能 ChatGPT(全名为 Chat Generative Pre-trained Transformer),它具有强交互性(拟人性)、强学习能力和记忆力、自主生成的创新能力等特点。虽然以其已有的发展水平尚不能代替人类进行生产工作,但由于其具有海量用户,数据库内容丰富,可以根据用户的回答不断改进回应策略及答案,且缺乏相应的道德和法律规制,因此无法预测在未来 ChatGPT 的发展走向是否会对人类安全造成威胁。关于其应用的后果,也存在诸多不确定性因素。可能导致的后果如:第一,人类过度依赖 GhatGPT,逐渐丧失独立思考的能力。特别是其在教育领域的应用,由于 ChatGPT 具有优秀的语言筛选和组织能力,可以辅助学生及科研工作者进行文章撰写、创意编辑等需要独立思考及创新的任务。长期使用人工智能进行此类工作,人们可能会产生应用的惯性,逐渐丧失独立思考的能力,学习能力也会逐步降低,整个国家的创新能力便难以提高。第二,替代人类的部分工作,导致失业率上升,滋生社会不稳定因素。ChatGPT 可进行文章写作、代码编写、方案制订等工作,又没有薪资待遇、劳动环境等需求,在未来可能会代替部分人类的工作,进一步挤压劳动者的就业空间,造成失业风险。除了生成性人工智能应用和发展的不可预测性可能会带来安全的客观不确定性以外,诸如纳米技术、转基因技术、核污水的排放、国家冲突等技术或活动都会造成人类安全充满潜在的不确定性。现代社会的后果之一就是全球化,此时此地发生的灾难并不只局限于此时此地,它是一个长期变化的动态过程而并非既定的结果。虽然很多事件在短期

---

① 蒲清平,向往.生成式人工智能:ChatGPT 的变革影响、风险挑战及应对策略[J].重庆大学学报(社会科学版),2023,29(3):102-114.

之内来看,似乎对人类安全没有危害,但难以预测其在未来是否会对人类造成代际威胁。一旦难以用理性和现有技术水平驾驭灾害,灾害引发的一系列后果就可能脱离相关群体或国家的控制,甚至威胁到全人类的安全。正如吉登斯所言:"我们中的大多数人都被大量我们还无法完全理解的事情纠缠着,这些实践基本上都还处在我们的控制之外。"① 事件发展的不可预测性是现代性本身所具有的不确定性特征导致的。

从主观上讲,第一,人类对风险的认知判断是不确定的。人类具有不同的能力、技巧和感觉器官来帮助人类识别并抵御风险。人的自然判断力,如人的视觉可以看到表面的风险,人的味觉可以品尝出食品中的异味,人的嗅觉可以闻到空气中刺鼻的气味,等等。人类天生的自然能力对于其规避风险起到了不可替代的作用,但是现代社会也存在许多人类无法感知的风险。例如放射性物质的风险、职业场所有害粉尘的风险,以及肉眼看不到的细菌和病毒的风险等,这个时候我们需要借助外在的技术手段来帮助人们检测潜在的风险。例如人们可以使用电子显微镜来观测微观世界的风险,但检测风险的技术是不断迭代的,一种检验技术可能曾做出某一活动安全的判断,而在较短的时间内该标准就不再适用,因此公众对技术可检测风险的水平不再充满信任。第二,安全标准是不确定的。安全标准的确立是主客观因素的集合,包含一定的价值判断和价值选择,不是价值无涉的。主体认识不断发展,安全具有不确定性,安全标准也具有可变性。首先,安全标准并非是一个完全客观且经过量化计算制定的内容,它渗透着标准制定者和决策者的价值判断和价值选择。"标准"一词的基本解释即衡量事物的基本准则,而技术安全标准则是对科技、实践经验的总结,它包含技术标准和道德标准等。国内外安全标准的制定具有共同之处,重点在于制定技术标准、关注人身安全、关注重点领域等,而技术标准主要从科技设备设施的安全化入手制定。② 其次,安全标准是随着人们对安全性认识的不断深入而不断变化的。当评估一项技术或事件安全与否的新技术出现时,以往评估的安全标准便不再"安全"。同时,安全标准的制定蕴含着一定的价值选择。由于科技发展水平、经济水平等方面存在差异,各国不同领域的安全标准也会有所不同。以细颗粒物($PM_{2.5}$)为例,中国现行的安全标准为一类区每立方米24小时平均不超过35微克,而这一标准在美国和欧盟分别为12微克和25微克。这与国家的工业发展水平和空气治理能力密切相关。

---

① 吉登斯.现代性的后果[M].田禾,译.南京:译林出版社,2011:2.
② 苏宏杰.国内外安全标准体系的现状研究[J].中国安全生产科学技术,2008,4(4):132-134.

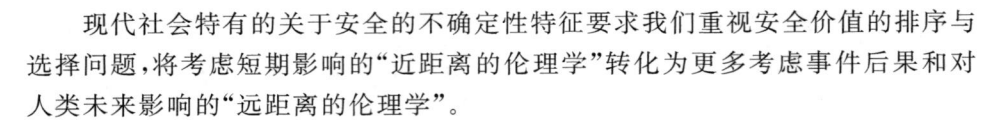

现代社会特有的关于安全的不确定性特征要求我们重视安全价值的排序与选择问题,将考虑短期影响的"近距离的伦理学"转化为更多考虑事件后果和对人类未来影响的"远距离的伦理学"。

三、安全价值排序与选择

价值问题是人类对人与人的关系、人与社会的关系、人与自然的关系看法的构建、丰富和重构。价值因主体不同而具有多元性,不同地域、不同民族、不同群体对于价值的排序是不同的。而在现代社会全球化背景下,不同主体的利益不可避免地产生交叠。贝克指出:"现代化风险具备一种内在固有的全球化趋势,与工业生产紧密相伴的是危险的普世主义,这些危险已经脱离它诞生的场所"①。全球化使世界各地在经济、政治和文化等多方面都建立了紧密的联系,而多重联系可能引发异质文化和不同价值体系之间的激烈冲突,同质和异质价值观相互依赖又相互对抗、相互转化,这一过程大大增加了伦理风险的可能性来源,成为全球范围内的一种"普世"的风险。安全与人的价值排序及选择问题关系密切,如何在异质文化和不同价值观的矛盾和冲突中保持安全,是在具有全球化特征的现代风险社会中必须被重视的问题。

目前,关于价值排序与选择分为两种方法。一种是一般方法,该方法的依据是逻辑优先性或经验优先性,逻辑优先性即以逻辑来确定先后顺序的原则,经验优先性是指以主体观察到的证据为依据的原则。②另一种是具体的境遇方法,即针对现实发生具体事件的不同情况和境遇进行具体分析,在此基础上进行价值判断、排序和选择。价值排序主要涉及的领域有经济安全、科技安全、民众的身心安全等。国家的安全与发展需要得到平衡,但风险无时不在、无处不在,现实中做到二者的平衡并不容易。以国家制定方针政策的决策为例,在征集民众意见时,不同群体对于国家和社会发展应该秉持什么理念、遵循什么价值选择等在认识上相互矛盾和冲突,很难实现意见的统一。比如,自由和平等的价值排序、民主和集中的价值排序、安全与发展的价值排序等充满异质性的范畴在不同时空和群体中其价值的排序和选择也不同。

社会要想实现发展,必须在厘清多元价值观念的基础之上进行价值排序和选择。虽然一个社会可能同时存在多个对立的价值观念,但总要有一种或几种占据主流的价值理念作为社会发展的参照系。否则,相互对立的众多观念长期

---

① 贝克.风险社会:新的现代性之路[M].张文杰,何博闻,译.南京:译林出版社,2022:28.
② 蒂洛,克拉斯曼.伦理学与生活[M].程立显,刘建,译.北京:世界图书出版公司,2008:155.

冲突摩擦,不利于社会的安定。要实现价值排序,第一,要根据社会历史定位、社会发展现实、社会未来发展方向等厘清社会中存在的多种价值观念,在此基础上筛选出那些符合社会发展潮流的价值观念,剔除那些违背历史发展潮流和社会发展方向的价值观念。① 第二,在厘清价值观念基础之上对多元的价值理念进行排序和选择,看清何种价值观念对于国家和社会发展具有基础性地位,何种价值观念起辅助作用。比如欧美等国崇尚自由和民主,东亚则更注重发展和效率,这是由各国经济技术发展状况和阶段的不同决定的。以改革开放后的中国为例,在我国网络信息技术的起步时期,国家更多地将重心放在网络科技发展程度上,对其可能引发的安全问题的排序相对靠后。而随着我国网络科技水平的不断提升,国家开始对网络信息技术导致的安全风险进行规制,逐步建立个人信息安全、个人隐私保护等方面的法律约束,更多地将安全的价值排序前移。再比如改革开放之初,我国将党和国家的工作重心转移到经济建设上来,大力支持相关工业企业的发展,基建、工业的发展不可避免地对生态环境造成了一定程度的影响。进入21世纪,我国综合国力不断提升,生态环境安全问题也被提上治理日程。习近平总书记提出"绿水青山就是金山银山"的发展理念,并在十九大报告中指出为把我国建设成为富强民主文明和谐美丽的社会主义现代化强国而奋斗。可见我国逐渐重视生态文明建设,关注生态安全,不断平衡生态安全与经济发展。因此,在什么时期选择什么样的安全价值顺序是一个价值选择的问题,而决策失误可能会带来严重的安全风险。我国以人为本的科学发展观体现了国家对于安全的价值排序,承认了人的价值和地位,明确了一切以满足人的需要和价值为出发点和落脚点,并在此基础上谋发展。

安全价值的排序与选择在不同的群体中有不同的看法,价值观多元化和代表利益不同会对排序和选择造成影响。以技术安全为例,技术并非是一种中立的工具,它的应用过程本身渗透着意识形态。有人说,21世纪是生物的时代,诸如基因编辑技术、转基因等生物科技的应用,在一定程度上造福人类的同时,也引发了人们对于相关伦理问题的探讨。著名的"基因编辑婴儿"事件,就可以从多重视角看待。首先,根据边沁的功利主义原则,即最大幸福原理,如果基因编辑婴儿得到合理和适度的利用,使之符合最大多数人的利益,并使最大多数人得到幸福,那么它就符合功利原理或符合功利。但如果处于一个严重不平等的社会,即使基因编辑婴儿总量不断增加,但可能仅仅被极少数人所垄断,这就有可能出现统治普通人类的超人,加重社会两极分化,这绝对不会获得人们道德上的

---

① 贺来."价值清理"与"价值排序":发展哲学研究的中心课题[J].求是学刊,2000,27(5):14-17.

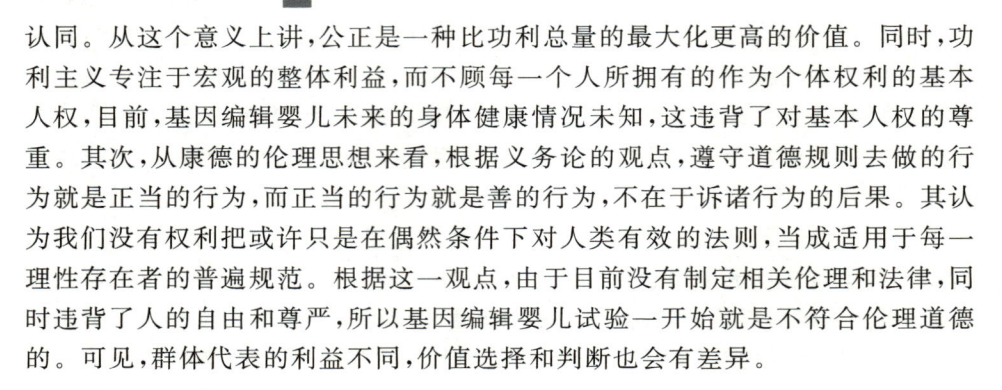

认同。从这个意义上讲,公正是一种比功利总量的最大化更高的价值。同时,功利主义专注于宏观的整体利益,而不顾每一个人所拥有的作为个体权利的基本人权,目前,基因编辑婴儿未来的身体健康情况未知,这违背了对基本人权的尊重。其次,从康德的伦理思想来看,根据义务论的观点,遵守道德规则去做的行为就是正当的行为,而正当的行为就是善的行为,不在于诉诸行为的后果。其认为我们没有权利把或许只是在偶然条件下对人类有效的法则,当成适用于每一理性存在者的普遍规范。根据这一观点,由于目前没有制定相关伦理和法律,同时违背了人的自由和尊严,所以基因编辑婴儿试验一开始就是不符合伦理道德的。可见,群体代表的利益不同,价值选择和判断也会有差异。

第二节 本体性安全的生活世界意蕴

一、安全:在风险与确定性之间

安全主要涉及主客观两个维度。英文中表示安全的词汇有 safety、security。《牛津高阶英汉双解词典》(第 10 版)把 safety 界定为"the state of being safe and protcted from danger or harm"(安全;平安)。就其词源来说,safety 概念包含着完整和健康(wholeness and health)。security 的基本含义是免于危险的条件和感觉,即安全感,该词涉及了人心理层面的感受。安全的定义具有两个维度:客观维度的安全是行为和环境因素,可以用外部标准进行衡量;主观维度的安全则被界定为个人的内在感受或对安全状态的感知,也可以聚合为宏观的、代表着社区的主观安全感受。因此,安全不仅仅意味着客观上不受伤害,还包括主体的安全性感受。

安全在汉语中的释义大体相同,即没有危险和伤害。在古代中国,安全最初指为人提供庇护的房屋,《说文解字注》中关于"安"字的解释为"从女在宀下"。"宀"(mián)是一个象形文字,意为"交覆深屋"。"全"字意为完备、完全、使不受损伤。可见,在中国古代社会,安全主要是指对人身安全的完备的保护,强调一种确定性和完整性。而《现代汉语词典》对"安"的定义为"平安;安全"。对"安全"的定义为"没有危险;平安"。

在现代社会,安全除了表示客观层面主体控制自身在一定范围内不遭受侵害和风险的状态,也包括人主观层面的心理安全。安全是一个系统正常运作中和生产实践中不受外部威胁,并将对系统内部人的生命财产及心理、环境等方面风险发生的概率降到最低程度的状态。在强调人主体性的现代社会,安全开始逐渐强调人心理层面的稳定、连续性和安定感。但随着现代科技的发展和应用，加上互联网信息传播的推波助澜，人们较之以往更能接触和认识到科技应用和发展带来的安全的不确定性，作为主体的人越来越感受到主客观条件同时作用对自身利益造成的潜在威胁和伤害，并且在心理上产生一种担忧风险发生的恐惧不安的状态。

所谓风险，"险"字在《说文解字注》中意为"阻、难"，基本含义为遭受损失、伤害、不利或毁灭的可能性，是一种未来取向的"虚拟的现实"。风险这一概念虽然在不同时代和不同领域有不同的应用语境，但它也与数学的可计算性密切相关，其某些维度是可量可测的。例如工程风险中的风险概念是以概率和后果大小来衡量的，某些工程的安全水平是由明确的安全标准来规范的，因此安全的概念在实证角度是确定的。但这种可计算的安全标准并未考虑到其他相关因素，例如风险的社会语义中的公民自由、公正、接受性和知情同意权、主体不安感等。关于风险的分析不能仅从定量的角度定义，它还是一个涉及主体感受的问题。针对风险类型的界定，吉登斯将现代社会的风险划分为外部风险和人造风险（被制造出来的风险）两类。外部风险即人类干预范围之外的风险，如山洪、海啸和地震等自然灾害。人造风险即现代意义上的风险，如核泄漏、人口爆炸、全球经济崩溃风险、技术应用的伦理风险等。不同来源的风险对于人类的影响程度不同，对其进行的伦理道德反思也是不同的。吉登斯明确拒绝人造风险与外部风险的混淆，认为人造风险不包括本来就蕴含于自然界的风险。他认为，在现代社会，人造风险越来越占据主导地位，这种风险并不只局限于人类活动对自然环境造成威胁的可能性，还涉及社会制度变革和人心理状态的变化。[①] 现代社会的风险更多地体现为对现代性本身的反思性风险，如对政治制度和人类活动给社会造成的影响的反思。这种反思性的风险还体现于将对现代性的反思迁移至对主体自身的反思和追问，如个人无意义的风险、个体存在焦虑的风险等。与风险概念的变化相对应，现代安全概念的外延也已扩大，它不仅包括客观层面人身和财产不受损，还涉及主观层面人关于生存的连续安定的感受，这种主体感受是因人而异的，因而是不确定的。在界定现代风险来源的基础之上，吉登斯基于人的生存论维度提出人主体层面的安全概念——本体性安全。

二、本体性安全：超越科学世界的生存论维度

实证主义界定事件或技术安全与否的方式多是通过定量的、可测量的形式

---

① 吉登斯.失控的世界：全球化如何重塑我们的生活[M].周红云，译.南昌：江西人民出版社，2001：22-24.

进行的,对科学知识采取客观可计算的态度。但随着现代社会全球化进程的加快,远距离的社会活动风险和场景与近距离的地方场景交错并互相影响,远在地球另一端发生的事件未必不会影响自身,这种不确定和不连续的状态影响了人们心中长期以来的安定感,人们开始不断寻求外部环境给予自身的种种承诺,但往往收效甚微。同时,现代社会是资本逻辑支配下的"加速社会",这种加速使日常生活不断更新,使社会各个领域加速变化。"经验与期待的可信赖度的衰退速率不断增加"①,破坏和瓦解了以往人们心中稳定的情感体验。吉登斯由此提出了"本体性安全"这一概念来描述和分析人们生活中主观层面的安全性感受。

  吉登斯高度强调心理即人的主观层面的重要性。关于本体性安全的定义,吉登斯指出:"大多数人对其自我认同之连续性以及对他们行动的社会与物质环境之恒常性所具有的信心。这是一种对人与物的可靠性感受。"②本体性安全与"存在"相关,是一种情感的无意识现象。并不是每个人都处于高度的本体性不安全感之中,吉登斯认为,那些存有本体性不安全感的人,不安全感的源头在于其对世界缺乏"信任"。吉登斯强调信任(信心)在本体性安全中发挥的核心作用,它意味着个体得到了外部世界安全的承诺。吉登斯在此用埃里克森关于儿童发育早期"基本信任"的问题举例:婴儿在其成长过程中对其抚育者既依赖又关心,而其抚育者也希望婴儿依赖于自身并获得满足感,但二者如果没有建立起基本的信任,婴儿感受到的只是照料者在其时空中的缺场。如果婴儿对其照料者没有信任感,婴儿自我认同的连续感就会被打破,他们便不会产生对他人和外部世界"真实性"的意识,这是其不安全感的根源。可见,可信任性的在场表达了一种"承诺"的本质,这是一种确定性的特质,而信任的缺场会折射出外部世界的不可靠性,增加人内心的不安全感。因此,吉登斯认为安全是在情绪的连续性和稳定性中得到的,本体性安全中包含了对自我情绪、未来社会的积极看法。但在现代社会,新兴技术应用下的社会生活不可避免地与危险相伴,且这些危险越来越不受人的控制,它们不是决策者刻意选择的,而是在应用过程中不可预测地衍生出来的。任何人都不能给出人类某一活动绝对安全的承诺,在这种不确定性影响下生存的人类,其安全感是不连续的。吉登斯认为,正是这种不受控性、不确定性和不连续性逐渐打击着专家、决策者和普通民众的主体性安全的感觉。③同时,作为现代性的后果,"后果最严重的风险具有严重的'反事实性'(counter-

---

① 罗萨.新异化的诞生:社会加速批判理论大纲[M].郑作彧,译.上海:上海人民出版社,2018:18.
② 吉登斯.现代性的后果[M].田禾,译.南京:译林出版社,2011:80.
③ 吉登斯.现代性的后果[M].田禾,译.南京:译林出版社,2011:115.

factual)的特征,危险性越大,它的反事实性就越彻底"①。所谓反事实性,就是指现实人类的认识水平尚无法准确认识到其行为会在未来对人类社会造成何种程度的伤害,危险永远在逼近,但人类却无法真正认识到这种危险的真实面目,只有在事件实际发生后,才能认识到它造成的巨大影响,但此时这种影响已经是人类无法完全控制的了。这种未知感和失控感更加剧了主体的不安全感。

目前,有关科学技术的争议性日趋明显,原因在于科学技术的应用具有不可预测性,公众既需要科学家针对科技安全问题给出权威性的解释,又日渐意识到科学家关于科学知识认识的局限性。关于科学的争议既涉及科学领域,也涉及政治、经济和文化等领域。基于此,不同研究者给出了分析科学技术争议的不同进路。布赖恩·马丁将其分为四种进路,分别为"实证主义进路、群体政治学进路、建构论进路以及社会结构进路"②。同时,针对这几种进路,他按照"对科学知识的态度""分析的焦点""概念工具""争论的终止""党派性""决策的过程"几方面进行了对比分析。对科学知识的态度可以分为实证主义或相对主义;分析的焦点是指科学技术争议是发生在共同体内部还是外部;概念工具是指用什么方式和范畴去分析科技争议,是个体还是国家等社会结构;争论的终止是指用何种方式解决科技争议;党派性是指分析者站在参与争论的某一方即可被称为具有党派性;决策的过程是指面对科技争议采用何种方式进行政策的制定。③

由于群体的立场不同,不同群体对于科技争议的分析范式和进路也不同。科学技术争议涉及三个具有代表性的主体:科学家、政策制定者和公众。每个主体应用的认知模式和解释范式不同,在不同的解释范式之下,得出研究的结论为:每个群体在评估证据和生成证据时采用不同的、尽管同样合法的理性范式,但这些不同形式的理性范式反映了不同主体潜在的认识论距离,由此可能会产生相当大的误解和曲解,因此三种群体之间存在相互批判的认知关系。"科学家往往难以理解政策制定过程中的政治结构,因此他们认为政策过程是非理性的,仅仅是出于政治动机,并批评它更多地基于权宜之计而非科学证据。而对于政策制定者而言,他们对科学家也同样持有批判的看法,他们往往认为科学和科学家在方法论上僵化,在范围和利益上目光短浅,在结论上不坚定。然而,科学家和政策制定者也存在共同的观点:公众由于自身专业知识的匮乏,倾向于对复杂性做出情绪化或本能的反应,并且往往无法理解问题的不确定性。公众对科学

---

① 吉登斯.现代性的后果[M].田禾,译.南京:译林出版社,2011:117-118.
② 马丁.科学知识、争论与公共政策[M]//贾撒诺夫,马克尔,彼得森,等.科学技术论手册.北京:北京理工大学出版社,2004:389-390.
③ 张灿.STS视域下的技术安全哲学研究[M].北京:中国社会科学出版社,2018:243.

家和政策制定者也持批评态度。公众批评科学家使用难以理解的技术语言,未能提供绝对的答案,特别是在健康和风险问题方面。公众批评政策制定者行动过于谨慎,或者根本没有采取行动平息公众的恐惧和担忧。其结果是公众对科学解决问题的能力失去信心,并对政治领导人为公众谋利失去信任。"[1]

三个群体之所以呈现相互批判的关系,原因在于这三个领域的参与者使用不同的合法化标准,并且拥有自己的话语体系和商定的规范,以此识别知识并构建各自有说服力的论点。首先,三个群体分别拥有不同的证据来源及证据合法性,因此当不同的合法性标准应用于同一事件时,不同群体不可避免地产生冲突。其次,关于证据确定性与不确定性的理解,三个群体也展示了不同的行为范式。科学家倾向于理性的方式,通过科学方法的概率性来解释;政策制定者则采用政治中常用的范式,依照情境的不同采取权宜之计;公众界定这种不确定性的方式则更为分化,要么是确定性、要么是不确定性。以往,科学家因其对于技术知识的专业性把握建立起知识霸权。然而,"随着意识形态因时间和空间的变化而变化,与抽象的现代性概念相联系的科学的霸权力量已经开始减弱,人们对科学解决复杂问题的能力提出了越来越多的质疑"[2]。公众在日常生活中也能接触到信息传播带来的各种知识,科学的神圣性和专业壁垒在全球化的现代社会已被逐渐打破。

第三节 安全伦理:超越责任伦理

一、安全悖论:现代性的有组织的不负责

关于现代性的定义,吉登斯在《现代性的后果》一书中指出:"现代性指社会生活或组织模式,大约十七世纪出现在欧洲,并且在后来的岁月里,程度不同地在世界范围内产生着影响。"[3]他用断裂论解释现代社会,指出历史发展的任何阶段都存在着断裂,这是历史必经的过程。工业革命以后,西方国家进入现代社会,工业社会的生产方式以前所未有的方式迅速改变了原有的生活方式,但人们

---

[1] GARVIN T. Analytical paradigms: the epistemological distances between scientists, policy makers, and the public[J]. Risk analysis, 2001, 21(3): 443-456.

[2] GARVIN T. Analytical paradigms: the epistemological distances between scientists, policy makers, and the public[J]. Risk analysis, 2001, 21(3): 443-456.

[3] 吉登斯. 现代性的后果[M]. 田禾,译. 南京:译林出版社,2011:1.

的制度体系、价值观念等上层建筑未能与经济基础的变化同步,两者之间的断裂性愈发明显且无法弥补,呈现出一种特殊的现代性断裂形态。现代社会全球化进程的不断加快,使得世界各地的社会联系加强,同时还改变着日常生活的个人领域,加上科学技术的发展和应用的不可预测性,风险越来越从地域性风险变为全球性风险,工业社会逐步转变为风险社会。为了降低风险发生的概率,弥补现代性的断裂缝隙,各国建立了一系列现代组织,以期对新兴科学技术和风险事件进行风险评估,并对风险进行权责划分。但这却出现了一个安全的悖论——现代性的有组织的不负责。"有组织的不负责"这一概念由德国社会学家乌尔里希·贝克提出,即公司、政策制定者和专家结成的联盟制造了当代社会中的危险,然后又建立一套话语来推卸责任。这样一来,他们把自己制造的危险转化为某种"风险"[1]。这实际上是一种对风险及其后果的合理化,相关组织和个人的责任变得不再明晰。"风险社会"的主要特征是社会问题或社会矛盾日益增多,但同时没有个人或机构明确地为任何事负责。[2] 出现这种现象的原因除了风险后果合理化外,还因为伦理和社会建制转向的步伐跟不上科技发展的速度,二者发展不同步,出现体制内部权责划分尚未明晰的局面。

  在风险事件评估的公司、政策制定者和专家结成的联盟中,专家起到的作用至关重要。但任何人的认识都不是完备的,专家并不是专业、客观、科学的代名词,对专家系统过度信任和依赖并忽视潜在风险,加重了有组织的不负责现象的出现。首先,专家只是在某一领域有其专长,不可能在任何领域都无所不知。但在现代社会中,科学技术等事件引发的风险与灾难却不再局限于某一特定领域,而可能像"蝴蝶效应"一样,牵一发而动全身。在这种局面下,专家也无力控制局面,只能被动成为有组织的不负责中的一环。其次,民众在心理层面普遍将专家神圣化,对权威专家的话深信不疑,形成了专家团队的知识垄断。但在诸如新技术的应用过程中,专家与政治组织的决策者不可避免地纠缠在一起,形成一个利益团体。一旦风险事件出现,由于关涉自身责任和利益,专家主动或被动地利用其专业知识为决策者编造一套说辞进行辩护,将事件可能隐藏的风险合理化、安全化,甚至在灾难发生之后将真正的责任主体隐藏,避重就轻,运用所谓的专业知识为公众答疑解惑,安抚公众情绪,但事件在这一过程中未得到真正解决。在这一过程中,专家主动实现了有组织的不负责任。最后,在现代资本主义社会中,大众传媒易被责任相关方利用,不知不觉成为政府及相关组织的棋子。在安

---

[1] 张宇.风险社会"有组织的不负责任"困境形成的原因:从专家体制和大众媒介两个角度[J].东南传播,2012(4):12-13.
[2] 贝克.世界风险社会[M].吴英姿,孙淑敏,译.南京:南京大学出版社,2004:75.

全事件发生之后,大众传媒对事件进行追踪报道,虽然在一定程度上对事件的解决起到了积极作用,但也在引导舆论走向,很容易被责任主体所利用,在为责任主体间相互推卸责任、转嫁责任等方面起到推波助澜的作用。

有组织的不负责虽然在表面上使得安全事件得以平息,但其引发的矛盾和问题并未消失,而是随着一次次安全事件的发生逐渐加深。它所引发的是政府及公共组织的公信力和权威性下降,长此以往可能导致严重的政治动荡。责任划分问题是现代风险社会实现健康发展不可回避的问题,但在现代社会中责任伦理却陷入泥潭,被不断消解。

二、责任伦理的困境

"伦理"在中国古代意为伦常、纲纪、封建礼教规定的人与人之间的正常关系,特指尊卑长幼之间的关系,即人伦道德之礼;在现代意为人与人之间遵循的符合社会核心价值观的道德规范。伦理自古以来就是一种对人的道德约束,伦理之所以能够被人所主动遵循,原因就在于人的内心有主动遵循它的信念和责任。工业革命以后,特别是进入科技高速发展的现代之后,随着资本逻辑和工具理性的高扬,伦理逐渐丧失其固有的地位和道德约束力。

关于责任伦理,代表人物有马克斯·韦伯和汉斯·约纳斯。针对第一次世界大战后政治家对其行为后果的不重视现象,马克斯·韦伯曾呼吁一种超越康德"信念伦理"的责任伦理。他认为康德的信念伦理更多地强调对普遍的道德准则的遵循,而忽略了对具体行为后果承担的具体责任。韦伯指出:"一切有伦理取向的行为,都可以是受两种准则中的一个支配,这两种准则有着本质的不同,并且势不两立。指导行为的准则,可以是'信念伦理'(Gesinnungsethik),也可以是'责任伦理'(Verantwortungsethik)。这并不是说,信念伦理就等于不负责任,或责任伦理就等于毫无信念的机会主义。当然不存在这样的问题。但是,恪守信念伦理的行为,即宗教意义上的'基督行公正,让上帝管结果',同遵循责任伦理的行为,即必须顾及自己行为的可能后果,这两者之间却有着极其深刻的对立。"[①]韦伯认为,"信念伦理"和"责任伦理"的区别在于承担责任的主体不同。他认为责任的承担主体不在于"上帝"或其他"神",强调个体承担行为后果的责任在伦理中的巨大作用。同时,韦伯认为责任伦理的排序先于信念伦理,"我的印象是,我十有八九是在同一些空话连篇的人打交道,他们对于自己所承担的事,并没有充分的认识,他们不过是让自己陶醉在一种浪漫情怀之中而已……能够深深打动人心的,是一个成熟的人(无论年龄大小),他意识到了对自己行为后

---

① 韦伯.学术与政治[M].冯克利,译.北京:商务印书馆,2018:107.

果的责任,真正发自内心地感受着这一责任。然后他遵照责任伦理采取行动"[①]。虽然韦伯的责任伦理较之以往的伦理原则具有巨大的进步意义,但其责任伦理也只是泛泛强调了个体承担行为后果的责任的重要性,忽视了承担行为后果对未来产生影响的责任。

在韦伯责任伦理的基础上,汉斯·约纳斯的责任伦理更多地聚焦于人类行为对未来的影响,认为人类应该为此承担责任,具有前瞻性特点。约纳斯敏锐地发觉当代技术的过度发展会对人类生存造成威胁,人类的科学研发不能为所欲为、不加约束,否则可能会对人类后代造成不可逆的巨大危害。他强调了时间的积累对加剧风险的巨大力量,指出时间累计所产生的威力大于任何数量的氢弹,而这种威胁不亚于原子弹的突然袭击,其后果都是不可逆的。如果我们自身侥幸躲过了这种威胁,那么我们的子孙后代也会遭受这种威胁。他以技术应用的连锁反应举例:一切当中最黑暗的是一种灾变将导致另一种灾变的可能性,也就是说,在全球性的生物圈毁坏的大灾难中,对于全部人口来说"有无问题"变成"生死问题","人人为我"变成普遍的战斗口号,到那时绝望的一方或另一方在日益减少的资源争夺战中,将诉诸原子弹战争的最后一搏,小国家也可能持有大规模杀伤性武器,普遍战斗的连锁反应一经触发便难以控制。为了避免事件连锁反应产生难以预估的负面影响,在后果严重的风险事件来临之前,人类就应该及时评估技术的应用风险,审慎地考虑其应用范围,以免在未来对人类造成不可逆的巨大伤害,这是约纳斯与韦伯的责任伦理的不同之处。约纳斯责任伦理学之新,新在其不再局限于此时此地人与人的责任关系,而是一种关注人与社会、人与自然、人类未来责任关系的"远距离"的伦理学。约纳斯的责任伦理学较之韦伯的伦理学实现了新的飞跃,但仍存在一些缺陷。首先,其责任伦理原则确立于"父母与子女的爱"模式基础之上,缺乏具体化的责任原则和规范作为指导。其次,这种责任划分的模式较为理想化,其落实最终难免沦为道德说教。在技术理性和资本逻辑主导下的现代社会,要求人们对陌生的未来后代负责是困难的,约纳斯的理论缺乏实践的可操作性。

在现代社会,与伦理相伴相生的"责任"无法仅凭道德或信念约束和履行,责任更多地成了人们的一种选择,责任伦理逐渐陷入一种前所未有的被动困境之中。为何在现代社会责任伦理被逐渐消解?原因在于,在现代资本社会中,人类行为越来越异化为资本逻辑的控制之下的行为,这种行为多出于资本计算和利益衡量,消解了原有的伦理根基。人之所以被资本异化,原因之一在于现代伦理和科学技术的发展逐渐摧毁了宗教伦理的权威性。上帝从神坛跌落,人们的信

---

① 韦伯.学术与政治[M].冯克利,译.北京:商务印书馆,2018:117.

仰崩塌，但现代伦理应遵循何种信仰并无定论。这就出现了一种信仰的断裂，人们在现代社会中找不到存在的意义，只能在资本逻辑的支配下通过对物质的不断占有来证明个人存在的价值和生活的意义，这就是马克思所批判的商品拜物教。责任伦理荡然无存，社会仅剩下对所谓的利益和价值的追逐，人本身被资本逻辑异化。

责任伦理的困境表现如下：首先，责任伦理越来越成为一种选择。没有了宗教信仰和个人信念的支撑，人们找不到遵循伦理规范的意义，是否依旧遵循以往的伦理规则成了个人的选择。其次，伦理不再具有强制性。在过去，无论是在中国还是在西方社会，伦理都体现为一种强制的约束力，如在古代中国社会，百姓任何违背三纲五常的行为都是会被律法制裁的，在西方基督教国家，人们主动遵循一定的道德规范，以实现死后升入天堂。而在现代社会，伦理规范不再具有法律形式和宗教道义上的强制性，违背伦理道德的行为也不会受到实质的惩罚，伦理的约束力逐渐丧失。又次，责任变得难以归属。现代科技的应用是一个长期的、复杂的过程，这一过程涉及多种群体的博弈和妥协。一旦该事件或技术引发安全问题，责任划分就变得模糊不清，无论是专家还是政策决策者，主观上不愿承认责任属于自己，客观上无法识别属于自身的责任，这就容易造成主体之间互相推诿责任归属的问题。再次，伦理教育逐渐缺失。价值观的塑造对人的发展至关重要，责任伦理之所以陷入困境，一大原因在于伦理教育的缺失。在现代资本主义社会，资本逻辑下衍生的教育体系多聚焦于个人利益的维护，对共同的伦理道德价值教育相对忽视。最后，责任伦理不具有实践条件。理论上最具代表性的约纳斯的责任伦理学建立于父母对子女的爱的基础之上，责任的贯彻要像父母对子女的爱那样无私，这是不现实的。一方面，约纳斯忽略了这种爱很大程度上是基于血缘情感的，因此仅能在很近的亲缘关系中起效，如果推至其后几代，父母往往不会考虑对其后远距离没有情感联系的后代负责。另一方面，约纳斯责任伦理学的核心是"责任"，但这种责任只是对人类整体的呼吁，具体责任的负责人如何界定、追究的责任内容是什么是很难确定的。因此，约纳斯的责任伦理学依然具有传统伦理学的局限性，具有一定的理想性色彩。如何突破责任伦理的困境，是现代社会亟待解决的问题。现代社会越来越需要破除传统责任伦理的困境，面向现代性社会的不确定性和对未来影响的不可预测性做出新的伦理回应。

现代安全伦理需要实现一种超越责任伦理的风险伦理。由于事件发生之后其后果的不可预测性，责任的划分也变得不甚明晰，而且有可能会出现有组织的不负责现象，此时仍旧强调责任伦理缺乏可实践性。因此，在决策前就要尽可能充分考虑决策的实践对现实社会和伦理道德造成风险的所有可能性，将事后补救更多地变为事前预防。

三、风险伦理

在现代风险社会中,风险对现实和未来的影响已经越来越超出专家和决策者的想象力,这主要表现在现代科技高速发展带来的一系列负面影响。首先,科技对人类的控制力增强,以至于对人的主体性地位造成挑战。如马尔库塞在《单向度的人》中指出,技术理性的霸权导致现实生活的各个领域都出现单向度现象,人逐渐丧失批判和否定的能力。人由具有否定和批判能力的"双向度的人"变为丧失批判能力被科技异化和支配的"单向度的人"。其次,科技高速发展导致人类行为的后果具有难以预见的不确定性。人们越来越生活在一个过度利用的世界中,这就将人类后代置于不确定的生存环境中,科技发展给人类及其后代造成巨大威胁。以科学技术的应用为例,在现代社会中,科技产品一经投入使用就不可避免地与周围环境产生互动,此时它所造成的对现实和未来的影响就已经超出了专家和科学家的控制。比如实验室有毒的化学物质一经泄漏,它如何进入人体,对人体产生怎样的影响,在实验室以外的环境如何进化和分布,在这一过程中对现实社会和未来社会造成怎样的消极影响等,就是不可预测的了。

针对现代社会中不确定的风险挑战,约纳斯的责任伦理学从人类社会未来生存条件的层面给出了重要回应,具有前瞻性特点,具有划时代的积极意义。"我们此时此地的所作所为,大多是自顾自的,我们就这样粗暴地影响着千百万在别处和未来生活、对此不曾有选择权的人们的生活。为了眼前的短期利益和需要(为了那些大多自我产生的需要),我们把未来生活都押上去了"。[①] 但由于其理论建立于父母对子女基于血缘和亲缘关系的爱这一模型基础之上,因此他关于当代人对于后代人的责任观是去呼吁"应该做"(ought to do)[②]的,这出于一种对后代人的责任和义务。但处于资本逻辑和科技理性主导下的现代人,其活动多出于维护个人利益,因此其与后代人的关系属于陌生人关系范畴,这是一种没有亲缘感情的、平等的关系,不具有亲缘层面的义务,故无法要求当代人对后代人像对待自己的儿女那样无私地做出牺牲和奉献。同时,约纳斯的责任伦理只是从人类整体的角度,在宏观的层面上泛泛地呼吁当代人对后代人的责任,如他指出,"每一个新生儿都意味着人类的新生,从这个意义上说,这也涉及人类

---

① 约纳斯.技术、医学与伦理学:责任原理的实践[M].张荣,译.上海:上海译文出版社,2008:27.

② JONAS H. The imperative of responsibility[M]. Chicago:University of Chicago Press,1984:130.

延续的责任"[①]。这种宏观层面口号式的呼吁缺乏实践的可操作性,因此具有一定的乌托邦色彩。所谓风险伦理,就是在现代科技社会,人们在面对一系列复杂的、不确定的、不可预测的风险事件挑战时做出的道德选择和伦理回应。

责任伦理要超越为风险伦理,首先要正确看待当代人与后代人的关系,认识到后代人不应在当代"缺场"。当代人与后代人是平等的关系,这种平等不是指享有资源和福利方面的平等,因为地球资源是有限的,无法实现这种平等,而是要实现当代人和后代人在选择机会和权利方面的平等。当代人在维护自身利益的基础上不做出对后世造成不可逆负面影响的行为,如核污染物的排放、基因编辑技术和纳米技术的无度开发等,应该尽最大可能性给予后代自由选择自身行为和活动的空间和机会,而不是在现代加速社会中过度攫取资源,将当下的残渣留给未来。其次,风险伦理要遵循一定的行为准则。甘绍平提出了风险伦理的三大准则:"行为结果预期值最大化准则""避免最大的恶之准则""审慎原则"[②]。具体来说,"行为结果预期值最大化准则"是指在行为主体进行决策时运用某种程序,将所有决策的可能性依照其价值的高低进行排序,最终目的是实现利益的最大化。但这一准则具有功利主义色彩,必须用义务论的原则加以约束。"避免最大的恶之原则"是一种消极的伦理学,它首先规定人们在活动中应放弃(不做)什么,可以做什么排序在其之后。这一准则同样需要法律和政策的规范加以强制约束。"审慎原则"主要强调在事前对决策者的行为进行动态调整,这是一种相对灵活的策略,需要公众的参与才能实现决策的民主性和相对公平性。但这一策略在决策过程中仍无法达到各群体意见的统一,这就无法避免少数人承担风险,其中存在的伦理问题仍需加以重视。

因此,风险伦理在具体实践层面对约纳斯的责任伦理进行了超越。基于与后代人的平等关系的风险伦理,当代人应力求实现与后代人的代际共同体,以审慎的态度考量自身行为对后代造成的影响,尽可能为后世留下更多的选择空间。

第四节　安全伦理的社会建构进路

安全伦理的建构需要个人和社会、国家力量的广泛、共同参与。国家和社会在其中起到引领和导向作用。安全伦理的社会构建进路可分为外在进路和内在

---

① JONAS H. The imperative of responsibility [M]. Chicago: University of Chicago Press,1984:135.
② 甘绍平.一种超越责任原则的风险伦理[J].哲学研究,2014(9):87-94.

进路。

一、安全伦理的外在进路

新技术的应用需要行业专家进行技术安全的风险讨论,在这一过程中确定可接受风险的水平。关于可接受风险水平的决策不仅仅是一项涉及专业知识的决策过程,还需要在公众和各种利益共同体的民主参与基础上集中意见,做出最终决策。这是一个在不同主体价值观碰撞中进行伦理决策的过程。要想在保障主体利益最大化的同时保障决策的科学合理,并在出现风险事件时找到合理的技术和伦理出路,需要制定相关政策和法律法规,并加强对个体的伦理教育。

在客观层面,政府要制定相关政策和法律法规对安全伦理进行规范和规制,为安全伦理落实提供制度化保障。安全责任伦理观念丧失的原因之一在于伦理的外在约束力不再,因此要强化伦理的外在约束力,没有法律制度保障的伦理体系是脆弱的。在现代社会,安全伦理规范是复杂的,不同国家和地区的实际情况不同,因此要制定相关法规政策来规制人的行为。在制定相关的政策、制度、法律法规时,专家和政府决策者不仅要考虑到涉及该技术或事件的专业知识、客观层面的安全标准,还要考虑到应用领域,考虑社会和国家的经济、政治、文化条件,以确保因地、因时制宜,如可以建立伦理委员会共同讨论决策事宜。同时,在制定法律法规时还要考虑到当地民众对事件或活动安全风险的接受程度。可以通过问卷调查、决策意见线上征集、参政议政、决策听证会等形式征集民众对于该决策的意见和建议,确保决策的公众参与度和沟通度;通过法律法规的规范与惩戒,实现伦理环境的净化与重建。

在主观层面,政府要对公众进行伦理教育。伦理效力和权威下降的原因之一在于公众伦理道德观念的匮乏,这是由于主体权利的思维高扬、享乐主义和消费主义价值观盛行。这导致在风险事件发生后,人们更多地倾向于问责他人而非内省自身,造成责任的相互推诿甚至不同利益主体的矛盾冲突,因此要加强对相关主体的伦理教育。第一,要加强对具有相关背景的专业人士的专业伦理教育,在这一教育过程中,以增强其责任感和伦理意识为重心。对于高校在读的学生,要在通识课中加入伦理教育课程,引导学生树立责任伦理意识。在细分专业中,要在不同专业必修课中融入伦理教育,如医学伦理、生物伦理、工程伦理等。[1] 在学习相关专业知识的同时,要结合国家现实情况举例论证,以促进伦理道德与科学知识的融合。对于各领域的专业人员,要定期组织开展伦理教育学

---

[1] 王硕,李正风.科技伦理教育体系的系统发展观:基于"六边形教育模型"的探索[J].科学学研究,2023,41(11):1921-1927.

习,设立学习奖励机制,在潜移默化中培养其树立起正确的伦理道德观和科学向善观。第二,加强对普通民众的伦理观教育。伦理观念的培育需要在全社会形成一种道德风尚。对于普通民众,首先,要在宏观层面加强道德观的教育,如当前中国所弘扬的社会主义核心价值观就是一个典型代表,分别从个人、社会、国家层面对个人道德提出要求,从整体上对个人的价值观产生积极影响。其次,要多渠道强化公众安全伦理教育,发挥大众传媒的传播作用,如电视公益广告、互联网官方账号宣传等。用相对通俗易懂的语言向公众普及正确的安全伦理观,使公众在遇到风险事件时坚定立场,不被错误舆论所左右,从而发挥其监督作用,这也有利于风险事件的妥善解决。

除此以外,科学家应该并充分诚实地将有关信息和可预见的风险告知决策者和普通民众,主动对民众负责。相关研究者和工作人员在定期展开伦理道德学习的基础之外还应该进行相关安全规范的学习,确保自身在操作技术过程中符合安全规范。

二、安全伦理的内在进路

安全伦理的内在进路主要涉及与创新技术相关的专家和科学家群体,主要包括以下几个方面。

第一,专业人员应具有一定的道德想象力。在传统伦理学中,想象力是不受欢迎的概念,因为想象力意味着思维的发散,因此具有主观的不确定性,也就不再受道德规范的约束和制约。现实的哲学虽然排斥想象力但又无法真正离开想象力。如康德虽然强调"纯粹理性"的作用,但在他的哲学体系中想象力却是一个重要存在。"纯粹理性"一词中的"纯粹",程度如何界定?这其中必定蕴含想象的成分。伦理学同样离不开想象力。首先,道德行为是有前提的,是以人们对活动道德与否的评价为前置条件的。其次,在现代社会,更好的道德活动何以可能是人们思索的问题之一,这种思考过程不可避免地充满了想象力。道德想象力是道德和想象力的结合,是指"我们'看见'道德问题(尤其是隐含性、潜在性道德问题)的一种基本能力"[①]。一项新技术应用的过程也是道德想象力发挥作用的过程。科学家和有关专家首先要遵循技术风险伦理的基本规范,这包括技术风险的告知诚信、道义评价、公正分担以及规避责任等。[②] 遵循技术风险伦理的基本规范有利于使技术发展在道德允许的框架内趋利避害。道德想象力的事前作用体现在对隐含道德问题可能性的发现中,从而在道德层面规制行为者。想

---

① 高德胜.道德想象力与道德教育[J].教育研究,2019,40(1):9-20.
② 徐治立.技术风险伦理基本问题探讨[J].科学技术哲学研究,2012,29(5):63-68.

象力虽然存在于现有时空之中,但因思维具有能动性和创造性,想象力在一定程度上可以超越时空,预料到未来不确定维度中风险事件发生的某些可能性。以核污染物的排放为例,运用道德想象力就可以预料到污染物排放对人类生命安全和社会稳定造成的消极影响,从而使决策者慎重考虑此行为。道德想象力还具有矫正功能,这主要是通过对个体的心理压力来表现。如果行为主体通过道德想象力想象到其违背道德的行为可能会对他人或社会造成消极影响,并预想到其因此承受的社会眼光对其自身产生的影响,就可能在心理层面阻止其做违背道德的事情。

第二,要将价值敏感设计(Value Sensitive Design,简称 VSD)纳入实践活动和技术设计中。价值敏感设计作为一种新的哲学概念和方法,由芭提雅·弗里德曼等于 20 世纪 90 年代提出,"在设计过程中以原则性和全面性的方式诠释和维系人的价值"[1]。具体是指将人类价值和道德考量应用于技术设计和应用的整个过程中,以观念指导实践活动,使得技术符合人的行为方式和道德价值(如尊严、安全、公平、隐私等),通过技术设计实现伦理目的,在此过程中达到规避风险的目的。科学技术是属人的,其生产的目的是造福于人而非对人的生活造成威胁。首先,价值敏感设计应用于技术设计应用全过程时,不能仅仅将其局限于实在的创造生产效益的物质生产过程,还应注意到其与社会生活的密切联系,将其与物质生产和科技应用联系在一起,设身处地地思考技术应用对相关利益者和社会产生的影响,实现伦理道德在各个领域的应用。其次,因为价值敏感设计具有前置性的特点,因此要将重心更多地放在事前预防方面,而不是仅仅局限于事后补救,要在充分考量风险程度的基础上进行科技的创新和创造,将风险事件对人类社会造成的影响降到最低程度。

第三,专家在创造新技术时,要坚持负责任创新的原则。创新不是不对未来加以考虑的随意创新,应该坚持负责任的原则,把握技术活动的禁区。该原则在欧美国家中占据重要地位,欧盟"地平线 2020"计划明确提出"负责任创新"一词,并在"2020 智慧增长"战略中提出两个基本问题:① 我们是否有能力界定创新的社会影响? ② 对于一项创新,如何引导其向社会满意的方向前进?[2] 负责任创新这一概念关键在于"责任"和"创新"的平衡,但责任是优于创新的,创新不是肆意妄为,而是在遵循伦理道德规范的基础上进行创新。首先,负责任创新要求在创新的过程中,除了考虑到创新带来的经济和社会效益之外,还要多维度考

---

[1] 刘瑞琳,陈凡.技术设计的创新方法与伦理考量:弗里德曼的价值敏感设计方法论述评[J].东北大学学报(社会科学版),2014,16(3):232-237.
[2] 梅亮,陈劲.责任式创新:源起、归因解析与理论框架[J].管理世界,2015(8):39-57.

量该创新的社会接受程度、伦理道德影响、环境效益、可持续发展等方面。其次，责任意味着一种价值导向，因此不存在放之四海而皆准的责任标准，要在符合本国和地区实际情况的前提下进行负责任创新。应该将负责任创新纳入制度规范，加强相关责任理论体系的构建和完善，逐步探索适合本地区的新兴科技的社会治理和管理模式，并将其纳入法律和政策规制。警惕资本主义社会通过所谓的安全技术即资本对生命进行规训和宰制，使人沦为没有反抗和批判意识的奴隶，变成为资本增殖而消耗生命的"单向度的人"。

第三章　安全文化论纲

中国特色社会主义进入新时代,我国发展的内外环境发生深刻变化,发展面临的竞争更加多元激烈,遇到的安全问题更加棘手复杂,深入探讨当代中国面临的安全问题,形成一套中国特色的安全文化体系,为实现民族复兴的第二个百年奋斗目标保驾护航显得尤为迫切。

第一节　"安全文化"的概念解析

一、概念的起源

1986年4月26日苏联切尔诺贝利核电站发生爆炸及核泄漏事故。1986年国际核安全咨询组(INSAG)发布事故调查报告,首次提出"安全文化"一词,认为安全文化的缺失是事故爆发的深层原因,亦即人的因素造成了事故。1991年该组织出版《安全文化》一书,明确将"安全文化"定义为"存在于单位和个人中的种种特性和态度的总和"[①]。安全文化概念一经提出,很快得到了各国各地、各行各业生产安全界人士的关注和认同。1992年李维音、徐文兵将《安全文化》一书译成中文,并由原子能出版社出版发行。1993年原劳动部部长李伯勇同志首次在报告中应用"安全文化"的概念,这标志着安全文化作为现代安全管理思

---

① 国际原子能机构,国际核安全咨询组.安全文化[M].李维音,徐文兵,译.北京:原子能出版社,1992:1.

想和原则正式传入了我国。

二、概念的界定

安全文化有广义和狭义之分。广义的安全文化一般指，人类为防范或减轻风险，维护生命财产安全，实现经济、社会和生态可持续发展所创造的安全精神价值和物质价值的总和。在安全观方面包括企业安全文化、家庭安全文化、全民安全文化等，在文化观方面既包含精神、观念等意识形态的内容，也包括行为、环境、物态等实践和物质的内容。狭义的安全文化一般即指企业安全文化，"包括员工在从事生产经营活动中的身心安全与健康，既包括无损、无害、无伤、不亡的物质条件和作业环境，也包括员工对安全的意识、信念、价值观、经营思想、道德规范、企业安全激励进取精神等安全的精神因素"①。在日常生活中，人们往往所持的是狭义的安全文化观，甚至多认为安全文化就是人们的安全意识。我国的安全文化以人为本，具有鲜明的民族和时代特征，既具有研究意义，更具有实践意义。

第二节 "安全文化"的特征功能

一、安全文化的特征

"安全文化"作为新近出现的一种文化现象或一个文化领域，在其成长发展过程中逐渐呈现出一些显著的特征，为人们对其进行准确辨识和丰富充实提供了参考和边界。通过概括和归纳，学界普遍认为安全文化有以下几个方面的特征。

（一）民族性

不同的民族在其历史发展的长河里，对于生命的价值、人生的态度、生活的样式、生产的状态等与安全有关的问题逐渐形成了自己的独特理解和体会，成了一个民族区别于其他民族的显著特征。中华民族在五千多年历史发展中由于其生存环境差异较大，孕育了以人为本、生存为要、相互支援的安全文化理念；西方世界地理优势相对明显，则形成了尊重生命、安全第一、预防为主的安全文化品格。

---

① 吕慧,高跃东.浅谈我国安全文化的现状与发展[J].现代职业安全,2021(1):22-25.

(二) 时代性

安全文化是人类发展进步的产物，不同的时代由于政治、经济、文化、科技、社会环境的不同，孕育出的安全文化自然具有不同的特征。安全文化作为上层建筑的组成部分，随着物质基础与时俱进。在中国特色社会主义新时代，安全文化呈现出鲜明的时代风格，更加重视个体的生命价值，更加重视安全预防的投入，更加重视公共安全、系统安全和整体安全，更加强调安全力量整合、全民安全参与。

(三) 多样性

安全文化内涵丰富，涉及越来越多的领域、各种各样的人群。不同的领域因工作的内容和要求不一样，从而产生不同的安全价值观和安全行为规范；不同的人群因其不同的生存环境、生活领域、生产方式，对于安全文化的认识态度、认识程度也会不尽一致。安全文化的多样性是在统一性基础上的多样性，对安全文化的多样性认知是为了促进全社会共同安全精神的增长、共同安全意识的进步。

(四) 约束性

安全文化是一个群体在生产、生活中形成的，为大家普遍接受的、成文或者不成文的有关安全的意识、观念和各种行为规范标准，这样形成的安全文化往往具有一定的权威性，如同道德、禁忌、风俗习惯等，对群体成员具有普遍的约束力，能激发群体成员强烈的责任感。群体成员认可安全文化、严格遵守安全规章则会收获相应利好，若安全文化意识淡薄甚至违背安全规章则会受到相应的处罚和损失。

二、安全文化的功能[①]

倡导、学习、遵守安全文化能够引导人们形成正确的安全认知，提高组织和个人的安全素养，开展合适的应急救援行动，从而保护人民群众的生命财产安全。概括起来，安全文化包括以下功能：导向功能、凝聚功能、激励功能、规范调节功能、辐射同化功能等。

(一) 导向功能

安全文化的导向功能是指通过教育熏陶等方式对群体成员的安全行为进行引导和定向，使个体有关安全的理想、目标、价值观与组织正确的理想、目标、价值观相契合。安全文化集中反映了组织的共同安全价值观念和安全经济利益，对组织成员具有较强的感召和引导作用，越是成熟的组织越为明显。安全文

---

① 此部分参见，李霞.安全文化视角下的工程伦理研究[D].太原：山西财经大学，2011.

的导向功能,"首先体现在它的超前引导方面。通过教育培训手段和文化氛围的烘托使安全价值观念和安全目标在每个社会成员中形成共识,并以此引导人们的思想和行动。其次,其导向作用还体现在它对社会成员安全行为的跟踪引导。安全文化的价值观念和目标将化解为具体的行动依据和行为准则,社会成员可以随时参照并据此进行自我约束、自我控制,使之不脱离目标轨迹"①。

(二) 凝聚功能

安全文化的凝聚功能是指,安全文化作为一个组织共同认可的有关安全的核心价值理念,能够起到凝聚人心、形成共识、团结一致朝着一个目标共同奋进的作用。"安全文化因其对生命的感悟和价值的总和能使全体社会成员在安全上的观念、目标、行为准则方面保持一致,形成心理认同的整体力量,表现出强大的凝聚力和向心力。"②安全文化的凝聚功能首先表现在组织内部全体成员命运共济,一人违反安全规章将危及所有人的利益和安全,因而组织成员凝结一体,相互关照,互相支援。其次,其凝聚功能还表现在组织对外往往是作为一个整体,具有封闭性,外人很难进入,必须进入则需要尽快融入和适应。凝聚功能是衡量组织战斗力的首要标准。

(三) 激励功能

安全文化的激励功能是指,安全文化作为一个群体的精神文化因素代表了群体的核心安全价值观,反映了群体的共同利益,对于群体成员的思想观念和行为准则有强烈的使命感召和持久的力量驱动。安全文化展现了组织的文明高度,昭示了组织及其成员的良好发展趋势,使得人们产生认同感和归宿感,在自我激励的同时起到相互激励的作用。安全文化的激励功能首先表现在组织用安全价值目标展现成员的工作意义,指明成功的标准,形成组织奋发向上的工作氛围,促使成员产生更大的工作动力。其次,其激励作用还表现在具体的安全规章制度奖优惩劣,形成组织成员自觉遵守规章制度、杜绝麻痹大意、远离危险、安全生产的意识。

(四) 规范调节功能

安全文化的规范调节功能是指,安全文化作为一种有形和无形的制度文化,对组织成员的思想和行为及环境设施进行规范和约束的同时,也是一种调节人的心理因素,协调人际关系,调适人与机器、环境等关系的过程,目的是使组织成员形成安全价值共识和安全目标认同。安全文化的规范调节功能发生作用的机

---

① 张卫清.网络安全与网络安全文化[D].衡阳:南华大学,2006.
② 张卫清.网络安全与网络安全文化[D].衡阳:南华大学,2006.

制;其一,组织制定规章制度、约束机制、管理办法等,对违反安全文化的行为进行教育、惩戒,对按章办事的模范行为给予褒扬、奖励,以此在组织内形成积极向上的安全价值氛围;其二,组织通过营造有形或无形的安全文化环境,潜移默化地在组织成员内心形成正向的撞击、反思和调整,促使其合理改进以往对于自己、他人、环境、组织的看法和关系,朝着规范的安全价值理念方向发展。

（五）辐射同化功能

安全文化的辐射同化功能是指,"企业（组织）安全文化一旦形成,会对周围群体产生强大的影响作用,并迅速向周边辐射,比如同化一批又一批新来者,使他们接受文化并保持与传播,使企业（组织）安全文化的生命力得以持久"[①]。先进企业（组织）的安全文化具有示范引领作用,能够影响到其他企业（组织）、行业甚至整个地区,从而带动整体发展,推动行业、地区的安全文化繁荣进步,造福员工、企业（组织）和社会。安全文化的辐射同化功能发生作用的机制:其一,通过行业协会、企业交流等形式,优秀组织或企业分享安全管理经验,其他组织或企业学习跟进;其二,组织、企业之间存在直接或间接的合作,多方同属于一个行业集群或者就是同处于一个产业链,甚至是上下游企业。优秀企业拥有先进的安全价值观和制度,其他企业若要形成合作则会被动看齐、主动求变,其最终结果则是整体进步、共同获益。

第三节　中国"安全文化"的发展

我国20世纪90年代之前没有安全文化这一学科,但有着丰富的安全思想和安全资源。前人安全思想的发展、安全资源的积累走过了一个曲折的发展过程,是在无数的惨痛教训中得来的宝贵经验。无数的艰难磨砺中收获的珍贵资产,为我们今天安全文化学科发展、安全文化事业进步奠定了坚实的基础,值得我们好好珍惜、认真学习和借鉴。

一、传统安全资源和安全思想

（一）传统安全资源

我国是世界上灾害发生最为严重、最为频繁的国家之一,灾害种类多、地域广。在漫长的历史进程中,中华民族形成并积累了独特的防灾、救灾安全资源。

---

① 张卫清.网络安全与网络安全文化[D].衡阳:南华大学,2006.

公元前4500年,半坡氏族的村落周围开挖多种壕沟来抵御野兽的袭击,这可以说是最原始的安全行为。公元前4000年左右,我国的制陶技术、采矿技术、炼铜技术等得到较快的发展。从一些挖掘的遗址看,当时在开采铜矿的作业中就采用了自然通风、排水、提升、照明以及框架式支护等一系列安全技术措施,这些可以说是我国安全文化兴起的标志。

公元前256年,李冰父子主持建造了都江堰工程,通过改变自然力量发生作用的方式,改善人类的生存环境,保障了人类生活、生产的安全,可以说是人类最早的安全技术成就。公元132年,张衡发明地动仪,开始了人类认识地震、探寻地震发生规律的最早努力,这类科学探究的目标是保障人类的生命安全。隋唐时期起,我们的祖先就能较清楚地认识毒气,并提出检测方法。隋代巢元方所著《诸病源候论》中记载:"凡古井冢及深坑阱中多有毒气,不可辄入……必须入者,先下鸡、鸭毛试之,若毛旋转不下,即是有毒,便不可入。"北宋以来,建筑工程安全愈发引起古人重视,木结构建筑师喻皓在建造开宝寺灵感塔时,每建一层都在塔的周围安设帷幕遮挡,既避免施工伤人,又易于操作。北宋城市经济的繁荣带来了繁重的消防安全负担,公元1127年,孟元老在《东京梦华录》中记述,首都汴京的消防组织相当严密。消防的管理机构不仅有地方政府,而且由军队担负执勤任务,"每坊巷三百步许,有军巡铺一所,铺兵五人",负责值班巡逻,防火又防盗。"又于高处砖砌望火楼。楼上有人卓望,下有官屋数间,屯驻军兵百余人,及有救火家什,谓如大小桶、洒子、麻搭、斧锯、梯子、火叉、大索、铁锚儿之类。"一旦发生火灾,由骑兵飞奔报告各有关部门。明清时期手工业发达、矿业规模巨大,大量机械运用于采矿、冶炼等行业,各种人为事故、天然灾害也随之增多。公元1637年,宋应星编著的《天工开物》详尽地记载了处理矿内瓦斯和顶板的"安全技术":"初见煤端时,毒气灼人。有将巨竹凿去中节,尖锐其末,插入炭中,其毒烟从竹中透上……其上支板,以防压崩耳。凡煤炭取空而后,以土填实其井……"

(二)传统安全思想

中国古代安全思想的核心是"以人为本",如马王堆帛书《十问》记载"尧问于舜曰:'天下孰最贵?'舜曰:'生最贵。'";《论语》记载"厩焚。子退朝,曰:'伤人乎?'不问马";《初刻拍案惊奇》记载"留得青山在,不怕没柴烧";《弟子规》记载"身有伤,贻亲忧"等等,主要表述了生命至上、安全第一,安全工作依靠人、为了人、造福人的思想。围绕"以人为本",古代中国衍生出博大精深的安全思想。[①]

其一,居安而思危。《周易》记载"安而不忘危,存而不忘亡,治而不忘乱"。

---

① 此部分参见,中国古代灿烂的安全文化[EB/OL].[2023-11-01].http://www.jdzj.com/hot/article/2006-12-5/10776-1.htm.

《新唐书》记载"思所以危则安矣,思所以乱则治矣,思所以亡则存矣"。这是安全行动的基本原则和方针。

其二,有备才无患。《左传·襄公十一年》记载"居安思危,思则有备,有备无患"。《礼记·中庸》记载"凡事预则立,不预则废"。这是有效杜绝可能事故、从容应对未知灾难的可行做法。

其三,长治能久安。《汉书·贾谊传》记载"建久安之势,成长治之业"。只有发达长治之业,才能实现久安之势。国家安全是这样,生产生活的安全也同样是这个道理。

其四,防微且杜渐。《元史·张桢传》记载"有不尽者,亦宜防微杜渐而禁于未然"。韩非子也说过:"千丈之堤,以蝼蚁之穴溃;百尺之室,以突隙之烟焚。"从小事抓起,重视事物之"苗头",使事故和灾祸刚一冒头就及时被制止,这是减少、控制损失的基本战术。

其五,未雨也绸缪。《诗经·豳风·鸱鸮》记载"迨天之未阴雨,彻彼桑土,绸缪牖户"。尽管天未下雨,也需修补好房屋门窗,以防雨患,这是有效的事故对策。

其六,亡羊须补牢。《战国策·楚策四》记载"亡羊而补牢,未为迟也。"古人云:"遭一蹶者得一便,经一事者长一智。"即"吃一堑,长一智"。"前车已覆,后未知更何觉时。"尽管已受损失,也要想办法补救,受了损失要及时总结经验教训,以防后面继续再受损失,这是事故之后的正常做法。

其七,曲突且徙薪。《汉书·霍光传》记载"臣闻客有过主人者,见其灶直突,傍有积薪。客谓主人,更为曲突,远徙其薪,不者则火患,主人嘿然不应。俄而家果失火……"。只有事先采取有效措施,才能防止灾祸,这是"预防为主"的安全之道的滥觞。

二、安全文化的当代发展

20世纪90年代,安全文化概念开始传入我国,安全文化作为一门独立的学科在一些高校逐渐开设。党和政府愈发重视安全文化建设,正如有学者说我国进入了大众安全文化新时期(亦可称作新安全文化时期)。我国的安全状况也呈现出两大新特点:"非生产性意外事故死亡人数大于生产性事故死亡人数;事故频发的场所,从生产领域转向生活、生存领域。"[①]人们对安全和灾害的认识从局部走向系统,从局部有知转向自觉和自律,从灾后救助转向预防、自护和互救相结合。通过考察,我国安全文化的发展可以分作三个阶段[②]。

---

① 金磊,徐德蜀,罗云.中国安全文化建设的世纪思考[J].科学学研究,1997,15(4):28-34.
② 吕慧.浅谈我国安全文化的现状与发展[J].现代职业安全,2021(1):22-25.

(一)(新)安全文化萌芽起步阶段(1992—2002年)

20世纪90年代中国社会开始转型,这个时期的安全生产因经济体制转轨、工业进程加快、民营企业迅速发展等原因,面临一系列新情况、新问题,安全状况出现较大反复。这个阶段全国安全生产综合监管职能先后由原劳动部(1998年前)和国家经济贸易委员会(1998—2002年)行使。

1992年,安全文化的概念正式介绍到中国,全国成立了安全生产宣传教育中心等专门机构。1993年,原劳动部部长李伯勇指出,要把安全工作提高到安全文化的高度来认识。这标志着安全文化从核安全领域传播到安全生产领域,并将与安全管理实践密切结合,安全管理水平不断提升。之后,"安全文化"多次在我国有关安全生产的重要会议和活动中被提及,例如1995年1月,时任国务院副总理邹家华在全国安全生产电话会议上强调"加大安全生产宣传力度,提高安全文化水平,强化全民安全意识";1995年5月,全国第五次安全生产宣传周将"倡导安全文化,提高全民安全意识"列为三大主要内容之一;1997年5月,由国际劳工组织北京局、劳动部、有关产业部委组织的"国际安全文化专家研讨会"在甘肃召开;2001年,青岛市召开了第一届"全国安全文化研讨会",将安全文化推向更广、更深的层次;2002年,我国将"安全生产周"改为"安全生产月",使"安全生产月"以安全文化形式传承下来,全民的安全文化意识和素质得到普遍提高。

(二)(新)安全文化蓬勃发展阶段(2003—2017年)

2003年,为遏制连年上升的生产安全事故,国家坚持"以人为本",在法制、体制、机制和投入等方面采取了一系列措施加强安全生产工作。原国家安全生产监督管理局成为国务院直属机构,同年国务院安全生产委员会成立,安全文化得到了前所未有的重视、繁荣和发展。

2005年,原国家安全生产监督管理总局提出"安全生产五要素"(安全文化、安全法制、安全责任、安全科技和安全投入),安全文化名列其中。2006年、2011年,原国家安全生产监督管理总局分别印发了《"十一五"安全文化建设纲要》《安全文化建设"十二五"规划》。同时在这一阶段,我国出台了一系列有关安全文化的标准、文件,例如《企业安全文化建设导则》(AQ/T 9004—2008)、《企业安全文化建设评价准则》(AQ/T 9005—2008)、《国务院关于坚持科学发展安全发展促进安全生产形势持续稳定好转的意见》和《国务院安委会办公室关于大力推进安全生产文化建设的指导意见》等。这个阶段我国安全文化建设重点面向企业,也建成了一批全国安全文化示范企业、安全社区和全国安全文化建设试点城市。

（三）（新）安全文化承担新使命阶段（2018年至今）

自2018年3月以来，我国整合了原国家安全生产监督管理总局等11个部门的13项职责，组建了应急管理部，"应急管理和安全生产文化建设"被列为应急管理部的主要职责之一。

第四节 习近平安全思想对安全文化的新发展

党的十八大以来，以习近平同志为核心的党中央高度重视安全工作，多次就安全问题召开会议、开展学习、作出批示，逐渐形成了以总体国家安全观为核心的新时代安全思想，可以尝试称作习近平安全思想。习近平安全思想继承了我国传统优秀安全思想及其相关资源，发展了马克思主义经典作家有关安全的重要思想，也是对当代中国安全实践的高度理论概括，是马克思主义中国化、时代化的安全理论的最新成果，是新时代安全文化的最新发展。

一、习近平安全思想的核心

总体国家安全观是习近平安全思想的集中概括和高度凝练。总体国家安全观是一个内容丰富、开放包容、不断发展的思想体系，其核心要义可以概括为五大要素和五对关系。五大要素就是要以人民安全为宗旨，以政治安全为根本，以经济安全为基础，以军事、科技、文化、社会安全为保障，以促进国际安全为依托。五对关系就是既重视发展问题，又重视安全问题；既重视外部安全，又重视内部安全；既重视国土安全，又重视国民安全；既重视传统安全，又重视非传统安全；既重视自身安全，又重视共同安全。

二、习近平安全思想的马克思主义源头[①]

（一）马克思、恩格斯关于"建立无产阶级政权安全文化"的思想

马克思、恩格斯认为，无产阶级应联合起来深入实现国际合作，"要保障国际和平，首先就必须消除一切可以避免的民族摩擦"[②]。无产阶级要想建立政权，必须通过革命斗争，要想保障政权安全，必须牢牢巩固无产阶级意识形态安全。

---

① 此部分参见，单丹丹，王福兴.从"国家到人"：马克思主义国家安全文化的现代化历程[J].哈尔滨师范大学社会科学学报，2020,11(3):14-17.

② 马克思,恩格斯.马克思恩格斯全集:第28卷[M].北京:人民出版社,2018:450.

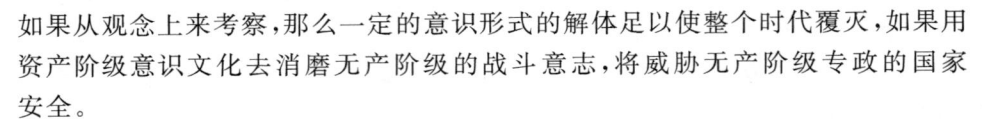

如果从观念上来考察,那么一定的意识形式的解体足以使整个时代覆灭,如果用资产阶级意识文化去消磨无产阶级的战斗意志,将威胁无产阶级专政的国家安全。"

(二)列宁捍卫"苏俄政治安全"的主张

列宁认为,第一,强大的军队安全建设是国家安全文化的重要内容。"如果没有充分的装备、给养和训练,最好的军队,最忠于革命事业的人,也会很快被敌人消灭。"① 第二,无产阶级意识形态安全是国家安全文化的核心问题。严格的无产阶级世界观只有一个,这就是马克思主义,对社会主义意识形态的任何轻视和任何脱离,都意味着资产阶级意识形态的加强。

(三)毛泽东捍卫"主权和领土完整"为核心的国家安全文化

中华人民共和国成立后,面临最严重的危险就是国家政权安全,毛泽东指出,"世界上的反动派是要搞第三次世界大战的,战争的危险是充分存在着"②。第一代领导集体采取了以"军事安全"为核心、突出领土主权安全的国家安全文化方略,同时在政治安全、外交安全上全面出击,如提出"和平共处五项原则""三个世界划分""联美抗苏"等,创造出独特的国家安全文化。

(四)邓小平"维护国家综合安全"为核心的国家安全文化

20世纪80年代开始,邓小平指出,"现在世界上真正大的问题,带全球性的战略问题,一个是和平问题,一个是经济问题或者说发展问题。"③ 围绕新的时代主题,第二代中央领导集体推进以经济建设为中心、以政治主权为基础、以改革开放为策略的综合国家安全文化。在经济发展上,提出"一个中心、两个基本点""两手抓、两手都要硬"等安全建设主张。在国家统一、外交事业上,提出支持和平、反对霸权、搁置争议、"一国两制"等安全文化观点。在军事上,作出"世界大战十几年内打不起来"的判断,提出进行百万大裁军、有限资源搞建设、改善民生等安全文化论断,并在实际中收到了很好的效果。

(五)江泽民、胡锦涛"以维护经济安全为核心、强调共同利益"的新国家安全文化

20世纪90年代开始,国际形势发生巨大变化,国家安全受到多种新挑战。以江泽民同志为核心的第三代领导集体,形成了强调综合性安全和经济安全为核心的新安全文化观,他指出,"世界上的事情应由各国政府和人民平等协商,反

---

① 列宁.列宁全集:第33卷[M].北京:人民出版社,2017:428.
② 毛泽东.毛泽东文集:第4卷[M].北京:人民出版社,1996:333.
③ 邓小平.邓小平文选:第3卷[M].北京:人民出版社,1993:105.

对一切形式的霸权主义和强权政治。国际社会应树立以互信、互利、平等、协作为核心的新安全观,努力营造长期稳定、安全可靠的国际和平环境。"①外部安全要服务国内安全,一国安全关联着世界安全。针对非传统安全因素对国家安全的冲击不断增多,胡锦涛同志提出安全与发展相统一、坚持科学发展观、为维护世界和平多做贡献的新国家安全文化观。科学发展观的核心是以人为本,就是关注人的价值、权益、自由,关注人的生活质量、发展潜能和幸福指数。这一时期的新国家安全文化已经开始认识和思考"人的安全",尝试为解决国际安全和国家安全提供新的路径。

三、习近平安全思想的发展过程②

2012年以来,从以习近平同志为核心的党中央的公开活动、重要会议讲话、发表理论发章、所作批示等,可以隐约发现新一届领导集体安全思想发展的脉络。

2013年5月,习近平在深化平安中国建设工作会议上强调,平安是人民幸福安康的基本要求,是改革发展的基本前提。这可以说是习近平安全思想的起点和初步概括。2014年4月15日,习近平主持召开中央国家安全委员会第一次会议,在讲话中首次提出总体国家安全观,阐述了总体国家安全观的基本内涵、指导思想和贯彻原则。这可以说是习近平安全思想形成的标志。2014年4月25日,习近平在中共中央政治局第十四次集体学习时强调:"要加强对人民群众的国家安全教育,提高全民国家安全意识"。这是将提高全民安全意识作为发展安全文化的目标,将安全教育作为繁荣安全文化的路径。2015年5月,中共中央政治局就健全公共安全体系进行了第二十三次集体学习,习近平强调:"要把公共安全教育纳入国民教育和精神文明建设体系,加强安全公益宣传,健全公共安全社会心理干预体系,积极引导社会舆论和公众情绪,动员全社会的力量来维护公共安全。"2015年9月,习近平就公共安全工作作出重要指示,"当前,公共安全事件易发多发,维护公共安全任务繁重……坚持科技引领、法治保障、文化支撑,创新理念思路、体制机制、方法手段……努力建设平安中国"。这是强调公共安全在总体安全格局中的地位以及安全教育的方法策略探索。2016年4月,在我国第一个全民国家安全教育日(4月15日)来临之际,习近平强调指出:"要以设立全民国家安全教育日为契机,以总体国家安全观为指导,全面实施国

---

① 江泽民.江泽民文选:第3卷[M].北京:人民出版社,2006:298.
② 此部分参见,卢冀峰,张景华,钟瑛.基于习近平安全思想与应急文化建设的思考[J].产业与科技论坛,2017,16(5):198-199.

家安全法,深入开展国家安全宣传教育,切实增强全民国家安全意识。"2017 年 10 月,党的十九大报告将安全发展纳入现代社会治理格局的建设工作中考量,明确指出要"树立安全发展理念,弘扬生命至上、安全第一的思想,健全公共安全体系,完善安全生产责任制,坚决遏制重特大安全事故,提升防灾减灾救灾能力"。2019 年 11 月,中共中央政治局就我国应急管理体系和能力建设进行第十九次集体学习,习近平在主持学习时强调"普及安全知识,培育安全文化"。这一讲话指出安全文化既是国家应急管理体系和能力现代化的体现,也是总体国家安全观、国家文化软实力的重要组成部分,同时也正式将"安全文化"的应用领域从以企业为主扩展到其他公共安全领域,例如农村、社区、学校、家庭、公共场所、机关等。

四、习近平安全思想对安全文化的创新和发展①

习近平安全思想全面、系统、创造性地发展了我国的安全文化,是五千年来中华民族安全文化发展的重要里程碑和转折点,具体来说包括以下几个方面。

（一）将安全提升至前所未有的高度

"当前我国国家安全内涵和外延比历史上任何时候都要丰富"②,根本原因在于随着科学技术的发展,人类的实践领域不断扩展。不仅是陆地、海洋,还有太空和星系;不仅是人类、生命,还包括整个生态。解决安全问题,单靠军事、物质的力量无以为继,而要综合运用科技、文化、政治的力量。习近平以"总体国家安全观"为核心的安全思想集多种安全于一体,将最初的核安全,经过企业安全、公共安全,最后推进到前所未有的国家安全高度,用总体的国家安全统摄其他安全,大大升华了安全文化的内涵,拓展了安全文化的外延,科学指出了安全文化发展的方向,明晰了安全文化发展的路径,赋予了我国安全理论鲜明的时代性。

（二）用系统观念统筹各类安全

"坚持统筹推进各领域安全,统筹应对传统安全和非传统安全,发挥国家安全工作协调机制作用,用好国家安全政策工具箱。"③系统观念是马克思主义认识论和方法论的基本观点。总体国家安全观论及多方面安全,安全的内涵随着时空转换还将不断丰富,各类安全不是孤立的,而是相互交织在一起,形成一个有机整体或自组织系统。其中,国家安全统摄企业安全、公共安全,自身安全与

---

① 此部分参见,闫聪慧.习近平总体国家安全观探析[D].武汉:华中师范大学,2015.
② 习近平.习近平谈治国理政[M].北京:外文出版社,2014:200.
③ 习近平.习近平谈治国理政:第 4 卷[M].北京:外文出版社,2022:391.

公共安全一体两面,内部安全和外部安全相互连接,传统安全和非传统安全相互融通,一个领域出现安全问题,其他领域则会受到牵连和影响。因此对待安全问题必须高屋建瓴、统筹兼顾,善于用马克思主义系统观念解决和处置,在总体统摄下分析部分,在联系关照下处理局域。如若根据经验主义,就事论事、孤立片面、形而上地对待安全问题有可能顾此失彼、手忙脚乱、事倍功半。

(三)确立"以人民为中心"的安全观

"坚持国家安全一切为了人民、一切依靠人民,真正夯实国家安全的群众基础"[①],将人民安全视作国家安全的最高宗旨以及出发点、立脚点和回归点,充分体现了国家安全战略的"以人民为中心"本质。传统安全文化观把企业、组织、集体、国家视为安全的优先主体,将经济利益、企业发展、社会稳定、政治安全、国家安全列为安全文化的核心,而习近平根据当今我国面临的新情况、新特点,对既有的国家安全思想做出了大胆的创新与超越,以鲜明的态度将人民群众定位为国家安全的第一主体,强调安全为了人民、安全依靠人民,检验安全的标准也是人民群众的获得感、安全感、幸福感,突出了我国安全战略的人民本性。

(四)科学分析了发展和安全的关系

发展是第一要务、安全是头等大事,制约安全的根本因素是发展,推动发展的核心动力是安全,因此二者是伟大事业的一体两面。总体国家安全观将经济安全纳入国家安全体系之中,并强调其基础地位。发展是安全的基础,没有个人的发展,谈安全没有意义,没有企业的发展,谈安全没有保障,没有国家的发展,国家安全也将无从谈起。总体国家安全观将安全置于前所未有的高度,安全是发展的条件,是国家繁荣进步、民族兴旺发达的前提和保障。没有安全的环境,个人无从发展;没有企业的安全,经济效益无法保证;没有国家的安全,国家的发展则虚无缥缈。以往经济紧张了,则可能减少安全投入;经济发展了,则可能忽视安全问题;安全出了问题,则匆忙补救,短时间占用大量发展资源。总体国家安全观对发展和安全的分析是对马克思主义经济基础与上层建筑观点的推进和运用,是对传统安全思想的创新,是对以往安全行为的纠偏。

第五节 新时代安全文化建设的思路和方略

我国安全文化建设进入新时代后呈现出新特点。一是综合性,针对自然灾

---

① 习近平.习近平谈治国理政[M].北京:外文出版社,2014:201.

害和事故灾难等各种安全事件,安全行为贯彻到风险防范和应急救援全过程、各方面。二是普遍性,安全行动全员参与,安全主体包括政府、社会和市场,对象包括政府部门工作人员、企业工作人员、社会组织成员等。三是实践性,一方面,安全文化通过文化自觉对当下的实践进行引导规范;另一方面,安全文化动态发展,对知识、经验、常识和智慧及时总结、提炼和升华。我国安全文化建设取得新的成果,人民群众亲眼见证、亲身体验、确实获益,当前"生命至上、人民至上"的安全文化理念不断深化,"共治、共建、共享"的安全文化氛围逐步形成,群众自觉的安全意愿与安全素养逐渐养成。

建设安全文化强国应当是我国安全文化建设的新目标,也应该是全面建设现代化国家,实现中华民族伟大复兴的题中应有之义。建设安全文化强国必须以习近平安全思想为指导,全面贯彻总体国家安全观,牢固树立安全发展理念,大力加强国家安全教育,进一步提高全社会整体安全水平,满足人民日益增长的安全需要。未来安全文化发展趋势为何?如何建设先进的安全文化?结合业内专家观点,尝试作出以下几个方面的展望。

一、新时代安全文化的展望

未来安全文化的发展将不断面向人类的心理需要和生活实际,不断面向新环境、新技术以及组织、社会、国家的未来;更加讲求经济效益和社会效益的一致性;更加注重提前预防与事后救助的统筹协调;更加注重设备、环境的本质安全化;更加注重安全科技研究、安全法治建设以及安全文化的投入;更加注重安全教育的借鉴、创新以及从娃娃抓起;更加注重培育群众的"自觉安全""自护互救"意识。

二、新时代安全文化的重心

新时代安全工作的重心是加强党对安全工作的全面领导,健全国家安全体系,推动国家安全能力建设更上一层楼。首先,要坚持两个原则:其一,各级政府是安全工作的主导,企业组织是安全工作的主体,人民群众是安全工作的主力;其二,安全工作要坚持"共治、共建、共享",真正全员参与、全面统筹、全面共享。其次,发展安全科技、健全安全法治、依靠科技的力量、法治的力量推动安全文化快速发展、健康发展、科学发展。最后,对标世界先进安全文化发展步伐,不断聚焦新方向,不断转换新赛道。未来要从聚焦企业主体转变为关注全体公民,从聚焦安全生产转变为关注应急管理,从聚焦公共安全转变为关注国家整体安全,从聚焦建设示范转变为关注培育传播,从聚焦学习和借鉴转变为关注实践和创新,等等。

三、新时代安全文化的培育[①]

关于新时代安全文化的培育路径。一是健全安全文化理论支撑体系,加强安全文化的顶层设计、整体谋划、系统重塑,为实现应急管理、灾害预防、灾后救援等安全能力现代化提供有力支撑。二是大力发挥安全文化载体作用,通过形式多样、内容丰富的群众性安全文化活动,提升公众参与安全文化建设的积极性和参与度,形成"自觉安全"的社会氛围。三是加大安全文化宣传教育力度,在全社会广泛开展安全文化宣传教育,通过搭建科普网络及新媒体平台,建设体验式安全文化宣传教育基地,将安全知识、应急知识纳入学校教育、社会教育、家庭教育的体系,引导公众了解安全文化、参与安全文化、维护安全文化。四是推动安全文化产业的繁荣发展。国家及地方应充分利用社会资源和市场机制,支持安全文化建设重点项目发展,构建健康可持续发展的安全文化产业链,构建多层次、全空间、立体化的安全文化综合服务体系,促进安全文化服务渠道化、产业化。

---

① 此部分参见,吕慧,高跃东.浅谈我国安全文化的现状与发展[J].现代职业安全,2021(1):22-25.

第四章　政治制度安全论纲

无论从个人的基本需求层次，还是从国家发展的总体角度来看，安全的环境对于人类生存和演化的关键意义都是不证自明的。当今世界处于百年未有之大变局，大多数国家面临空前复杂的国内外安全形势，这也成为推进中国式现代化进程中的严峻挑战。在这样的历史性变局中，构建基于中国本土的安全理论体系并妥善处理社会转型期的安全问题，是应对国际局势动荡的强大武器和有效途径。习近平总书记在党的二十大报告中指出，"增强维护国家安全能力。坚定维护国家政权安全、制度安全、意识形态安全，加强重点领域安全能力建设，确保粮食、能源资源、重要产业链供应链安全"，这实际上表明了制度安全是国家安全的重要组成部分。制度安全不仅直接体现着国家政权安全和意识形态安全，而且影响着能源、粮食等其他安全。基于此，深入阐释制度安全的丰富内涵与基本特征，揭示制度安全的历史演进与价值意蕴，在此之上发掘新时代制度安全的现实启示，具有重要的理论价值和现实意义。

第一节　制度安全的缘起与内涵

在马斯洛的需求层次理论中，安全需求是仅次于人类生理（食物与衣服）需求的第二层次需求，是人类个体与社会生存和发展的永恒主题。从社会发展史来看，人类对制度安全的需求与构建经过长期演化过程，包括自然安全时期、熟人安全时期、制度安全时期、技术安全时期。① 自然安全时期主要对应原始社会时期,人类采取群居的生活方式,通过直接改造自然材料抵御恶劣的气候与野兽。这一时期个体安全主要凭借自然技术得到保障,不过图腾崇拜等社会技术也在发挥重要作用。进入农业社会,自然界不再是人类面临的最主要威胁,人们的信任由对自然技术的单向信任转向人际信任,此时的信任基于人与人之间的熟悉程度,这一时期即熟人安全时期,安全保障主要依赖于熟人社会的道德、法律与制度等社会技术。工业革命以后,伴随社会生产力的极大飞跃,人口流动的速度和范围前所未有,以人际信任为主导的农业社会开始过渡到以制度信任为基石的生人社会。在制度安全时期,人的个体安全与社会安全都需要制度进行规范,例如不断完善的食品卫生法、交通法规等。人类社会发展至今,已经进入技术安全时期,承受着来自人工智能、区块链、基因编辑等新技术带来的严峻挑战,人类需要有效调控和规制技术的发展方向,避免技术给人类带来灾祸。

中国共产党在领导全国人民探索现代化道路的曲折历程中深刻认识到,"制度问题更带有根本性、全局性、稳定性和长期性"②,"治理国家,制度是起根本性、全局性、长远性作用的"③,"制度竞争是综合国力竞争的重要方面,制度优势是一个国家赢得战略主动的重要优势。历史和现实都表明,制度稳则国家稳,制度强则国家强"④。这些论断反映出制度安全对于一个国家以及民众生存和发展具有至关重要的作用,因而国家安全在党和国家工作全局中占据日益重要的位置。国家安全是指国家政权、主权、统一和领土完整、人民福祉、经济社会可持续发展以及国家其他重大利益处于没有危险和不受内外威胁的状态,以及保障持续安全状态的能力。利莫大于治,害莫大于乱。国家安全是中华民族实现伟大复兴的根基,社会稳定是国家繁荣强盛的前提。在国家安全中,政治安全是根本,而政治安全涉及国家主权、政权、制度和意识形态等方面,这些方面处于稳固状态是一个国家根本层面的需求,是一切国家生存和发展的基础性条件。其中,制度安全是一个国家政治安全的核心构件。在我国,制度安全关乎坚持和完善中国特色社会主义制度。社会主义制度是我国的根本制度,中国特色社会主义制度的显著优势能够抵御国内外的风险挑战,并且有力维护国家安全和社会稳

---

① 李斌,施光玮.技术、信任与制度:我们会更安全吗?[J].自然辩证法通讯,2022,44(1):78-84.
② 江泽民.江泽民文选:第3卷[M].北京:人民出版社,2006:29.
③ 中共中央文献研究室.习近平关于全面深化改革论述摘编[M].北京:中央文献出版社,2014:28.
④ 习近平.在中央人大工作会议上的讲话[J].中国民政,2022(5):4-9.

定。从宽泛意义上来看,制度安全指的是国家的制度体系和法律秩序处于安全的环境,能够有效运行并发挥治理作用。如有研究所言,"制度安全是一种获得性、生成性而非既定性、永恒性的安全状态和能力,不仅意味着国家主权和制度安排不被侵犯和干涉,而且意味着制度合法性、权威性被社会成员自觉认同"[①]。健康稳定的制度能够保证国家各项事务和活动有序开展,有效维护社会的公平正义并切实保护人民的权利和利益。

第二节 制度安全的基本特征

制度安全是一个系统性的完整概念,从制度维度来看也是一个复杂的演化系统,呈现出鲜明的特征。这些特征辩证统一、缺一不可,主要源自制度本身效力的发挥,具体可以归结为自主性与开放性、稳定性与变动性、有效性与合法性。

一、自主性与开放性

制度的自主性是衡量制度安全程度或水平的基本表征,包括内与外两个理解维度。制度内在的自主性是指制度立足本国国情,符合事物发展的客观规律,在与社会势力和利益集团的关系中保持独立性或中立性,即能够独立于任何社会势力进行制度变革。制度外在的自主性是指制度发展适合本土特征,例如历史文化传统、人口结构、社会主要矛盾以及经济发展程度等因素,能够排除他国制度模式的压力和干扰,处于安全稳定的状态。而制度一旦缺乏自主性,便会影响制度目标的实现,并且无法保护人们的权利和利益,从而威胁制度安全。

制度的开放性指的是制度与环境不断进行物质、能量及信息交换,开放性较强的制度往往安全程度也更高。在一个社会中,如果制度结构能够根据生产力发展的实际情况及时作出调整和变更,更好地适应生产力发展,说明制度在保持开放状态的同时增强了自身的生命力。因此,制度并不是一成不变的,它需要通过改革与变迁不断完善和发展,在此过程中需要以开放的姿态主动吸收、借鉴其他制度模式的有益经验与合理成分,如此才能够保障制度的正常运转、永葆制度的生机与活力,从而维护制度安全。

二、稳定性与变动性

制度的稳定性是指制度平稳运行、正常运转的良好状态,不会因为受到大的

---

① 朱培丽.制度安全的意识形态维度及风险防范[J].思想教育研究,2022(2):139-144.

力量冲击而发生断裂或变迁,体现相对的持续性,在基本属性与组织结构方面保持较高程度的固定特征。正如历史制度主义者西伦与斯坦莫指出的,制度具有某种程度的"黏性"特征,即便制度所处的外部条件发生剧烈变化,制度仍然以某种方式保持自身稳定。① 值得注意的是,制度的稳定性并不意味着制度本身处于静止状态。制度的稳定性说明制度在社会经济发展过程中能够满足人民群众的需求和利益,保护人民群众的各项权利,进而得到他们的认同和支持,观念要素的支持本身是制度生存和延续的必要前提。

制度的变动性是指制度表现出应对外在环境的变化并及时作出自我调整与更新完善的特征。制度在生存和维系过程中,其规则和组织必然也会随着时间发展而发生变化。世界上所有的制度都不是完美无缺、静止不变的,而是时刻发生不同程度、不同方向的改变,以此适应外在社会经济条件的变化,这也是制度发挥有效性的必经之路。柏拉图将政体变迁比作生物演化,有其生长时节和生命周期,因而政体具有生成、维系、变迁、消亡的循环过程,包括经济学、政治学、社会学在内的社会科学的相关研究推动了制度变迁的理论化进程。吉登斯强调,"社会学家所做且必须做的事情就是要研究制度稳定性和变迁的长期模式"。②

三、有效性与合法性

制度的有效性是指制度规范和约束个人或集体行为的实际效力,也是衡量制度安全程度的重要特征。制度的有效性主要体现在五个方面。一是有效维持秩序状态。制度要将社会矛盾和冲突控制在一定范围内,避免造成国家的分裂和社会动荡。此外,制度能够规范社会成员行为的合理限度。二是有效提供公共物品。为社会成员更多地提供公共物品构成国家制度合法性的重要来源。社会发展水平的提升增进了公共物品的丰富性,可以选取社会安全、基础社会建设等基本公共物品作为衡量制度绩效的底线标准。三是有效实现集体行动。制度能够协调社会成员关系、调配和动员社会资源、确定各自的责任范围,通过有效的集体行动解决社会发展过程中面临的各种问题。四是有效为社会成员提供表达和参与渠道。表达和参与是社会成员对制度结构的输入,制度运行要了解社会成员的需求并作出相应回应。五是有效发挥自我调节功能。制度具有时空局

---

① STEINMO S,THELEN K,LONGSTRETH F.Structuring politics:historical institutionalism in comparative politics[M].New York:Cambridge University Press,1992:18.

② 吉登斯.社会理论与现代社会学[M].文军,赵勇,译.北京:社会科学文献出版社,2003:15.

限性,需要随着社会环境变化不断调整。

制度的合法性是指制度内容必须符合国家的法律法规,不得与其他具有法律效力的规范性文件相抵触,与此同时制度所承载的价值观念符合社会成员的价值观念。这就意味着制度的合法性不仅建立在法律之上,还需要建立在广大民众的共识之上,应当符合社会公平正义的价值观,并有利于保障社会秩序促进实现公共利益。只有在广大社会成员普遍接受和遵守的情况下,制度才能够保持安全状态并真正发挥其效力。制度的合法性不是一朝一夕建立起来的,而是需要一个循序渐进的累积过程。例如,法律制度需要经由立法者、执法者、司法机关等多方合作共同建设,从而推进法律制定、实施和执行的全过程。

第三节 推进制度安全建设的历史演进

制度安全的发展巩固不是短时间内建立起来的,而是需要经过制度建立、创新、完善、巩固的连续过程。我国的制度建设在中国共产党领导下经历新民主主义革命时期、社会主义革命时期、改革开放和社会主义现代化建设新时期、中国特色社会主义新时代。不同历史阶段的制度建设形成了独特的制度模式和治理经验,构成制度安全的基本前提,为实现"两个一百年"奋斗目标奠定了重要的制度基础。

一、制度安全的发展历程

新民主主义革命时期,中国处于半殖民地半封建社会,严格意义上并非一个完整的国家,这一时期制度安全建设的目标指向通过掌握政权以实现主权安全。面对帝国主义和民族主义、封建主义和人民大众的矛盾,以毛泽东同志为核心的中国共产党人建立和领导人民军队,推进无产阶级革命,开辟了一条"农村包围城市、武装夺取政权"的中国革命道路,使我国最终完成了民族独立和人民解放的历史任务。在军事制度建设方面,中国共产党反思大革命失败的经验教训,毛泽东在"八七会议"上提出"须知政权是由枪杆子中取得的"著名论断。经过"三湾改编"和"古田会议",中国共产党加强了在军队中的政治工作,逐步明确了"全心全意为人民服务"的根本宗旨,创立了"支部建在连上""士兵委员会"等一系列党对军队的绝对领导制度。在统一战线制度建设方面,党的二大首次提出建立"民主的联合战线",制定了中国共产党同国民党开展党外合作的方略。大革命失败后,国共两党的关系由合作转向对抗。在新形势、新任务的驱动下,中国共产党统一战线制度从单一的政策逐渐发展为多元的制度规范,巩固工农联盟的土地革命路线和抗日民族统一战线政策构成统一战线制度建设的重要内容。在土地制度改革方面,毛泽东深刻认识到,"中国的革命实质上是农民革命"①。1928年,毛泽东总结井冈山土地革命斗争经验,主持制定了《井冈山土地法》。此后,中国共产党不断总结实践经验,进一步推进土地制度改革,为夺取全国政权、实现国家安全奠定坚实的社会基础和群众基础。

社会主义革命和建设时期,中国共产党面临巩固人民政权、促进恢复国民经济、反对帝国主义、实现社会主义工业化等历史任务,全面建立社会主义基本制度成为这一时期制度安全建设的主要目标。在军事制度建设方面,在"建立强大的国防军"安全战略思想指导下,中国共产党建立了军事制度,组建了各军种领导机关,从单一步兵转向多兵种合成军,人民解放军实力迅速加强。② 在社会主义制度建设方面,1949年中国人民政治协商会议第一届全体会议通过的《中国人民政治协商会议共同纲领》作为中华人民共和国成立初期的临时宪法和施政纲领,规定了人民民主专政的国体。1954年颁布的《中华人民共和国宪法》确立了人民代表大会的政体。1956年,三大改造完成后,我国社会主义基本制度得以全面确立。人民代表大会制度、中国共产党领导的多党合作和政治协商制度、民族区域自治制度的逐步实施和推行,"为我国逐步建立起社会主义经济基础和相应的经济制度,从而进入社会主义社会,提供了根本政治保障"③。社会主义革命和建设时期的制度建设为中国发展进步构建了基础性和总体性架构,社会主义社会的基本矛盾能够经由社会主义制度自我调整和完善而不断得到解决,彰显出社会主义制度的巨大优越性。

改革开放以后,和平与发展成为时代主题,随着党和国家工作重心转移到经济建设上来,在"一切聚焦经济建设,一切为经济建设服务"理念和方针的指导下,国家安全战略发生相应变化,国家制度安全建设取得了新的进展。这一时期,中国共产党在党的制度建设方面贯彻落实民主集中制原则,促进党的建设朝向程序化、民主化、科学化发展,着重优化党的领导制度与干部人事制度改革。在经济制度建设方面,家庭联产承包责任制与国有企业改革等逐步确立制度形式,社会主义市场经济体制逐步建立起来,并在全面建设小康社会的奋斗目标、全面可持续的经济发展要求指引下不断完善和发展。中国共产党协调推进经济

---

① 毛泽东.毛泽东选集:第2卷[M].北京:人民出版社,1991:692.
② 吴克明,叶鑫.毛泽东国家安全思想的基本特征[J].邵阳学院学报(社会科学版),2019,18(2):24-30.
③ 中共中央党史和文献研究院.中国共产党的一百年:全四册[M].北京:中央党史出版社,2022:431.

体制改革和政治体制改革,探索了一条具有中国特色的社会主义发展道路。沿着这条正确道路,中国大踏步赶上了时代。法治建设是制度安全建设的关键一环,中国共产党坚持党的领导、人民当家作主与依法治国有机统一,制定并完善了一系列党内法规,并注重党内法规与国家法律相结合、相协调。《中国共产党纪律处分条例(试行)》等若干规范性文件持续推动和巩固中国特色社会主义法律体系建设。总之,改革开放与社会主义现代化建设新时期,中国共产党在总结社会主义建设初期阶段正反两方面、国内外两方面经验教训的基础上,更加重视制度建设的重要价值,制度安全伴随制度建设的推进达到了新的高度。

二、新时代制度安全的提出与深化

进入新时代,国际形势发生历史性巨变,大国战略博弈带动国际体系和秩序经历深度调整,与此同时,和平与发展仍然是时代主题,人类发展的新机遇、新形势、新挑战交织叠加、层出不穷。在此背景下,国家安全新形势体现在传统安全风险与非传统安全风险的联动和放大效应持续性的加强,国家面临的安全威胁涉及更加宽广的时空领域,其形成因素也更为多样复杂。新时代国家安全的任务面向全面建成小康社会、全面建成社会主义现代化强国的"两个一百年"奋斗目标。2014年4月15日,中央国家安全委员会第一次会议上,习近平总书记首次提出总体国家安全观,系统阐述了总体国家安全观的基本内涵、指导思想和贯彻原则。2015年7月颁布的《中华人民共和国国家安全法》明确规定了总体国家安全观在国家安全工作中占据指导地位。党的十九大将"坚持总体国家安全观"纳入新时代坚持和发展中国特色社会主义的基本方略,并写入党章。总体国家安全观是一个内容丰富、开放包容、不断发展的思想体系,其核心要义可概括为五大要素和五对关系。厘清五大要素、把握五对关系,是理解总体国家安全观的关键所在,其中,制度安全是政治安全的根本,因此也是国家安全的根本。

党的十八大拉开了新时代制度建设的序幕,面对社会利益格局的深度调整、公众参与理念的深刻变化,制度建设在国家战略规划、政策制定与实施过程中居于显要地位,制度安全的重要性更加凸显。党的十八届三中全会将全面深化改革的总目标设定为完善和发展中国特色社会主义制度、推进国家治理体系和治理能力现代化。党的十九届四中全会系统总结制度建设的成就与经验,着眼于党长期执政和国家长治久安,深化和拓展了关于制度问题的诸多认识。[①] 中国共产党通过加强自身建设来引领中国特色社会主义制度建设,在强化执政理念

---

① 车宗凯,肖贵清.新时代中国特色社会主义制度的创新和发展[J].教学与研究,2023(9):15-25.

的同时健全民主政治制度体系,构建出全方位、多领域、多层次的制度体系及体制机制。在党的制度建设方面,注重党内监督与人民群众监督相结合、激励干部担当作为与容错纠错机制构建相结合、党员自身素质建设与健全法律法规相结合。在中国特色社会主义制度总体性建设方面,中国共产党充分发挥总揽全局、协调各方的领导核心作用,通过贯彻新发展理念、深化供给侧结构性改革等战略策略加强经济制度建设,通过发扬党内民主、践行全过程人民民主推进政治体制改革,通过构建共建共治共享的社会治理格局完善社会治理体制,逐步建设更高水平的平安中国。总之,在中国共产党带领下,中国特色社会主义制度整体合力充分彰显,各领域、各方面、各层次制度功能有效发挥,制度优势更好地转化为治理效能。

第四节 推进制度安全建设的价值意蕴

《中华人民共和国国家安全法》第二条规定:"国家安全是指国家政权、主权、统一和领土完整、人民福祉、经济社会可持续发展和国家其他重大利益相对处于没有危险和不受内外威胁的状态,以及保障持续安全状态的能力。"由此可见,国家安全涉及国家、社会、个人等不同层面,而制度的不断构建与完善在提升制度安全水平的基础上,有助于维护国家长治久安、维护社会和谐稳定、保障公民权利,体现出秩序价值、正义价值与人权价值。

一、秩序价值:制度安全维护国家长治久安

秩序是制度安全的基础性价值,是国家长治久安的首要体现。一国政治安全的成功维护,关键依赖于特定社会历史条件下制度优势的发挥。习近平指出:制度优势是一个国家的最大优势,制度竞争是国家间最根本的竞争。制度稳则国家稳。这凸显出制度安全对于国家稳定和发展的重要性,而制度安全首先体现在宪法法律建设方面。

我国制度明确规定中国共产党在国家安全建设中的绝对领导地位,为有效维护国家安全提供根本政治保证。实现国家长治久安的根本前提在于国家政治安全得到保障,而政治安全的根本在于制度安全,因此制度安全建设对于维护国家长治久安至关重要。在此意义上,维护国家长治久安就是要"维护中国共产党

的领导和执政地位、维护中国特色社会主义制度"①。作为国家根本大法的《中华人民共和国宪法》,其中第一条明确规定"中国共产党领导是中国特色社会主义最本质的特征",这为始终坚持和加强党对政治安全的全面领导赋予了宪法依据。从国家安全领域的重要法律规范来看,《中华人民共和国国家安全法》的第四条规定"坚持中国共产党对国家安全工作的领导,建立集中统一、高效权威的国家安全领导体制",这为实现国家长治久安赋予了组织层面的保障。此外,《中华人民共和国国防法》的第二十一条规定"中华人民共和国的武装力量受中国共产党领导",由此明确了中国共产党在全国武装力量中的领导地位。综上,法律法规确认党对国家安全建设的绝对领导,对于维护国家长治久安起到决定性作用。②

我国制度明确规定相关主体维护国家安全的权利、义务和责任,从制度上保护和激励他们同危害国家安全的各种敌对势力和非法活动进行斗争,为有效维护国家安全提供行为主体的力量支持。《中华人民共和国宪法》规定全国人大享有行使"决定战争和和平的问题"的职权,全国人大常委会享有行使"决定战争状态的宣布""决定全国总动员或者局部动员""决定全国或者个别省、自治区、直辖市进入紧急状态"等职权,国家主席享有"宣布进入紧急状态,宣布战争状态,发布动员令"等职权,国务院享有"依照法律规定决定省、自治区、直辖市的范围内部分地区进入紧急状态"等职权。《中华人民共和国国家安全法》第十一条规定:"中华人民共和国公民、一切国家机关和武装力量、各政党和各人民团体、企业事业组织和其他社会组织,都有维护国家安全的责任和义务。"在上述基础上,《中华人民共和国国家安全法》第三章专门规定了各个国家机关维护国家安全的职责。公民和组织同样具有维护国家安全的重要义务,《中华人民共和国国家安全法》第六章规定了公民和组织维护国家安全的具体义务。此外,《中华人民共和国反间谍法》《中华人民共和国反恐怖主义法》《反分裂国家法》等属于国家为解决某个具体领域的安全而制定的专门性法律,有利于防范、制止、惩治恐怖活动和分裂势力。③

二、正义价值:制度安全促进社会和谐稳定

正义是制度安全建设的价值指向,在推进国家治理现代化进程中,制度安全

---

① 中共中央宣传部.习近平新时代中国特色社会主义思想学习纲要[M].北京:学习出版社,2019:181.
② 周佑勇.推进国家安全治理现代化的法治逻辑[J].江汉论坛,2023(10):5-12.
③ 周佑勇.推进国家安全治理现代化的法治逻辑[J].江汉论坛,2023(10):5-12.

的构建有助于实现社会和谐稳定的局面。中国共产党始终追求公平正义的价值理念,并将其全面融入制度安排和政策实践中,把增进民生福祉和实现社会公平正义作为一切工作的出发点和落脚点,创造出保障人民幸福正义的人类文明新形态。

正义价值是维护政治安全的政治制度背后的核心价值理念,也是任何时代的政治思想家都十分关注的重要议题。在柏拉图看来,正义是国家制度的首要原则,存在于社会有机体各部分的互动关系中,表现为每个人各司其职、各尽其责。亚里士多德通过研究各个城邦的政治制度,试图探寻最有利于导向正义价值的规约人类社会集体行动的制度安排。所谓正义,即以"城邦整个利益以及全体公民的共同善为依据"[①]。罗尔斯将正义视为所有社会制度的首要价值,他在《正义论》开篇指出,"正义是社会制度的首要价值,正像真理是思想体系的首要价值一样"[②]。马克思为人类描摹了共产主义社会的崇高理想形态:各尽所能,按需分配。综合来看,正义是现代社会制度设计的基本准则,是确保社会良性运行的根本前提。这就要求制度既要有外在合法的形式和程序,同时也应具备内在的正义价值。

中国共产党在社会转型期维护国家安全、促进社会和谐稳定,将正义理念当作构建制度安全的核心价值。在中国式现代化探索进程中,我国的制度建设取得了显著成效。在法治建设方面,目前我国已经形成以《中华人民共和国宪法》为基础,以《中华人民共和国国家安全法》为核心,以相关法律法规为重要补充的国家安全法治规范体系。[③] 在此形势下,各治理主体依循法律规定行使各项权力,其行为应当符合法律的实质正义,兼顾合法与合理两方面,真正实现国家安全领域的良法善治,从而实现社会和谐稳定。党的二十大报告专门部署"坚持全面依法治国,推进法治中国建设",提出"深化司法体制综合配套改革,全面准确落实司法责任制,加快建设公正高效权威的社会主义司法制度,努力让人民群众在每一个司法案件中感受到公平正义"。在经济社会制度建设方面,以公平和效率关系为导向,我国的政策制定经过了长期演化过程。从党的十三大首次提出"以按劳分配为主体,其他分配方式为补充"到党的十八大提出"以完善按劳分配为主体、多种分配方式并存的分配制度,更大程度更广范围发挥市场在资源配置中的基础性作用",再到党的十八届三中全会明确提出"使市场在资源配置中起决定性作用",在此过程中,社会公平程度随着经济制度优化与经济发展水平提

[①] 亚里士多德.政治学[M].吴寿彭,译.北京:商务印书馆,1965:157.
[②] 罗尔斯.正义论[M].何怀宏,何包钢,廖申白,译.北京:中国社会科学出版社,1988:1.
[③] 李竹,肖君拥.国家安全法学[M].北京:法律出版社,2019:9.

高而不断提升。总之,公平正义的价值理念在中国特色社会主义制度建设过程中得到鲜明体现,并在社会主义现代化建设中得到充分发展。

三、人权价值:制度安全保障公民基本权利

人权是人们与生俱来的权利,具体包括生命和自由的权利、不受奴役和酷刑的权利、意见和言论自由的权利、获得工作和教育的权利以及其他更多的权利。习近平总书记在论述中国人权发展道路时,明确指出"坚持以生存权、发展权为首要的基本人权"。这是中国对世界人权事业作出的原创性贡献,需要通过制度安全建设得以落实和保障。《中华人民共和国宪法》明确规定,"国家尊重和保障人权",并且专门规定了公民在经济、政治、文化、社会等各领域的基本权利。《中华人民共和国国家安全法》第十六条规定:"国家维护和发展最广大人民的根本利益,保卫人民安全,创造良好生存发展条件和安定工作生活环境,保障公民的生命财产安全和其他合法权益。"

我国制度建设建立在历史传承、文化传统、经济社会发展基础上,经过长期发展、渐进改进、内生性演化过程,始终坚持以人民为中心的原则,保障人民权利、尊重人民主体地位并发挥人民主体作用。历史地看,社会主义三大改造完成后确立的社会主义制度,"为尊重和保障人权奠定了根本政治前提和制度保障"①。1954年9月,人民代表大会制度的确立则从根本制度层面保障了人民当家作主。同年,第一届全国人民代表大会第一次会议通过《中华人民共和国宪法》,宣告"中华人民共和国的一切权力属于人民",规定公民在政治、经济、社会、文化、人身等方面享有广泛的权利与自由。历史与现实充分证明,中国共产党尊重和保障人权的目标贯彻到制度制定和政策执行过程中。1991年11月,《中国的人权状况》白皮书问世,展现出中国政府尊重和保障人权的原则立场,迅速推动了我国人权事业发展。党的十五大提出"依法治国"这一基本方略,将"尊重和保障人权"纳入党的报告当中。2004年,"国家尊重和保障人权"被写进宪法,确立了全体人民共同遵循的保障人权的宪法性原则。党的十七大将"尊重和保障人权"载入党章,强调保证人民平等参与权和发展权。

新时代以来,中国共产党坚持和发展以人民为中心的人权理念,在保护人民的生存权和发展权的过程中,彰显出社会主义制度的巨大优势和优越性。理解中国制度安全建设、保障人权发展道路,民主制度及其治理绩效是重要维度。我国全过程人民民主采取人民直接参与、通过选举代表参与等形式,以全链条、全

---

① 谭乾权,倪培强.理论·历史·实践:中国共产党尊重和保障人权的三维解析[J].中共云南省委党校学报,2023,24(5):42-51.

方位、全覆盖的制度设计作为保障,具有时间上的连续性、内容上的整体性、运行上的协同性和人民参与上的广泛性和持续性,实现了过程民主和成果民主、程序民主和实质民主、直接民主和间接民主、人民民主和国家意志相统一,使人民当家作主在国家政治生活和社会生活之中得到切实体现,实现了国家的高效治理、社会的稳定和谐、人民的生活幸福,是真正基于人权、保障人权、发展人权的最广泛、最真实、最管用的民主。① 此外,我国的法治建设也为人权提供有力保障。进入新时代,我国人权法治化保障取得巨大成就,人权保障法律体系不断健全完善,人民的各项基本权利和自由得到切实保障。在推进全面依法治国的进程中,我国将人权保障贯穿于科学立法、严格执法、公正司法、全民守法等各个环节,并通过深化司法体制综合配套改革,努力让人民群众在每个司法案件中都能感受到公平正义。

第五节 推进制度安全建设的现实启示

当前我国国家安全形势十分复杂,国内外风险挑战极其严峻。为了顺利实现第二个百年奋斗目标和中华民族伟大复兴的中国梦,必须坚持走中国特色国家安全道路,深入推进制度安全建设。这就需要坚持党对制度安全建设的全面领导,坚持以人民为中心、以善治为愿景推进制度安全建设。

一、坚持党对制度安全建设的全面领导

百余年来国家安全观的丰富与发展以及人民群众安全感和幸福感的提升充分证明,只有坚持中国共产党的绝对领导,把事关国家安全的话语权和战略主动权牢牢把握在自己手里,包括制度在内的国家安全才能得到有力保障。正如党的十九届六中全会通过的《中共中央关于党的百年奋斗重大成就和历史经验的决议》中概括指出的,"中国特色社会主义最本质的特征是中国共产党领导,中国特色社会主义制度的最大优势是中国共产党领导,中国共产党是最高政治领导力量"。

第一,始终坚持中国共产党在制度安全建设中发挥总揽全局的领导核心作用。历史地看,中国共产党领导人民克服了经济、政治、军事等方面的艰难险阻,社会主义制度的确立为安邦定国奠定了必要的政治前提和制度基础。改革开放以来,中国共产党着手处理改革、发展、稳定的关系,维护制度安全成为党和国家

---

① 王珊,冀文亚.开创人类人权文明新境界:专家学者谈中国人权发展道路及其世界意义[N].光明日报,2022-05-06(11).

的一项重要的基础性工作,这为推进社会主义现代化建设事业塑造了良好的安全环境。进入新时代,国家安全是党治国理政的头等大事,政治、经济、文化、社会、生态文明等领域的制度安全建设为国家兴旺发达、社会长治久安提供了坚实保证。习近平总书记在党的二十大报告中指出:"国家安全是民族复兴的根基,社会稳定是国家强盛的前提",而党领导的制度安全建设在其中发挥根本性作用。引申而言,党对制度安全工作的绝对领导关乎第二个百年奋斗目标的顺利实现和社会主义的前途命运。在此意义上,中国共产党要持续巩固执政地位,团结带领中国人民坚持和发展中国特色社会主义制度,总揽国家发展和安全大局,为中国梦的实现提供可靠的制度安全保障。长时间以来,各种敌对势力从未停止对中国实施西化、分化图谋,在此背景下坚持党对制度安全乃至国家安全的绝对领导,才能确保中国特色社会主义进程的连续性和稳定性。

第二,中国共产党通过不断学习和自我革新提高应对制度改革、带动制度创新的能力。毛泽东曾明确指出:"如果不学习,就不能领导工作,不能改善工作与建设大党。"[①]习近平总书记在党的十九大报告中指出:"领导十三亿多人的社会主义大国,我们党既要政治过硬,也要本领高强。要增强学习本领,在全党营造善于学习、勇于实践的浓厚氛围,建设马克思主义学习型政党,推动建设学习大国。"当前,我国正处于全面深化改革开放的历史阶段,各领域、全方位仍然面临系列深层次体制机制障碍。推动更深层次的制度性改革,对中国共产党的能力本领不断提出新的更高要求。具体而言,中国共产党应当坚持和发扬守正创新、开拓创新精神,充分运用改革思维、改革办法,统筹短期应对和中长期发展两方面,在把握关键环节的同时,注重改革系统性、整体性、协同性,致力于推动制度体系的优化完善并更好地释放改革的综合效能。因此,在制度安全建设方面,党员干部要真正掌握马克思主义世界观和方法论,学懂弄通马克思主义指导下的制度安全建设相关知识,并自觉将其付诸实践,同时还需要中国共产党不断增强灵活应变的能力、具备长远的眼光和创新的勇气,针对各种难以预测、突然出现的新情况、新问题,适时制订出优质的化解方案。

二、坚持以人民为中心推进制度安全建设

"以人民为中心"是制度安全建设和政策现代化的重要原则和本质要求。坚持以人民为中心推进制度安全建设就是把人民利益作为党领导制度安全工作的根本出发点和落脚点,把中国共产党所秉持的人民性理念融入并贯彻到经济、政治、文化、社会、生态文明等各方面制度建设当中,构建一整套"为了人民、依靠人

---

① 毛泽东.毛泽东文集:第2卷[M].北京:人民出版社,1993:179.

民、由人民共享"的制度体系。制度的"人民性"体现以及制度保障"人民性"的实现成为评估政治发展的重要指标,也成为制度改革的重点方向。①

第一,把满足人民群众的需求、人民群众的参与、人民群众的满意度分别作为制度安全建设的根本方向、制度安全发展的内生动力、制度安全评价的核心标准。其一,把满足人民群众需求作为制度建设的根本方向首要体现在制度安全工作应以保障和改善民生为重点内容。随着社会经济发展水平的提升,人民群众的利益需求日益多样化和丰富化。满足人民群众全方位、多层次、多方面的需求,解决人民群众急难愁盼的现实问题,需要建立健全民生保障制度体系。其二,把人民群众的参与作为制度发展的内生动力首要体现在人民群众是历史的创造者,党和国家充分尊重人民群众的主体地位,着力扩大人民群众有序政治参与并不断增强政府的回应能力和回应水平。人民代表大会制度、中国共产党领导的多党合作和政治协商制度、民族区域自治制度、基层群众自治制度,为各地域、各党派、各民族、各阶层人民群众的政治参与提供制度保障。其三,把人民群众满意度作为制度评价的核心标准首要体现在党和国家把人民群众视为历史的"阅卷人"。一项制度的好与坏、制度发展的成效都应由人民群众进行检验。这就需要制度设计、执行、监督、反馈各个环节都必须从人民群众立场出发,极度重视并虚心接纳人民群众的意见和建议,充分保护广大人民群众的知情权、表达权、监督权、参与权。

第二,把"以人民为中心"作为经济制度、政治制度、文化制度、社会制度、生态文明制度安全建设的理念原则。其一,以习近平同志为核心的党中央将公有制为主体、多种所有制经济共同发展,按劳分配为主体、多种分配方式并存,社会主义市场经济体制等共同作为社会主义基本经济制度,展现了同我国社会主义初级阶段社会生产力发展水平相适应的社会主义制度的优越性。其二,中国特色社会主义政治制度安排主要包括人民代表大会制度、中国共产党领导的多党合作和政治协商制度、民族区域自治制度、基层群众自治制度等集中体现人民意志的一系列制度。这些制度所涉及的党的思想主张来自人民群众的整体性意愿。中国共产党通过把握人类社会客观发展规律、社会主义建设规律、共产党执政规律,将人民意志广泛凝聚起来。② 其三,坚持以人民为中心推进社会主义文化制度建设,必须加强人才队伍建设,充分发挥人民群众主体的积极性、主动性、创造性。为此,"就要完善文化人才培养开发、选拔任用、流动配置、考核评价、激

---

① 燕继荣,何瑾."以人民为中心"的制度原则及现实体现:国家制度的"人民性"解析[J].公共管理与政策评论,2021,10(6):3-13.
② 王炳权.以人民为中心:社会主义民主政治的特色与真谛[J].理论导报,2021,(12):41-44.

励保障机制,为优秀人才脱颖而出、施展才干创造有利制度环境"①。其四,以人民为中心的社会制度指向建立保障和改善民生、满足人民群众日益增长的美好生活需求的社会制度。健全和完善社会保障体系是新时代加强社会建设的重要着力点,在全面深化社会保障制度改革进程中,需要优化覆盖全民、统筹城乡、公平统一、安全规范、可持续的多层次社会保障体系。其五,坚持以人民为中心完善生态文明制度体系要通过深入调查研究,探寻并把准人民群众最关心的环境问题,在此之上充分听取、吸纳人民群众的意见建议,设计科学合理的制度框架,处理好生态文明建设过程中的各项难题。

三、坚持以善治为愿景推进制度安全建设

有学者指出:"善治的本质特征就在于它是政府与公民对公共生活的合作管理,是政治国家与公民社会的一种新颖关系,是两者的最佳状态。"②在现代国家治理背景下,制度安全建设以善治为愿景和目标,旨在通过持续深入有效的制度建设破解深层次体制性和机制性阻碍,实现政府、市场、社会三大主体协调配合、协同共治。党的十八届三中全会以来,中国共产党在领导人民群众推进治国理政实践的过程中形成了关于制度建设的系列重要思想。党的十九届四中全会通过的《中共中央关于坚持和完善中国特色社会主义制度、推进国家治理体系和治理能力现代化若干重大问题的决定》更是把制度建设摆在突出位置,着重强调把我国制度优势转化为国家治理效能。可见,实现中华民族伟大复兴的中国梦,必须切实推动制度建设不断产生良好的治理绩效。

第一,通过制度安全建设实现善治愿景,既要重视国家治理体系和治理能力现代化的整体目标和全局架构,统筹政治体系各领域、各层面、各环节的结构性互动与治理效果,也需要构建各治理主体协同互动、有序参与的安全治理模式。③ 现代社会的转型促进社会秩序演化路径从权威秩序向自治秩序和共治秩序发生转变。为了形成合理有序的社会治理格局,制度安全建设需要构建各治理主体各安其位、各司其职同时又协同高效、协调配合的制度体系和组织体系。在推进国家治理体系和治理能力现代化进程中,善治目标的实现依赖于有力政党、有为政府、有效市场、有机社会等多主体共同发展取向。党的十九届四中全

---

① 欧阳恩良,赵志阳.论以人民为中心坚持和完善社会主义先进文化制度[J].思想理论教育导刊,2021(7):51-57.
② 俞可平.治理与善治[M].北京:社会科学文献出版社,2000:8.
③ 马雪松,王慧.现代国家治理视域下压力型体制的责任政治逻辑[J].云南社会科学,2019(3):9.

会提出:"确保人民安居乐业、社会安定有序,建设更高水平的平安中国。"在这一战略性目标指引下,首先需要构建系统完备、科学规范、运行有效的国家安全制度体系,不断强化塑造国家安全态势的能力和水平。其次需要在基层坚持和发展"枫桥经验",完善正确处理新形势下人民内部矛盾机制,使人民群众真正成为化解矛盾和冲突的关键主体和承担者,构建自治、法治、德治、智治相结合的多重治理方式。此外,还需要加快应急管理体系和能力现代化建设,构建形成统一指挥、专常兼备、反应灵敏、上下联动的中国特色应急管理体制。

第二,通过制度安全建设实现善治愿景,需要不断推进法治现代化进程。制度安全建设需要进一步重视建立健全法律制度,虽然我国国家安全法治体系已经基本形成,但在国家安全法律规范、法治实施、法治监督、法治保障等方面还存在若干短板弱项。其一,建立健全国家安全法律规范体系。党的十八届四中全会提出"贯彻落实总体国家安全观……构建国家安全法律制度体系"。到目前为止,我国国家安全法律制度体系仍不完备,需要在横向结构健全非传统安全领域法律制度体系,在纵向结构厘清国家安全法律制度体系内部法律效力等级和位阶,搭建井然有序的国家安全法律制度体系[①]。其二,构建高效的国家安全法治实施体系。法律的生命在于实施,法律的权威同样在于实施。在推进国家安全法治体系化建设进程中,国家安全法治实施水平同人民群众对国家安全法治的要求和期待仍有一定差距。在传统安全领域应通过锚定严格执法、公正司法等关键环节,精准打击危害国家安全的违法犯罪活动,实质性提升国家安全法律实施效果,而在非传统安全领域应当明确国家安全法治实施主体及其职责界定与权责划分。其三,建设严密的国家安全法治监督体系。中共中央印发的《法治中国建设规划(2020—2025年)》明确指出:"建设法治中国,必须抓紧完善权力运行制约和监督机制,规范立法、执法、司法机关权力行使,构建党统一领导、全面覆盖、权威高效的法治监督体系。"据此,一方面需要充分发挥国家机关的法治监督作用,另一方面需要构建以人民监督为核心的社会监督体系。其四,建设有力的国家安全法治保障体系。法治保障体系是中国特色社会主义法治沿着正确道路行稳致远的重要保障,是确保法治高效运行的关键支撑。建设有力的国家安全法治保障体系,关系到总体国家安全观的深入贯彻以及我国国家安全的坚决维护。坚持党对国家安全工作的绝对领导是国家安全法治建设的根本政治保障,因此要将党的领导贯穿国家安全法治工作的全过程和各方面。与此同时,还要加强国家安全法治建设的组织和人才保障,其关键在于建设一支德才兼备的高素质国家安全法治工作队伍。

---

① 周佑勇.推进国家安全治理现代化的法治逻辑[J].江汉论坛,2023(10):5-12.

第五章　基于新型举国体制的科技安全建构

近年来，围绕科技竞争展开的贸易争端此起彼伏，经济全球化基础上的科技全球化受到外部影响冲击，不稳定性、不确定性增加。新一轮科技革命和产业变革加速推进，科技的渗透、扩散和颠覆性不断改变人们的生产生活方式。我国经济发展方式、新旧动能转换、产业升级、高质量发展等不断对科技支撑提出了更高需求。破解来自国际竞争、缓解科技冲击、推进经济升级的重大难题共同指向一个根本命题——科技创新对国家的战略支撑作用是否充分坚实，实质即国家科技安全的问题。如何保障国家科技安全，或者说以何种体制保障国家科技安全，本章拟从新型举国体制的特征与总体国家安全观的契合性出发探讨保障国家科技安全的着力点。

国家科技安全是科技安全问题在国家层面的投射与延伸，是特定国家的科学技术的安全，是与国家安全利益具有不同层次密切关系的科学技术的安全，是关系国家安全和利益的科学技术的安全。

国家科技安全明确了科技安全的主体是国家，但就其内容而言又涉及科学与技术。鉴于研究实际，本书对科学技术作总体的统一理解。由于科学与技术在近代产业革命中深度融合，科学化的技术和技术性的科学深度互嵌，在科技革命中完成了一体化的结合。技术安全问题与私有制、阶级和国家的出现紧密联系在一起，源于技艺的私人占有。科学安全问题的出现源于科学理论的优先发现。技术应用虽然产生直接的物质利益，但技术要持续升级迭代就摆脱不了其内在原理从经验总结向科学解释的转移。同样，科学的发现由于技术应用而得到扩散、推广，进而间接形成巨大的物质利益。由此，科学技术的安全问题就伴随直接或间接的物质利益而产生。

第五章 基于新型举国体制的科技安全建构

刨除利益考量,从纯粹的科学技术安全的实质来看,技术安全在本质上是实用知识的保密,科学安全是理论知识的保密。两者综合起来就是知识安全的保密,概括起来就是科技研究与发展的安全保障,集中表现为特有科技秘密不被窃取、不被泄露。对此,在当前科学技术越来越一体化的现实趋势下,从实践出发认识科学技术而不是从文本概念出发认识科学技术,对科学安全和技术安全本书作统一理解,进行整体复合把握更为合理恰当。

第一节　相关研究综述

国内关于科技安全问题的研究最早出现在20世纪90年代,伴随知识经济时代的到来,若干学者对科技安全问题从不同角度作出阐述,形成多种不同的基本观点。

一种观点是国家科技安全状态论,强调科学技术与国家安全共同构成对国外科技威胁的抵御能力、对国内科技发展的自主支撑能力。以连燕华和马维野(1998)为代表的学者较早地从国家视角论述科技安全基本问题,提出"国家科技安全表示由科学技术因素以及科学技术与国家安全因素的相关性所构成的国家安全的一种状态"[①]。马维野(1999)进一步探讨了科技安全的内涵与外延,分别从狭义的科技系统自身安全和广义的国家利益分析国家科技安全的内涵与外延。刘则渊(2006)提出科技安全包括科技运用过程中的安全和科技战略层次上的安全,是国家科技战略对科技风险、科技危机、科技事故的一种反映状态及其关系模型。潘正祥(2007)从全球化时代科学技术对国家利益与安全的影响出发,提出国家科技安全即国家安全的科技化,包含了以科技系统为目的和以科技为手段的综合安全态势。张一弓(2010)认为科技安全是在一定的社会环境条件下,特别是在国际大环境中以国家价值准则为依据的对科技系统与相关系统相互作用所决定的国家安全态势的一种动态描述。

一种观点是国家科技安全的权益论,认为国家科技安全是国家科学技术体系发展不受侵害,具有一定生存力、竞争力。例如糜振玉在第一次国际安全问题学术研讨会上提出:科技安全主要是指国家科学技术的发展和权益不受破坏和侵权。雷家骕(2000)在《国家经济安全导论》一书中对科技安全进行定义,认为所谓科技安全就是一国的科技体系具有一定的生存力,在国际科技体系中占据

---

① 连燕华,马维野.科技安全:国家安全的新概念[J].科学学与科学技术管理,1998,(11):20-22.

适当的地位,具有一定的国际科技竞争力,同时又具备对于本国经济社会发展、参与国际竞争的必要的支持力。

一种观点是国家科技安全能力论,国家科技安全是一国科技发展与世界配套,保障自身经济和国防建设需要的能力。尹希成(1999)从一国科学技术发展状况和水平对国家利益和国家安全影响的能力方面,提出"一国的科技发展能跟上世界新技术革命的步伐……能以自己的智力资源保障经济发展和国防建设的需要"[①]。王宏广(2023)认为国家科技安全是一个国家科技持续发展、保障技术供给的状态和能力,是解决重大安全问题,保障区域、行业、企业持续发展的能力。

一种观点是国家科技安全存在发展论,国家科技安全是国家科技存在与发展不受侵害与威胁的状态。刘跃进(2000)认为科技安全应该被全面地认定为国家科技存在与发展两个方面的状态,严格区别"国家科技安全"与"维护国家科技安全",提出"国家科技安全就是关系到国家利益和安全的科学技术的存在与发展不受侵害与威胁的状态"[②]。杨名刚(2011)认为国家科技安全是指关系到国家利益和安全的科学技术的存在与发展不受侵害与威胁的状态。无政府状态下,国家对科技安全的诉求反而进一步强化了国家间科技安全的博弈与较量,加深了国际社会的"安全困境"。

一种观点是国家科技安全复杂系统论,认为国家科技安全是指国家科技事业健康发展,国家科技利益有效保护,科学技术支撑国家发展、维护国家安全的状态。林聪榕(2007)认为国家科技安全是指国家科学技术事业免受威胁、健康发展,国家科技利益得到保护,科学技术能够有效促进国家发展、维护国家安全的状态。孙智信(2008)认为国家科技安全是能够促进国家经济发展,保障国家安全,使国家利益免受来自内部和外部威胁的状态。大学在科技基础安全中起决定作用,在科技人才安全中起主导作用,对科技环境安全起示范作用。

除了对国家科技安全的定义探讨以外,学界在涉及国家科技安全的诸多领域,如科技安全法律、科技安全与全球化、科技安全与科技异化、国家科技安全情报、国家科技安全影响因素、国家科技安全预警、国家科技安全风险防范、国家科技风险治理、国家科技安全风险评估、国防科技、金融科技、先进材料、科技评估、技术预见等方面均进行了局部不成体系的探讨,为进一步展开研究提供了基础。

本书研究认为国家科技安全作为一项系统性的多重战略支撑的存在状态和发展能力,在科学技术作为独立主体的条件下,面对不同客体表现出多重层次,

---

① 尹希成.科技安全与国家安全其他要素的关系[J].国际技术经济研究,1999(3):28-33.
② 刘跃进.科学技术与国家安全[J].华北电力大学学报(社会科学版),2000(4):50-54.

见表 5-1。

表 5-1　国家科技安全的不同层次表达

不同主体	核心命题	定义表达	涉及要素、关键词
以人为客体	科技伦理的价值追求	保障人的生命、生存、生活发展的安全状态与能力	科技伦理；价值
以科技系统本身为客体	科技系统的安全状态与能力	国家内部科学技术系统的安全状态与对外平衡能力，不被泄密窃取、不受破坏威胁的状态与对外的抗压、对冲、反制的科技输出能力	科技成果、科技人才、科技研究活动、科技设施、科技组织平台、科技产品、科技转化应用
以国家安全为客体	国家科学技术体系、机制、效能完整有效，科学技术能力持续稳固，科学技术水平居于世界前列	与国家科技紧密联系的事业、区域、行业、产业、企业得到良好的科技供给，国际科技合作稳定有序，基础研究、核心技术安全可控，科技抗压、对冲、反制能力持续输出，抵御外部威胁与侵害，支撑自主发展与自立自强、捍卫国家安全与利益的有效存在状态与持续发展能力	区域创新、企业创新、科技供给、科技合作、核心技术抗压、对冲、反制能力、有效存在状态和持续发展能力

以人为客体，国家科技安全表达为科技伦理的价值追求，体现为保障人的生命、生存、生活发展的安全状态与能力。

以科技系统本身为客体，国家科技安全表达为国家内部科学技术系统的安全状态与对外平衡能力，包括科技成果、科技人才、科技研究活动、科技设施、科技组织平台、科技产品、科技转化应用等方面不被泄密窃取、不受破坏威胁的状态与对外的抗压、对冲、反制的科技输出能力。

以国家安全为客体，国家科技安全表达为国家科学技术体系、机制、效能完整有效，科学技术能力持续稳固，科学技术水平居于世界前列，与国家科技紧密联系的事业、区域、行业、产业、企业得到良好的科技供给，国际科技合作稳定有序，基础研究、核心技术安全可控，科技抗压、对冲、反制能力持续输出，抵御外部威胁与侵害，支撑自主发展与自立自强、捍卫国家安全与利益的有效存在状态与持续发展能力。

本定义的内涵注重强调状态和能力两个方面：一方面侧重科安全存在的状态，即国家科技安全的客观状态，集中体现为国家科技安全治理体系；另一方面侧重发展的能力，即维护国家科技安全的持续能力，集中表现为国家科技安全治理能力。

安全哲学初探

第二节　国家科技安全的内涵与外延

国家科技安全的内涵是对国家科技安全本质属性的反映,由于面对对象不同,国家科技安全的理解有所不同。国家科技安全的基本理解可以划分为如下几个方面:一是国家的科学技术安全,侧重特定国家的科学技术系统本身的安全;二是国家安全中的科学技术安全,强调的是国家安全大系统中科技安全的状态与能力及支撑国家安全的关系与结构、功能与价值;三是国家科学技术之于个人、社会、自然的安全,侧重强调以人民为中心的基础上,国家科学技术的伦理约束和价值伦理追求。其中,国家的科学技术安全和国家安全中的科学技术安全构成国家科技安全的内涵,而国家科学技术对于个人、社会和自然的安全,是国家科技系统与外部各不同系统之间相互作用的结果,属于国家科技安全的外延。

一、国家的科学技术安全

就科技系统本身而言,国家科技安全的内涵是概念所反映的对象的本质属性。国家科技安全的特定主体是国家,即特定国家的科学技术,包括国家所有的,机关事业单位、企业、科研机构所有的,公民个人所有的科学技术的安全。

从科技本身的功能特性来看,国家的科学技术安全包括了"卡脖子"难题的破解,关键核心技术的攻坚,基础前沿领域的布局,关键共性技术、前沿引领技术、现代工程技术、颠覆性技术的探索突破,前沿引领型科学、战略导向型技术、应用支撑型创新的安全。

从科技运行机制来看,国家的科学技术安全包括重大科技项目、科研机构平台、科技基础设施、战略科技力量、科技研发链条、科技应用转化链、科技评价体系、科技安全预警体系。

从科技创新资源要素来看,国家的科学技术安全包括国家创新体系、科技人才资源、科研数据资源、科技教育资源、科技经费支持、科技市场转化需求、科技政策支撑、科技设备设施、科技研发空间资源等方面的安全。

二、国家安全中的科学技术安全

科技安全作为国家安全的重要组成部分,以整体的科技架构构成支撑国家安全的重要力量和物质技术基础。作为国家科技安全大系统的子系统,科技安全必须以维护国家利益、捍卫国家安全为宗旨,判断标准是国家的整体利益而不是局部集团利益。

第五章　基于新型举国体制的科技安全建构

总体国家安全观的大安全系统中,包括以人民安全为宗旨,以政治安全为根本,以经济安全为基础,以军事、科技、文化、社会安全为保障,以国际安全为依托的五大要素。总体国家安全观从较高的层次上对国家安全进行了总体架构,科技安全成为国家安全的基本构成要素之一,而且是统摄性的基本保障要素,其他方面的安全则是下一层次的要素。能源、粮食、金融属于经济安全的细分,知识产权、网络信息、人工智能、数据算法、生物科技、深海极地则属于科技安全的细分,国防军队、武器装备属于军事安全的细分。

国家安全系统中科学技术安全的判断主要依据三个方面:一是国家能够抵御国外的科技威胁与侵害;二是本国科技体系的完整有效和不受威胁侵害;三是国家科技系统能够对国家安全进行积极主动、持续供给的兜底保障。国家科技安全状态与部分指标见表 5-2。

表 5-2　国家科技安全的判断依据

安全力量	安全状态	安全指标
国家科学技术自主力	抗压	科学技术对外依存度、技术引进费、技术专利许可费、研发投入强度、基础研究占研究与试验发展(R&D)比重、研发经费占主营业务收入比重、年度全球十大科学发现占比、国产替代率
国家科学技术应变力	应变	全球前沿科技占比、重大科技领域的全球引领性、国产技术的替代率、基础研究的突破力、"卡脖子"难题的破解率、国际重大科技会议的牵头率、自由探索的成功率
国家科学技术竞争力	对冲	科技运行体制机制稳定有效,科技政策法规优化保障,技术贸易专业化系数、技术结构图谱、科技供给率、科技成果转化率、科技进步贡献率、市场份额世界占比、知识产权的保护与应用
国家科学技术反制力	反制	科学技术对外依存度、设备进出口成交额、技术引进成交额、对外技术转让、技术许可、技术服务、技术咨询、技术应用市场份额占比、技术贸易专业化系数、技术贸易收支、行业国产技术密度、重大科技领域的全球引领性

国家安全系统中的科技安全是将科学技术作为一个特定子系统,以该系统功能发挥的程度和国家安全系统之间状态的关系、国家安全的整体状态来确定科技安全内涵。从四个层次来考察布局国家科技安全体系:一是国家科学技术实力;二是国家的科技法规、政策完善程度;三是国家科技工作运行机制;四是国家对科技系统的保护力度。

三、国家科学技术对于人和社会的安全

国家科技安全作为科技系统自身的安全和国家安全的构成,都是从国家内外关系的角度着手进行思考的。现实的国家科技安全,除了国家的内外部关系产生安全问题外,还有科学技术应用反噬所带来的安全问题,即国家科学技术对于人和社会的安全问题,也就是科技伦理的问题。

国家科技伦理的安全问题,既包括国内科技伦理的安全,也涉及国外科技伦理的安全冲击,维护科技伦理安全从根本上还是依靠国家所有的科技系统的自身实力来解决。

国家科技伦理探讨一国现代科技与伦理道德的关系,涉及科技共同体、科技工作者、科技应用主体、科技管理主体、现代科技社会等方面的伦理规范和准则,即现代科学技术的实践活动之于人类个体、社会及自然之间的伦理关系,包含着三个层次(表 5-3)。

表 5-3 国家科技伦理的层次与核心问题

层次类型	核心问题	主要内容
学科层次	科学技术与伦理道德的关系	逻辑实证主义、科学主义、人本主义、结构功能主义
职业层次	现代科技伦理发展的不同阶段	现代科技理论化阶段、现代科技工程化阶段、现代科技产业化阶段、现代科技社会化阶段、现代科技全球化阶段
应用实践层次	不同科技领域的道德问题	核科技、生物科技、信息科技、医疗科技、空间科技、生态科技、工程伦理等具体科技领域和实践环节中的道德问题

国家科学技术的核心问题是使科学技术实践不损害人类的生存发展、社会的存在发展、自然的持续发展,保障人的生命健康和促进自由全面发展。国家科技伦理安全问题集中表现在科技创新实践活动中人与社会、人与自然和人与人关系的思想与行为中。

四、国家科技安全与国家安全的关系

科技安全并非国家安全的固有内容,而是伴随科技在社会发展中的重要作用,在历史发展中逐渐派生出来的内容。科技安全本身的出现以及国家科技安全问题的出现同样也不是与生俱来的,经历了从技术与私有制结合、技术私有与科学的结合、科技与国防军事的结合几个阶段。

科技安全问题伴随私有制的出现而产生,最早在技术层面形成技术安全问题。私有制导致技术私人占有,阶级的形成导致技术集团占有,国家的出现使技

术国家占有,进而衍生出国家技术安全问题。科学安全的问题在于科学与技术的一体化,科学的突破为技术的深度应用提供了广阔空间,应用转化带来的巨大物质利益引发了科学安全问题的考量。

科学带来的虽然是巨大的间接利益,但科学技术一体化的结构以及科学理论发现的优先权进一步推动了科学安全问题的产生。当科学技术一体化后,科学技术迅速发展,其在国防军事领域的作用得到极大提升并取得决定性地位,科学技术成为综合国力和军事武装的关键变量。科学技术就完成了对国家安全的嵌入,科学技术安全进一步延伸进国家安全,成为国家安全相对独立的构成要素和基本内容。

国家科技安全作为相对独立的构成要素,具有强烈的渗透性和实体转化性,科技安全是塑造国家安全的物质技术基础。科技安全之于经济、军事、社会、信息、生态、生物安全的影响具有深刻的广泛性和基础性,科技安全中的核心技术安全是从根本上保障国家安全其他各要素的关键。

第三节 总体国家安全观视域下国家科技安全的系统性障碍

2014年4月,习近平总书记在中央国家安全委员会第一次会议上提出总体国家安全观,聚焦总体,强调大安全理念,为国家安全提供了开阔的研究视域和丰富的研究节点。由于科技安全的广泛渗透性及其竞争博弈中的决定性作用,国家科技安全成为统摄影响各领域安全的一项保障性举措和关键变量,在国际安全竞争层面与各领域安全共同构成了中心性的系统结构。

一、国家科技安全的系统性障碍

国家科技安全的系统性障碍并不是强调国家科技安全面临何种系统性的危机,而是在某些领域、个别环节、关键节点上存在堵点、痛点和卡点,影响到了整个国家科技安全的持续稳定运行。系统性障碍何以产生?根据系统科学原理,系统性障碍是在系统的中心与外围的结构关系中存在牵一发而动全身的节点,如电子信息领域的关键核心技术、工业"四基"的薄弱问题、科技贸易规则、知识产权保护,该节点的突破并不是一个领域的突破能够解决的,而是需要多个领域配套支撑来破解疏通的障碍。概括来看,当前科技安全的系统性障碍涉及核心关键技术、软肋薄弱环节、规则话语争夺、产业发展空间、自强信心塑造。

（一）核心关键技术领域的优势压制

在关键共性技术、前沿引领技术、现代工程技术、颠覆性技术方面，由于西方国家走在前面，其为保护先发优势，就在诸多核心关键技术领域构建技术壁垒，运用技术霸权遏制其他国家企业底层架构突破式发展。最鲜明的就是在中兴、华为等中国高新技术企业发展中，西方国家不断出台各种破坏贸易和技术交流规则的协定和方案，破坏国际科技合作，还有肆意设置出口管制条例，诸如美国国家实体清单，直接针对他国机构和企业进行打压。

（二）软肋薄弱环节的竞争挤压

在制造业方面，我国核心基础零部件、关键基础材料、先进基础工艺、产业技术基础自主化程度低。在服务业方面，我国信息产业领域的基础软件、操作系统、计算机算法等现代科技服务业存在较大短板，大量依赖进口。在农业方面，我国蔬菜种子的对外依存度较高，市场稀缺品种种源需要依赖国外进口；畜牧业品种和技术需要引进补充，品种、饲料和防病方面存在差距。"肉牛、奶牛品种高度依赖进口，奶牛生产性能与发达国家存在较大差距，种牛自主培育体系较为脆弱。"①我国的农机关键装备、灌溉技术、储藏加工等高端技术产品仍需进口。

（三）规则话语的锁定压制

规则锁定是在国际竞争中，利用规则设定主导权优势对他国进行规范、锁定和控制。规则锁定是维度更高的一种控制，所谓基于规则本质上是一种优势方的控制框架。西方国家长于进行框架设定，不仅涉及全球国际秩序主导，而且体现在具体贸易往来中，包括知识产权、域外管辖、出口管制等方面的内容。美国政府提出的所谓"基于规则的竞争"和"基于规则的国际秩序"即是其主导的控制框架。从欧盟的"反倾销调查"，到美国的治外法权和长臂管辖，这种长臂管辖（即域外管辖权）实质是美国霸权的延伸，具有最低限度联系、不可预见和随意选择性。

基于"337条款"和"特别301条款"的知识产权长臂管辖，美国启动诉讼对侵犯所谓美国知识产权的厂商和产品实施制裁；基于司法和出口管制的长臂管辖，美国通过国会的《出口管理法案》、商务部的《出口管理条例》、财政部的《经济制裁条例》禁止将美国生产的管制设备出口到美国禁运的国家。

---

① 王宏广,张俊祥,由雷,等.中国科技安全:战略与对策[M].北京:中信出版社,2023:238.

（四）产业发展空间的外部挤压

产业发展空间的外部挤压,本质上是对一国产业优势和发展潜力的瓦解、冲击、解构。我国经济发展面对从高速增长向高质量发展的转变,发展方式、新旧动能处于转换调整期,尤其需要在稳定环境中度过转换期。域外国家不断在产业方面制造事端,扰乱稳定的国际秩序,增加国际贸易和产业发展的不确定性,实际是一种对我国产业发展的外部打压。改革开放以来,我国产业经济得到较快速发展,但这些发展是奠定在我国廉价生产要素与国外技术引进基础之上的。特别是我们承接了发达国家大量落后的技术产能,如果现在继续沿用这种思路,不仅会拉大差距,而且自主创新弱化,产业升级乏力,会被长期锁定在产业分工的低端,跌入有增长无发展的陷阱。

（五）自强决心的瓦解与冲击

西方国家的科技输出有着明确的层次,涉及关键核心技术的底层架构受到严格管制,输出商品的同时输出配套的意识与观念。这些意识与观念在网络放大效应加持下成为难以扭转、渗透面广泛的生产生活观念,比如享乐主义、奢靡之风、拜金主义、符号消费等。以美国为首的西方国家还扶持一批所谓公共知识分子,以西方价值观需要引导舆论,诸如唱衰中国自主创新,抹黑中国政府、企业和体制,炒作热点话题等,手段方式层出不穷。思想观念的冲击对公众的科技信心、市场的科技需求、经济的长远预期造成极大混乱。这种思想观念的冲击不断延伸,以社会科学的形式延伸至教育战线,企图让后发国家的受教育阶层彻底丧失自主创新、突破底层架构的勇气和信心,从而在技术上进行彻底锁定。西方国家的配套行径不断证明：观念的冲击是一种影响力极大的瓦解,是在意识层面的观念锁定。

二、当前国家科技安全的现实难题

当前我国科技安全方面取得一系列重大突破,但同时也存在一些问题与障碍,比如关键核心技术层面的"卡脖子"技术,产业链层面的基础共性技术、零部件、材料、工艺等方面的自主化程度低,供应链层面的初级产品供给不足、依赖进口,资源民族主义抬头,跨国公司垄断的风险,规则制度层面相关国家司法霸权长臂管辖、国际规则的制定主导权、大宗商品贸易国际定价权。思想意识观念层面的西方中心主义、新自由主义、历史虚无主义、普世价值、宪政民主等思潮不断冲击,网络水军、"公知""大V"不断渗透抹黑,媒介传播和西方理论标准消解自立自强的信心和意志、降低科技突破的市场预期,间接影响科技人才流向与科技设施的投资。

（一）"卡脖子"技术难题攻关难度提升

"卡脖子"技术难题，主要是指科技产业发展的底层技术架构长期依赖国外进口而失去自主能力，试图产业转型升级时却在关键核心底层技术上受制于人的局面。这些"卡脖子"技术难题要么买不到，要么买不起。国内对于"卡脖子"难题的梳理主要有中国科学院和《科技日报》的提炼总结。

从"卡脖子"的技术类别来看，中国科学院启动的"卡脖子"专项主要聚焦信息、先进制造和生物科技等领域。《科技日报》的"卡脖子"难题主要涉及关键核心技术元器件、高端制造、工业软件、行业标准等领域，涉及基础研究突破、关键核心技术攻关、国家战略科技力量整合、重大科技创新平台的培育。从当前《科技日报》35项"卡脖子"难题来看，到2023年下半年，近5年时间里我国已经攻克了22项技术，但剩余的13项技术越往后攻关难度也就越大、时间也就越长。"卡脖子"难题之难在于其涉及的底层架构和关键基础的攻关一方面需要短时间内较多人才及资源投入，研发周期比较长，在攻关的这一过程中领先者因具有先发优势而进一步得到突破；另一方面重新建构的过程需要市场配合反复地调整和迭代，实现历史积累，并不能一次完成。

（二）产业链安全的主导可控度不足

产业链安全障碍集中表现在贸易往来和产业管制上，往往出现在核心关键零部件或者国际产业分工中的垄断产品，比如医药制造、高端芯片、电子设备制造等技术密集型高技术行业严重依赖进口（表5-4）。

表5-4 中国26类制造业产业链安全评估[①]

类型	产业	综合占比
世界领先产业5类	通信设备、先进轨道交通装备、输变电装备、纺织、家电	19.2%
世界先进产业6类	航天装备、新能源汽车、发电装备、钢铁、石化、建材	23%
与世界差距大产业10类	飞机、航空机载设备及系统、高档数控机床与基础制造装备、机器人、高技术船舶与海洋工程装备、节能汽车、高性能医疗器械、新材料、生物医药、食品	38.5%
与世界差距巨大产业5类	集成电路及专用设备、操作系统与工业软件、智能制造核心信息设备、航空发动机、农业装备	19.3%

作为基础和根基，制造业是实体经济的主体，是国民经济之本和强国之基。

---

① 根据2019年中国工程院对26类制造业产业开展的产业链安全性评估整理。

第五章　基于新型举国体制的科技安全建构

虽然配第-克拉克定理提出产业从第一产业到第三产业依次转移的趋势规律,但是其总结分析得出这一规律的前提是基于全球产业分工。劳动力转移这一现象是伴随国际资本流动与国际产业转移而进行的,资本与产业流向劳动力价格更低、生产要素价格更低的区域。

近年来,我国制造业比重下降过快,"从 2006 年的 32.5% 到 2020 年的 26.18%,2021 年有所回升,但整体下降压力较大"①(图 5-1)。面对逆全球化的现实,我们应注意制造业的基础性、战略性意义,客观地认识制造业比重的下降,不能拔苗助长,避免走向产业空心化的方向,削弱国家经济抗风险能力和国际竞争力。

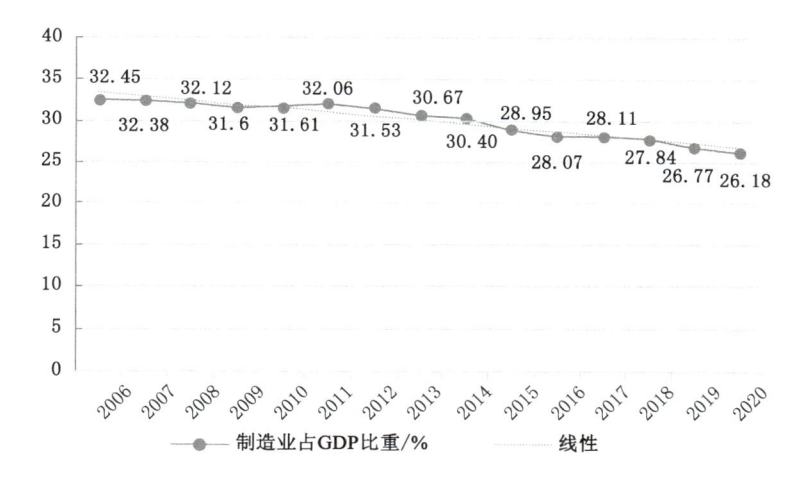

图 5-1　2006—2020 年中国制造业占 GDP 比重的变化趋势

特别是对外依赖度高的产业,亟须寻找到新的产业合作伙伴,积极推进国产替代品,而不能心存侥幸、充满幻想地寻求合作。

（三）供应链安全保障压力较大

供应链安全集中表现为初级产品的供给保障,初级产品即直接从自然界获取的尚未加工或经过简单加工的产品,涉及农林牧渔业以及刚需性的能源、资源产品。初级产品既关乎人民的吃穿住用行,还涉及科技成果转化以及国家工业生产的刚需。资源、能源、粮食等大宗商品作为初级产品的基础性、地域性和时

---

① 赵磊.国家安全学与总体国家安全观:对若干重点领域的思考[M].北京:中国民主法制出版社,2023:152.

间上的历时性,决定了初级产品短时间内难以获取,具有地域上受到管制、用途上多样、需求上量大的特点。

我国是全球初级产品最大的单一买家,"进口粮食占到全球25%,2017年成为全球最大原油进口国,2018年成为全球最大天然气进口国,以及大部分矿种的最大单一进口国"[1]。"我国粮食自给率虽然保持在95%以上,但食物自给率仅70%"[2],破解了粮食安全问题,却难以应对吃饭问题,想要吃得好仍需进口。从2021年我国初级产品进口情况(表5-5)来看,对外依存度较高的粮食、资源、能源方面分别有大豆、铁矿石、铜矿、铝土矿、原油,虽然煤炭对外依存度仅为7.3%,但却是世界上最大的煤炭进口国家。粮食、能源、资源方面除了对外依存度较高的产品外,还存在着结构性的问题,如进口来源和运输线路单一、支付结算途径与货币单一、国际定价话语权不足、价格波动传导显著等。

表5-5 我国2021年初级产品进口比重

进口品类	进口数量/万吨	对外依存度/%
大豆	9 652	85.5%
玉米	2 836	9.39%
铜矿	2 340	74.4%
铁矿石	112 400	76.2%
原油	51 300	72%
铝土矿	10 700	60%

(四)规则锁定的多重约束管制

规则约束体现在相关国家在国际竞争中利用自身的规则制定主导权,对他国进行规范、锁定和控制而形成约束。规则约束是更高一层次的约束,是以制度性的方式在基础层面预先设定的管制。

规则的约束一方面表现为初级产品的定价权,另一方面表现为核心零部件、仪器设备、知识产权、行业标准等出口禁令和出口管制。初级产品定价权包括主要期货市场定价和交易双方谈判。

在初级产品定价上,我国期货市场尚处于起步阶段。在定价权谈判上,我国

---

[1] 赵磊.国家安全学与总体国家安全观:对若干重点领域的思考[M].北京:中国民主法制出版社,2023:167.

[2] 王宏广,张俊祥,由雷,等.中国科技安全:战略与对策[M].北京:中信出版社,2023:226.

第五章 基于新型举国体制的科技安全建构

企业行业集中度低,价格影响力较弱,定价话语权受到制约。在零部件、仪器设备等出口禁令方面,基于《芯片和科学法案》及一系列禁令、"337条款"和"特别301条款",以及《反海外腐败法》《出口管理法案》《出口管理条例》《经济制裁条例》等进行的治外法权和长臂管辖权是美国进行规则约束的重要方式。

除半导体行业、初级产品定价权方面的规则约束外,美国在生物科技、科研仪器设备、科技服务、行业产业标准、科技法规体系、知识产权等方面以保护国家安全为借口,极力限制高新技术出口,抬高初级产品价格,遏制新型工业国家的崛起。我国在生物技术领域的短板较为明显,"90%以上的化学药品是仿制药、90%以上的高端医疗器械依赖国外进口、90%以上的高端研发仪器依赖进口"[1]。在未来发展的新型战略领域,我们布局不及时或者没跟上,将影响我国在战略领域的规则参与制定权和话语主导权,生物科技就是其中一个重要的战略领域。

(五)自立自强思想信心的瓦解

科技创新的观念基础在于思想解放与创新意志,没有强大的创新意志、没有坚定的科技自信就不可能突破别人的科技预设框架,也就难以获得创造性的发现与颠覆性的发明。

创新意志的解构本质是意识形态较量在科技创新领域的延伸。科技创新本身不具有意识形态属性,但由于科技创新活动是以人为主体来推进完成的,科技创新成果通过个人或组织占有使用,因而科技创新活动的目的、方向及其成果的运用也就必然带有着意识形态观念的影响。

西方国家在科技创新领域上依托科技制高点对社会主义国家科技创新能力、实践和信心进行质疑、打压和瓦解,通过意识形态观念的媒体传播、潜在植入和学术构造,以西方中心论视角和西方学科理论为基础,提出一系列伪命题,如侵略有功论、历史终结论、普世价值论、"党大还是法大"等问题,形成脱离现实、错误预设的命题判断,弱化对象国家的信心、解构发展成就,令公众自我怀疑,最终促使其思想观念向西方中心论转移。

西方国家以学术研究为名,选择性地运用案例歪曲、解构事实,将个人与集体、科技创新与爱国奉献对立起来,唯洋是举,冲击青年爱国热情,以此进一步引导科技人才流向,巩固西方中心主义的人才优势;通过媒体炒作、杜撰,抹黑社会主义制度优势,瓦解科技自立自强的信心与勇气。

国内一些学者受观念传播影响将美西方国家的标准作为全球的唯一或最高

---

[1] 王宏广,张俊祥,由雷,等.中国科技安全:战略与对策[M].北京:中信出版社,2023:190.

标准,丧失创新突破的动力。他们面对战领制高点的对手,思想观念束缚,受制于对手的科技创新框架与路线,不敢开辟新路,不愿去挑战既有框架的束缚,丧失挑战勇气和信心,缺少敢于斗争、敢于胜利的决心意志。

保障科技安全,破除系统障碍,首先必须破解思想束缚,筑牢文化自信的基础支撑,坚定不移以习近平新时代中国特色社会主义思想的世界观与方法论为引领,坚持敢于斗争、敢于胜利,提升抗压、应变、对冲、反制的能力。提升科技自立自强的信心与勇气,以科技自主应对"卡脖子"威胁,以系统行动破解美国"全政府"对华政策。

第四节 新型举国体制保障国家科技安全的依据

以新型举国体制来保障国家科技安全是由国家科技安全本身的特点、所处时代的特征、未来主导权的争取、新型举国体制的结构特征等因素共同决定的。

国家科技安全的内容丰富,关联性、渗透性极强。在百年未有之大变局的背景下,面对国际格局的大变革、大调整,科技的支撑作用是我们赢得优势、赢得未来的战略制高点。贯彻总体国家安全观,从总体视角把握科技安全在国家安全中的功能与基础地位,需要采取可靠稳定的制度形式,以整体集中的架构来推进科技创新的系统提升。新型举国体制在关键核心技术领域运用的成功实践,为贯彻总体国家安全观、筑牢科技安全屏障提供了高度契合的制度选项。

一、制度选项与观念指引的高度契合性

总体国家安全观与新型举国体制的高度契合性首先体现在观念与体制的衔接上。总体国家安全观提供的是一种观念,一种认识、分析、评价、保障国家安全的理论。新型举国体制是一种以集中资源要素解决问题的体制组合,存在多种具体实现形式。总体国家安全观视域下的新型举国体制就是以大安全理念为指导,优化健全新型举国体制的制度设计。总体国家安全观与新型举国体制的契合,并非是并列关系的契合——并联式契合,而是一种纵向的衔接性的契合,是一种串联式契合。理念与体制的串联式契合更便于观念的深化和体制机制的完善,形成理念-制度-体制-机制相互作用的运行闭环。

总体国家安全观的总体性与新型举国体制的系统性相互契合。"总体"的内涵在于其本身的整体性与系统性,以较高的整体效能可持续地维护国家安全与独立发展。新型举国体制的系统整体性与总体国家安全观的总体性在党的领导、自主与开放、发展与安全、内外关系上具有深刻的契合性。总体性与系统性

紧密联系,总体是把握系统整体的一种方法,也是系统表现自身的一种状态,总体来自并体现系统整体性,把握总体性即关注系统的整体性,对事物产生总体全面的认识。这是进一步把握事物的前提,也是全面了解事物特性的关键。

总体国家安全观涉及的领域与新型举国体制的适用域都具有高度的公共基础性。总体国家安全观涉及国家的公共性、战略性、基础性领域,与新型举国体制度的适用域紧密联系。新型举国体制以国家作为基本单元,坚持国家整体视角,提供基础保障,关注的是个体无力应对、短期无利可图、市场主体忽略排斥的公共领域。这些领域往往也是总体国家安全观所关注的具有较高战略价值,涉及国家安全与独立发展长远利益,涉及国家稳定持久社会关系,涉及人民基本生活保障的领域。对这些领域的制度托底、规则支持、理念重视是克服个体释放负外部性,避免"奥尔森困境"①,保证国家整体稳定安全所必须关注的内容。

二、变局时代的斗争博弈性

世界百年未有之大变局的背后是国际力量对比的巨大变迁和国际秩序的改变,建立在西方主导的利益与价值观之上的全球治理规则正在发生新的裂解和重构。基辛格在《世界秩序》中提出:"自1648年威斯特伐利亚体系确立以来,世界秩序一直是以西方为中心的,但随着世界政治经济重心逐渐东移,新兴经济体群体性崛起,传统上由西方主导的国际秩序正在发生深刻转变。"②国际力量对比变化带来的国际秩序的调整并非是波澜不惊的,背后是两种体制、道路的博弈和较量。

其中,科技领域的斗争是最具有战略性、最具有决定性意义的博弈领域。以美国为首的西方国家通过重塑技术、网络空间和经贸领域的国际规则,实施"小院高墙"策略、构建"民主科技联盟"、争夺全球科研人才等多条"战线"对华进行统合性压制,在关键领域建立排除中国的封闭式联盟,以确保美国对华竞争优势,加速中美科技脱钩进程。

面对全面竞争、系统打压、整体围堵的科技封锁局面,进行战略博弈不可避免,必须要能够统合自身力量,提升整体架构的对冲和反制能力。新型举国体制

---

① 奥尔森教授从个人的利益与理性出发来解释个体利益与集体利益的关系问题时得出结论:个人从自己的私利出发,常常不是致力于集体的公共利益,个人的理性不会促进集体的公共利益。这是一种集体行动的悖论,即"由理性个体组成的大集团,却不会为集体利益行事",公共服务的供给和管理关系的维持将建立在持续的迭演博弈上,公共政策的质量水平、乡镇政府的博弈技术、领导个体的执政艺术、普通民众的顺服状况等若干变量共同建构了地方治理秩序的函数。

② 中国现代国际关系研究院.百年变局与国家安全[M].北京:时事出版社,2021:9.

的整体性、系统性和涌现性为实现科技攻关,保障科技安全支撑国家安全提供了稳定的制度输出。在总体国家安全观指导下,以新型举国体制保障国家科技安全是大变局时代斗争博弈的重点工作,也是斗则必胜、取得战略制高点的关键。

三、科技赶超的集中可能性

科技发展既有历史的积累性,又有阶段突破性,技术迭代的过程并非是单一线性的,而是存在颠覆跳跃性的。科技发展的这一规律性给科技后发国家实现科技赶超提供了理论的可能性。

科技发展的实践不断启示我们:世界科技中心也是不断变迁的。根据日本学者汤浅光朝的研究,世界科技中心的普遍兴隆期大概在100年左右,与我国学者赵光州研究的80年左右相差无几。世界科技中心最早是意大利(1540—1610年),而后为英国(1660—1730年)、法国(1770—1830年)、德国(1810—1920年)、美国(1920年之后)。世界科技中心的转移,为科技赶超提供了实践依据和可能(表5-6)。

表 5-6 世界科技中心的转移①

世界科技中心	时间	依据与代表	领域和特点
意大利	1540—1610 年	博洛尼亚大学、哥白尼、布鲁诺、伽利略	天文学、解剖学、力学、数学、博物学等领域
英国	1660—1730 年	吉尔伯特、波义耳、牛顿、胡克、哈雷、布拉德莱、哈维	力学、化学、生理学等多个现代学科
法国	1770—1830 年	达朗伯、萨迪·卡诺、拉普拉斯、布丰	热力学、化学、天体力学等学科领域;自然科学、数学和工程技术建立起了不同层面的稳固联系
德国	1810—1920 年	尤斯图斯·冯·李比希创立了有机化学,维勒成功合成尿素,施莱登和施旺创立细胞学说,爱因斯坦提出相对论,普朗克提出量子概念,伦琴发现 X 射线	物理、化学、有机化学、量子力学

① 按照汤浅光朝关于科学活动中心的定义,根据不同的科学史年表可以得出世界科学中心转移的特征,尽管具体时间节点不完全相同,但与赵光州研究的世界科学中心的依次顺序及主要时期基本一致。

表 5-6(续)

世界科技中心	时间	依据与代表	领域和特点
美国	1920年之后	外源性而非内生性的、完善的研究型大学体系、人才引进,使美国短时间内成为世界科学研究强国	形成了良性的"工业支持科学、科学界反哺工业"传统。美国还抓住了量子力学革命及信息技术革命机遇,迅速站在世界科学领域前沿

尽快缩短科技差距,一方面需要明确科技差距的方向、程度和范围,另一方面需要采取科学有效的制度形式和组织结构进行科技攻关。差距的赶超并不是仅仅补足差距这么简单,而是需要系统性的整体提升,才能真正立于制高点。我国在基础研究、成果转化、人才中心、科技设施、教育培养等各方面都需要加强补足差距,争取领跑(表 5-7)。

表 5-7 我国科技创新的三跑并存格局[①]

类型	在对 1 346 项技术的评价中	技术占比
领跑	219	16.3%
并跑	404	30%
跟跑	723	53.7%

面对以"卡脖子"技术为主的系统性差距,新型举国体制则是被实践证明的最有效率的赶超方式和赶超结构。无论是过去的"两弹一星",还是今天的 C919 或者华为 Mate60,都以鲜明的实践成效证明了新型举国体制的重要功能。新型举国体制将科技创新资源进行有秩序的集中统筹,坚持系统科学理论,实现多重技术路线并行、全产业链推进,围绕难题在横向上到边、纵向上到底,充分焕发体制内在的整体涌现性。这一体制聚焦核心科研问题,全环节、全过程、全体系地展开攻关,围绕关键核心技术进行突破,实现由点到线及面的系统加速,为科技赶超提供了集中突破的可能性。

四、"第二个结合"的思想解放性

思想解放是实践创造的前提,思想有束缚,实践就难以有创造。固守教条就不会产生创新成果,恪守本分就难以实现赶超。一段时间以来,我们把西方的标

---

① 王宏广,张俊祥,由雷,等.中国科技安全:战略与对策[M].北京:中信出版社,2023:34.

准作为最高的标准,将西方的方式作为唯一的方式,在思想上局限自己、抑制自己创造性的发挥,间接造成了国家科技安全隐患。国家科技安全的保障在新时代不应仅局限于某一个方面、领域或者环节,而应当是系统性的整体架构。安全的问题、形势不断变化,安全保障的体制也需要动态调整,因而跳出既有模式、现成框架、模仿照搬是探索国家科技安全保障体制必须坚持的方向。

新型举国体制以其自身的独特创造性、与我国制度的深度契合性、统筹市场自由选择与资源集中调配的统一性,为我们打破理论束缚,开拓新的理论与实践应用空间提供了制度依托。"第二个结合"蕴含的文化自信、打开的创新空间、对自然的全新认识,将更加有助于我们引领人类文明新形态。"第二个结合"为更深刻地认识自然、把握社会、攀登人类科技文明高峰,为我们依托新型举国体制开辟新疆域、探索新极限提供了思想的准备和制度的支持。"第二个结合"以新型举国体制为制度基础,保障科技安全进而支撑总体国家安全,既是打破理论束缚的重要创造,又是支撑科技安全的重要制度基础,也是思想理论内在解放的需求。

第五节 新型举国体制保障国家科技安全的优化路径

以总体国家安全观为指导来保障国家科技安全,新型举国体制是十分恰当合适的制度结构。这一制度结构有其系统科学的依据,也有实践中的现实创造。在关键核心技术攻关上的系列突破,实证了科技创新新型举国体制的功能与作用。当前,贯彻总体国家安全观,将总体的大安全理念融入具体国家科技安全实践中,新型举国体制的优化将是不可或缺的制度环节。需要准确提炼国际科技竞争博弈中的方法论原则为战略筹划基础,从维护和塑造国家科技安全两个维度出发进行路径优化。

一、维护和塑造国家科技安全的方法论原则

坚持总体国家安全观的指导,以新型举国体制的制度形式保障国家科技安全,优化体制实施路径。坚持辩证思维和系统思维的指导,在以国家力量主导推进国家安全保护中,坚持目标与问题牵引,注重以体制形式来统筹兼顾、注重集中攻关凸显成效、注重联系实际运用科学方法。

(一)关键核心技术——既要保持优势又要赢得长远制高点

我国科技创新虽然进入领跑、跟跑、并跑三跑并存的局面,但跟跑和并跑所

占比例较大,仍然存在自主创新能力不足、创新成果质量不高的问题。特别是涉及"卡脖子"的关键核心技术问题,必须依托新型举国体制稳步攻关。一方面在已攻关的优势领域保持突破进度,把握当前优势;另一方面在涉及长远发展的战略制高点上必须要有国家力量的进入和奠基。关键核心技术必须充分依托社会主义市场经济条件下的新型举国体制,利用其不排斥市场经济的特点,统合科技规律、经济规律和市场规律,探索创造多元应用模式。科技方面以揭榜挂帅或者"赛马"等形式突出把握好基础及通用技术、非对称技术、撒手锏技术、前沿颠覆性技术,既要做到别人有我们也有,也要做到别人没有我们仍然有的科技研发布局。提高科技进步贡献率,充分运用科技与经济结合带来的双向互动作用,以市场应用牵引科技成果研发的提升。

(二)基础研究——既要保护优势领域还要拓展未知疆域

基础研究的突破要充分激发国家战略科技力量的作用,发挥国家实验室、国家科研机构、高水平研究型大学、科技领军企业的建制化作用,有组织推进战略导向、前沿导向和市场导向的不同类型基础突破。在研究队伍上,以拔尖科技人才的集聚吸引带动高端科技人才集中创新,形成世界科技人才中心。在研究力量上,要坚持基础研究的正规军与游击队相结合,统一纳入新型举国体制的基础支撑范围内。在研究方向上,保持优势领域的迭代加速,不断开拓新的未知疆域。打造基础研究问题提炼形成机制,尽快形成以科技组织、科研机构、科技论坛、领军企业为主体的牵头概括科研问题的多重形成机制,以更宽广的视野、更开放的结构、更完善的保障支持基础研究得到突破。

(三)产业链——既要长于应急处置更要善于未雨绸缪

国家科技安全的产业链保障一方面要提升应急处置的通达协调能力,另一方面更需下好未雨绸缪的先手棋,将更多可能出现的应急处置问题转化为未雨绸缪的战略架构问题。聚焦产业链中的关键核心环节,瞄准转化环节的"卡脖子"技术难点。注重产业链上下游的贯通与协调,通过新型举国体制构建科技信息情报生成机制,规范产业链的链接机制,提高产业链上下游的前瞻链接,避免后知后觉的链接协调。充分发挥科技社团、科技媒体、科普展览等机构的信息整合通达能力,围绕产业链整体进行技术供给与技术需求的对接总结,提炼新的科技难题与攻关清单,形成上游研发的突破与下游产品技术需求的紧密联系机制,以此赢得国际科技竞争的主导权和战略自卫权。

(四)供应链——既要防范风险的先手也要有应对化解的高招

国家科技安全中的供应链安全一方面包括科技供应链条中各个环节的相互制约,尤其是上游产品对下游应用转化的制约影响,另一方面包括初级产品供给替代中科技功能的作用发挥。以高新技术为代表的科技产业链是国家科技安全的关键,上游科技供给缺少可替代的产品,下游市场应用转化就无法推进。因而供应链的保护并非单纯的贸易问题,而是一个产业可持续稳定发展的战略问题。

除了科技产品外,以粮食、矿产资源能源等为代表的初级产品均具有强安全属性,一旦供给断裂将冲击社会稳定。因此需要防范供给断裂的风险,同时注意运用科技手段增强替代或提升产能。以初级产品供给中的粮食为例,既要保持供给端充足,保证国内供给的可持续性和强储备性、国外供给的多元和可替代性,又要保持消费端的稳定,关注市场流通环节战略产品的主产区补偿,消费应用环节的企业节流和个人节约。

(五)规则层面——既要能够回应议题又要善于设定议题

规则制定是维护和塑造国家安全的制度方式。规则的设定取决于国家的综合竞争实力和国家话语权,涉及国际格局和秩序。规则包括国际重大问题的规则,也包括科技规则,规则的核心是议题设定。

长期以来,我国在科技领域,在国家安全各领域规则上处于被动回应的状态,对国际议题引领不足。维护和塑造国家科技安全,必然需要在国际科技规则、国际贸易规则等方面能够提出相应的引领性议题。规则层面需要我们一方面不断提升在规则范围内进行科技突破的能力和水平,对不合理的规则要敢于提出并善于申诉质疑,提升修改规则、变更规则的技术能力和综合实力。另一方面要前瞻把握规则趋势,敏锐察觉规则取向,超前谋划议题,引领规则设定。及时部署气候变化、能源安全、生物安全、外层空间利用、科技伦理等全球问题的规则设定,力求引领新一轮全球问题科技研发的联合与深化,既要能够回应议题,也要能够设定议题。

(六)创新意志——既要具备敢打必胜、自立自强的创新意志,又要能够积极开放协作、避免自我封闭

科技创新能不能取得成果,在于科技创新背后的科技思想、方法与观念,更进一步取决于科技创新所渗透的科技文化和创新意志。长期以来,西方科技创新的思想主导全球科技思潮,以其思想的优越和科技的二分来解构其他民族和文化的思想成就,弱化其他民族的科技贡献和思想价值,诸如中国古代有没有科学、现代科学与工业革命为什么没有出现在近代中国等问题,以西方科技标准为前提,从根本上动摇全民族的科学信心。

西方科技创新思想虽然催生了丰厚的科技创新成果并极大提高了生产力水平,但同时也带来了严重的科技冲击,并不能很好地处理人与社会、自然之间的关系。汤因比曾指出"工业方式并没有消除特权阶级和被剥削阶级这种传统社会的分裂,同时又使人心理和自然环境陷入日益紧张的状态。这种紧张状态如

果不能得到缓解,迟早会导致崩溃"①。西方借助科技力量所推行的霍布斯丛林法则给世界上越来越多的人带来了黑暗、恐惧、仇恨和衰亡。一方面基于不合理的国际秩序、不公平的国际关系、不对等的国际地位,科技正在以霸权的形式展现出其促进生产力的革命性力量。另一方面科技霸权将其他民族的创新思想规制在无法贡献科技文明的起点上,科技思想的单一线性阻断了科技文明创造的多元融合。对此,我们必须认清这一点,并非民族不行、并非种族优越,根本上是初始占有资源的多寡和资源配置结构上的差距。

为此,我们一方面必须敢于突破西方科技思想的魔咒,以顽强的创新意志探索、开辟科技的新疆域,打破科技思想局限的边界。另一方面要注意反对科技思想霸权和文化霸权并不意味着反对开放协作,反而是以更加积极的态度推进科技开放协作,主动参与到全球科技治理中来,牵头提出重大科技议题,设立国际科技组织,对接国际科技规则框架,努力增进国际科技组织间的开放、信任和合作。

二、维护和塑造国家科技安全的优化重点

以新型举国体制保障国家科技安全分为两个方面,其一是以新型举国体制维护国家科技安全,其二是以新型举国体制塑造国家科技安全。维护国家科技安全主要侧重克服国家科技安全的威胁与侵害,采取近期、中期和远期的体制攻关。塑造国家科技安全所围绕的是基础、长远和更高层次的对国家科技安全的潜在影响。

(一)维护国家科技安全

维护国家科技安全主要体现为运用科技创新新型举国体制克服国家科技安全的威胁与侵害,提升国家科技力量的抗压、应变、对冲、反制的能力。维护国家科技安全涉及新型举国体制在关键核心技术、人才自主培养、"卡脖子"技术和基础研究等方面的应用优化。

1.关键核心技术攻关

充分发挥社会主义市场经济条件下新型举国体制的集中攻关功能,围绕关键核心技术,把握重点核心领域,进行协同创新和开放创新,以创新资源的合理配置支撑关键核心技术攻关。关键核心技术的攻关需要体制的保障,更重要的在于对关键核心技术的识别。如果我们的科技决策者无法准确地把握或者识别关键核心技术,而是跟风追逐,那么对于关键核心技术的突破而言,不仅效能是

---

① 汤因比.历史研究:下[M].插图本.上海:上海人民出版社,2019:617.

不足的,而且会丧失研发赶超的机遇。要善于从科技产品的市场竞争中、研发的战略走势上、技术形成的核心环节出发,探索建构关键核心技术的识别机制。例如从顶层战略科学家关键核心技术总结、基层企业竞争的关键核心技术难题、国际科技界的前沿技术的核心环节来不断筛选、提炼关键核心技术;设立年度关键核心技术问题发布机制,形成多主体发布、多类型推广的关键核心技术识别生成机制。

具体到社会主义市场经济条件下新型举国体制的运用方式,应该因地制宜、有所选择,即可以通过国家战略科技力量主导的企事业单位集中攻关,也可以通过国家力量组织核心企业攻关、企业主导的产学研深度融合、高校牵头的科教融合成果转化、战略科学家引领的研以致用的核心技术攻关、企业牵头与社会资源补充支持的应用支撑等多重模式。具体到国家力量可以充分运用国家战略科技力量,包括国家科研机构、高水平研究大学、科技领军企业、国家科研基础设施等在内的国家科技要素,建构一个科技创新研发全周期和全过程的创新资源支持体系。

2. 人才自主培养

人才是创新的第一资源,是各类科技突破赶超的根本。我国是人口大国,我国科技创新发展的现实需要、科技创新的竞争需要都决定了我们必须依托庞大的科技人才队伍。人才的数量、质量和结构必须是全方位、全层次的,既包括战略科学家、科技领军人才、创新团队、青年科技人才,也包括卓越工程师、大国工匠和高技能人才。

保持人才结构合理,不断培养更多拔尖创新人才,是我国人才培养的重要方面,但同时强化人才自主培养质量,提升人才培养的利用率,强化人才自主培养也是一个重要方面。我国人才培养的前期基础扎实,但后期使用和作用发挥不足,向外输送人才的结构性特点给我国自身科技创新的持续升级造成巨大困扰。要依托我国自身人口数量优势,强化人才自主培养,汇聚天下英才。

无论是对于拔尖创新人才的培养还是对于人才质量的整体提升,新型举国体制对教育乃至科技人才的培养作用都至关重要。我国新型举国体制既具有兜底保障的基础优势,又具有集中攻关塑造拔尖创新的尖端优势,这两个方面是破解我国人才培养难题、提升人才培养质量的重要抓手。

基于新型举国体制,一方面要集中独特优势资源对顶尖人才进行集中培养,抓住基础研究的人才利用空间,为青年顶尖人才提供广阔天地,破解顶尖人才自主培养的难题。另一方面提升人才培养体系的基础保障功能,以兜底保障确保人才资源得到基础支持。注重依托企业,推动科研机构、项目等多重形式参与国际顶尖人才引进,汇聚全球顶尖人才,形成科技创新高地。在推进人口大国向人才强国转变、人口红利向人才红利转变的过程中,激发各类人才的创新创造活力。

3."卡脖子"技术攻克

"卡脖子"技术难题的攻克要建立在对"卡脖子"技术的充分了解和掌握的基础上。我们当前对"卡脖子"技术的把握具有滞后性,被卡之后才意识到,因此亟须构建"卡脖子"技术预测机制和"卡脖子"技术总结筛选机制,要认识到"卡脖子"技术的历史来源、未来走向和突破关键。

"卡脖子"技术难题本质上来源于以往科技创新研究的空白与洼地,同时"卡脖子"技术难题的存在与出现也是动态的,并非是恒定的。有的问题现在不是"卡脖子"问题,而未来可能成为"卡脖子"问题。有的现在可能是"卡脖子"问题,但伴随科研攻关可能就不再是"卡脖子"问题。面对科技革命的变化趋势,对"卡脖子"技术难题的把握要基于国家安全的底线来考虑,既不能盲目跟风、浪费创新资源,也不能无动于衷、错过发展赶超时机。"卡脖子"技术难题的直接结果就是受制于人,直接体现为各行业各产业的核心问题缺少替代性的抗压应变能力、对冲反制能力。

因此对于新型举国体制而言,构建攻克"卡脖子"技术的新型举国体制核心一方面是要找准问题,从最紧急、最紧迫的科研问题出发。充分发动科技协会、科研院所、科技企业、科研机构进行年度的科研问题总结,比如中国科学技术协会2023年发布的10个前沿科学问题、9个工程技术难题和10个产业技术问题。针对企业的科技需求进行系统调研,尽快形成"卡脖子"问题的主动预测和技术筛选机制,主动总结提出"卡脖子"难题的清单。另一方面既要看到问题的凸显性,又要看到问题的潜在性,从系统格局出发,举一反三突破"卡脖子"技术难题。尽可能均衡布局前沿基础研究,避免解决了现存"卡脖子"难题,又产生新型"卡脖子"难题。新型举国体制优化需要注重对关键核心的基础性问题进行分析总结,尽可能提前布局空白和薄弱的科技领域,力求在关键时刻获得替代性的抗压应变对冲反制能力。

4.基础研究的巩固

基础研究是一种"不预设任何特定应用或使用目的的实验性或理论性工作,主要目的是为获得已经发生的现象和可观察事实的基本原理、规律和新知识"[①]。基础研究的成果通常表现为提出一般原理、理论或规律,并以论文、著作、研究报告等形式为主。

---

① 《国家科技安全知识百问》编写组.国家科技安全知识百问[M].北京:人民出版社,2021:32.

无论是关键核心技术难题,还是"卡脖子"技术难题,其根源还是基础研究的问题,基础研究搞不好,应用研究就会出现各种安全隐患和风险。基础研究与关键核心技术、"卡脖子"技术难题紧密相连。基础研究跟不上,关键核心技术突破不了,最终就会成为"卡脖子"问题。今天的基础研究空白就是明天的关键核心技术难关,也是后天的"卡脖子"技术难题。

日本政府在1980年就提出"科学技术立国",强调不能一味利用别国基础研究成果开发"追随型"技术,要独立创造研究开拓型技术。日本在1994年提出告别"模仿与改良的时代"[①]。新型举国体制在基础研究领域的路径优化:在思想上首先要着力破除自由探索和集中攻关的思想对立,以新型举国体制度基础保障支撑前瞻引领型的自由探索,以自由探索来发现基础研究的突破点;其次,在组织上充分发挥新型举国体制的技术攻关能力,从深层次目标建构中支撑基础问题攻关;最后,注重运用市场引导技术迭代,提出基础研究议题,通过科技应用牵引来拉动基础研究的突破,从研发源头和应用底层的基础问题中找到科技赶超的支点。

(二)塑造国家科技安全

塑造国家科技安全侧重的是通过新型举国体制从更为长远、更为基础、更高层次对国际科技格局和国际科技秩序进行未雨绸缪、因势利导的影响,提升我国在世界科技领域标准的话语权和主导权。一方面包括对国际科技合作的影响和引领,另一方面内含着国家科技潜在的雄厚实力,比如国家科技安全的持续领跑力、优势领域的持续发展力、空白领域的前瞻布局力、国际科技协作的牵头引领力。

1. 抢占新一轮科技产业革命的制高点

准确把握"卡脖子"技术、关键核心技术和基础研究的问题症结,系统性地把握技术难题的来源、结构和走向。既要关注当下"卡脖子"技术难题,又要注意未来可能的"卡脖子"领域。提前在基础研究领域布局或跟进,下好先手棋、打好主动仗。科技三产的配套服务、生物科技领域等薄弱环节要积极行动,抢抓未来发展的制高点。在初级产品供给和能源资源安全保障方面,我国已经行动起来,结合双碳目标推动基础性产品保障是我国的战略性措施。

在未来竞争和发展制高点方面,要准确把握科技进步大方向,强化战略导向和目标引领。特别是瞄准聚焦下一轮科技革命的重点领域,在生物科技领域尽快激活新型举国体制,加速生物科技的跟进,避免错失新科技革命。在基础产品

---

① 李慧敏,陈光.日本"技术立国"战略下自主技术创新的经验与启示:基于国家创新系统研究视角[J].科学学与科学技术管理,2022,43(2):3-18.

保障领域,发挥新型举国体制的战略保障功能。在战略必争领域积极进行前瞻谋划,实施关系国家全局和长远发展的重大科技专项。

未来竞争和发展的制高点,伴随发展同样会成为影响和引领国际科技合作的重要依托,因此积极抢占科技高地是我们塑造国家科技安全的重要抓手。

2. 重大创新前沿的战略研判

重大创新前沿领域是各国的战略必争之地,是可预见的战略双方竞争的领域,对这些领域的超前研判是决定战略成败的关键。战略必争的前提基于战略共识,重大创新领域的选择是战略共识基础上对创新领域的战略研判。2018年,习近平总书记明确概括了前沿重大创新领域及其发展态势,"信息、生命、制造、能源、空间、海洋等的原创突破为前沿技术、颠覆性技术提供了更多创新源泉,学科之间、科学和技术之间、技术之间、自然科学和人文社会科学之间日益呈现交叉融合趋势"①。

我国科技创新要在必争领域开拓创新高地就必须前瞻性地谋划重大创新前沿问题,抓住重大创新领域的两头:一头是科技创新源泉,涉及根技术和仪器设备;另一头是科技创新的未来发展趋势与方向,涉及科技进展与市场牵引。善于从科技源头思考问题,在相同赛道上整合力量,探索新极限。在不同赛道上集中力量,开辟新领域。特别需要积极应对美国的技术脱钩,在各类科学研究的根技术、科技服务业、高端科技仪器的进口方面顶住外部压力。

以新型举国体制进行重大创新领域的战略研判,一方面,整合发挥多元学科力量,在供给端做好顶层设计,以国家战略科技力量、科研院所、研究型大学、战略科学家、科技领军人才为主体,在学科创新源泉方面征集、提出、提炼重大创新前沿的重要问题。另一方面,在科技需求端,整合科技领军企业、应用科学家、科技交易市场、政府相关部门、科技产品服务对象,总结科技发展的现实需求,围绕科技体验弱点、科技应用难点、科技产品突破瓶颈进行总结提炼,梳理科技创新未来发展趋势的关键共性技术、瓶颈约束技术。

3. 撒手锏、颠覆性、非对称科技的超前谋划

在别人的科技基础上建构应用大厦,同样摆脱不了受制于人的局面。面对国际科技制裁的遏制、封锁、打压,最有力的回击就是突破、对冲、反制。摆脱受制于人的关键一方面需要同步跟进的赶超竞争,另一方面需要非对称的对冲反制。撒手锏、颠覆性、非对称的科技即是对冲反制的重要科技手段。

无论是撒手锏技术还是颠覆性技术,其中的共性在于其非对称性,这是相对

---

① 习近平.努力成为世界主要科学中心和创新高地[EB/OL].(2021-03-15)[2024-01-12].https://www.gov.cn/xinwen/2021-03/15/content_5593022.htm.

于战略对手的技术优势而言的,是对战略对手技术路径的改变,是对已有传统或主流技术进行局部突破的威胁和根本性替代的技术。由于撒手锏、颠覆性和非对称技术的前提是战略双方的实力不对等,因此培育布局撒手锏、颠覆性和非对称技术的关键在于对自己发展方向与重点的把握和对整体技术格局的认识。

以新型举国体制保障国家科技安全,一方面需要在对世界科技创新与产业变革趋势精准分析研判基础上,寻找到战略对手空白或者薄弱环节,主动跟进、精心选择、深耕突破。加强战略安全的研判分析,及时跟进总结国际科技竞争研发经费投入走向、科研人员集中领域、论文专利的学科来源。另一方面找准科技创新主攻方向和突破口,特别是结合自身发展需要瞄准新科技革命的重点领域。选择基于新科技革命发展重点的技术要注重立足自身的需要,而不能盲目跟风,把别人的需求当成自己的需求。

4. 解放思想,突破现有科研-经济-产业的框架束缚

国家科技安全的塑造能力在一定程度上取决于赶超主体思想解放的程度,以新型举国体制为基础塑造国家科技安全的思想前提就是突破既有的观念束缚。一方面是新型举国体制的观念定式,认为新型举国体制有严格的适用领域,只适合技术路径清晰条件下的科技突破和重大工程建设,只适合局部技术突破而面对全球产业链无能为力,只适合高度集中计划性的领域而不能与市场化、产业化相结合,因而不能泛化到其他领域。另一个方面是科技发展高度、视角方法和方向的观念定式,美西方走在科技领域的前沿和最尖端无法超越,美西方没有实现的事情其他国家也不可能实现,美西方没有去做的事情就是不重要的或者没有意义的事情。

思维观念的定式是科技发展突破道路上的第一重障碍,也是最根本的障碍,思想的束缚一旦形成就必然投射到科技实践当中,科技也就难以达到新极限、难以开拓新疆域,更不可能站上制高点。习近平总书记在文化传承座谈会上分析"两个结合"是我们取得成功的最大法宝时,强调"'结合'本身就是创新,同时又开启了广阔的理论和实践创新空间。第二个结合让我们掌握了思想和文化主动,并有力地作用于道路、理论和制度"[①]。广阔的理论和实践创新空间、思想和文化的主动,就是我们在科技领域敢于斗争、敢于胜利的底气和基础。

以新型举国体制来保障国家科技安全,就是要突破思维观念定式的束缚,在实践中不断探索不同形式的新型举国体制模式,集中创新资源和科技力量,做前人没有做过的事。以科技迭代与制度迭代的同步升级,形成生产体系的高度计

---

① 习近平.在文化传承发展座谈会上的讲话[EB/OL].(2023-08-31)[2024-01-12].https://www.gov.cn/yaowen/liebiao/202308/content_6901250.htm.

划性、组织性和迭代性,以愚公移山的不懈奋斗精神对冲、反制美西方对我国产业链的封锁、打压和制裁。华为Mate60的市场化已经从实践上证明了以新型举国体制保障国家科技安全、对冲科技风险、反制科技霸权的科学性。以华为为代表的中国企业,依托国家统筹协调支持,为企业发展开辟多元资源支撑通道,充分攀登生产力高峰,实现了生产力与组织力的叠加倍增。统一的国内大市场的应用牵引,进一步带动了生产效能的系统涌现。

未来我们需要通过新型举国体制创造更多更坚实有力的实施模式,以生产力体系的高度计划性、组织性和迭代性来突破美西方的科技框架,建构新型的科技经济产业相互融合的生产文明。中国的科技工作者也必将以扎实的创造性突破揭示芯片的本质"是人造的,不是神造的",为捍卫国家科技安全,为世界和平发展贡献更多的先进生产力文明。

第六章　意识形态安全论纲

意识形态安全是总体国家安全观的重要组成部分，是推进中国式现代化、实现中华民族伟大复兴的坚强思想保障。在新时代，确保意识形态安全、做好意识形态工作是党的一项极端重要的工作。这不仅是事关举什么旗、走什么路、做什么人的现实问题，而且更是事关党的前途命运、国家长治久安、民族凝聚力和向心力的长远问题。习近平总书记指出："一个政权的瓦解往往是从思想领域开始的，政治动荡、政权更迭可能在一夜之间发生，但思想演化是个长期过程。思想防线被攻破了，其他防线就很难守住。"[①]如果意识形态安全防线守不住、出了颠覆性问题，会导致政权瓦解、社会动荡、人心离散，那么中华民族伟大复兴就无从谈起。在世界百年未有之大变局下，国际形势加速演变、大国竞争日益激烈，中华民族伟大复兴的新征程上必然面临诸多艰难险阻，意识形态领域已经成为西方阻挠攻击中国发展、肆意污蔑中国形象、挑起中国内外部冲突的重要突破口。西方凭借其话语霸权对中国等不同于己的国家持续进行意识形态的全面渗透与重点攻击，较为典型的表现是蓄意在世界范围内大力渲染现代化就是西方化、"中国威胁论"、文明冲突论等西方话语理论，刻意误导、诋毁、丑化中国，对中国的意识形态安全形成严峻挑战。习近平总书记强调："对那些妖魔化、污名化中国和中国人民的言论，要及时予以揭露和驳斥……让当代中国形象在世界上不

[①] 中共中央文献研究室.习近平关于社会主义文化建设论述摘编[M].北京：中央文献出版社，2017：21.

第六章　意识形态安全论纲

断树立和闪亮起来。"①因此,面对西方对中国现代化及其发展的意识形态攻势,我们必须坚决发扬斗争精神。围绕西方话语理论的三个代表性观点,通过批判性分析揭露其意识形态本质,解构西方话语霸权,让可信、可爱、可敬的中国形象在世界闪亮起来。

第一节 "现代化就是西方化"的神话祛魅

为什么人们一提到现代化就往往把其等同为西方化?现代化就是西方化的神话是如何塑造起来的?现代化的历史发展及其理论溯源,有助于我们理清这一神话确立的内在逻辑,从而打破现代化就是西方化的幻象,实现意识形态神话的祛魅。

一、现代化就是西方化的意识形态神话建构

意识形态这一概念最初是由拿破仑时代的法国思想家德·特拉西提出的,意指关于观念的科学。马克思和恩格斯在德意志意识形态批判中赋予了其现代意义,指出意识形态具有虚假性和阶级性等。即资产阶级以人民普遍利益的代表自居,通过普世价值的意识形态诱导人们沉溺于虚假幻相中,以实现阶级统治的目的。尽管意识形态具有虚假性和阶级性,但是并不是凭空产生的,任何一种意识形态神话的建构都源于特定的社会存在及其现实需求。正如马克思所说"如果在全部意识形态中,人们和他们的关系就像在照相机中一样是倒立成像的,那么这种现象也是从人们生活的历史过程中产生的,正如物体在视网膜上的倒影是直接从人们生活的生理过程中产生的一样。"②因此,要揭示现代化就是西方化的意识形态神话建构就必须从西方资本主义现代化的历史运动和理论研究来考察。

从世界历史的发展来看,现代化肇始于西方,资本主义现代化是现代化的原生模式。资本主义发展促进了人类社会从农业社会向工业社会大转变的过程,这是现代化的发动过程。现代化以工业化为核心,但是不止于此,而是包括现代生产力基础上生产、生活、社会、制度、文化、思维等全方面、多方位变革的系统体系。16世纪,世界历史进入了资本主义时代,这是人类社会发展的一个新阶段。

---

① 中共中央文献研究室.习近平关于社会主义文化建设论述摘编[M].北京:中央文献出版社,2017:202.
② 马克思,恩格斯.马克思恩格斯文集:第1卷[M].北京:人民出版社,2009:525.

西方资本主义国家通过野蛮的殖民扩张等方式大量掠夺资源、积累财富、拓展市场等,为推动现代化奠定了有利的外部条件。随着海外市场的拓展和商品需求的倍增,推动生产革命以追逐更多利润越发紧迫。英国率先拉开了工业革命的大幕,促进了资本主义生产力的提高。"第一次现代化大浪潮是由第一次工业革命推动的,时间是从18世纪后期到19世纪中叶,这是由英国开端然后向西欧扩散的工业化进程。"[1]"19世纪下半叶至20世纪初,工业化和现代化在欧洲核心地区取得巨大成就并向周围地区扩散,并越出欧洲向异质文化地区传播,于是形成了推动现代化的第二次大浪潮。这次大浪潮使"西化"或"欧化"成为鲜明的历史发展潮流。"[2]通过现代化发展的前两次大浪潮,可以看到现代化历史进程最初是从英国开始、扩展到欧洲,并越出欧洲、向世界发展的。这使现代化打上了西化的历史痕迹。现代化就是西方化的意识形态神话刻意把这一历史痕迹凝固化、永恒化了。

从现代化的理论研究来看,它兴起于第二次世界大战结束后的冷战时期,并在20世纪60年代风行一时。"现代化理论是在第二次世界大战后的全球性工业化高潮阶段形成的关于社会变迁的新理论架构。"[3]第二次世界大战后世界分裂为两大阵营,呈现出东西方对立的冷战局面。美国从其全球战略出发,为把更多国家纳入美国设想的世界格局,提出并支持了现代化的相关研究,从而汇聚了众多学者,形成了以美国为中心的现代化研究基地。可以说,现代化理论研究一开始是服务于美国的对外政策的,带有明显的反共意识形态。美国经济史学家罗斯托把《经济成长的阶段》(1960年出版)一书的副标题命名为"非共产党宣言",直接挑战马克思主义,认为美国是现代化的国际样板。美国社会学家帕森斯把美国"吹嘘为现代社会发展的典范",认为"现代化的过程不仅是'西方化',实质上是'美国化'"。[4] 现代化研究的这一阶段以美国学术界为基础,主要对非西方发展中国家的现代化发展进行思考。但是,相关思考立足于西方社会,从西方现代化历史发展中形成理论发展的一般图式,进而向世界输出现代化就是西方化的发展模式与发展观念。通过美国政府与西方学术界有意识的联手打造,

---

[1] 罗荣渠.现代化新论:世界与中国的现代化进程[M].增订本.北京:商务印书馆,2004:140.

[2] 罗荣渠.现代化新论:世界与中国的现代化进程[M].增订本.北京:商务印书馆,2004:144.

[3] 罗荣渠.现代化新论:世界与中国的现代化进程[M].增订本.北京:商务印书馆,2004:27.

[4] 罗荣渠.现代化新论:世界与中国的现代化进程[M].增订本.北京:商务印书馆,2004:31.

现代化就是西方化的意识形态神话迅速建构起来,并通过多种途径向世界扩展开来,成为反马克思主义、反共产主义的意识形态工具。

二、现代化不等于西方化的理论论证

部分西方现代化论者认为马克思在1867年《资本论》第一卷德文第一版序言中的话,"工业较发达的国家向工业较不发达的国家所显示的,只是后者未来的景象"①,是支持现代化就是西方化的有力论据,说明落后国家发展要以西方发达资本主义国家为样板,走资本主义现代化发展道路。但是,马克思真的认为所有国家不论具体情况如何,都必须要经历西方资本主义的起源与发展,走资本主义现代化道路吗?当然不是!在1881年给维·伊·查苏利奇的复信初稿中以及1877年写给俄国《祖国纪事》杂志编辑部的信中,马克思一再强调《资本论》所描述的资本主义产生的历史必然性明确地"限制在西欧各国的范围内"②,"他一定要把我关于西欧资本主义起源的历史概述彻底变成一般发展道路的历史哲学理论,一切民族,不管它们所处的历史环境如何,都注定要走这条道路……(他这样做,会给我过多的荣誉,同时也会给我过多的侮辱。)"③。前后看似冲突的观点,实际上体现了不同时期马克思理论研究的持续推进,一以贯之的是历史唯物主义的主线。马克思晚年对东方社会的研究,尤其是对"卡夫丁峡谷"问题的思考,从理论上否定了资本主义的普遍性,奠定了现代化不等于西方化的理论基础,推进了对历史唯物主义的丰富和深化。

"卡夫丁峡谷"的典故出自古罗马史。公元前321年,萨姆尼特人在古罗马卡夫丁城(今意大利蒙泰萨尔基奥)附近的卡夫丁峡谷击败了罗马军队,并迫使罗马战俘从峡谷中用长矛架起的形似"牛轭"的"轭形门"下通过,借以羞辱战败的罗马军队。后来,人们就以"卡夫丁峡谷"来比喻灾难性的历史经历,"卡夫丁峡谷"成为"耻辱之谷"的代名词。1881年,马克思在回答查苏利奇关于俄国农村公社的可能命运以及资本主义生产各阶段的历史必然性问题时,在复信初稿中引用了"卡夫丁峡谷"的典故④。马克思用"卡夫丁峡谷"意指资本主义以及由其所引发的各种危机和灾难。在马克思是否提出了东方社会可以跨越"卡夫丁

---

① 马克思,恩格斯.马克思恩格斯文集:第5卷[M].北京:人民出版社,2009:8.
② 马克思,恩格斯.马克思恩格斯文集:第3卷[M].北京:人民出版社,2009:570.
③ 马克思,恩格斯.马克思恩格斯文集:第3卷[M].北京:人民出版社,2009:466.
④ 马克思,恩格斯.马克思恩格斯文集:第3卷[M].北京:人民出版社,2009:575.

峡谷"的研究中,中国学术界存在多种不同的观点。① 但是,马克思在这一问题上持有谨慎态度,是得到一致认同的。唐正东提出从"强肯定性"和"弱肯定性"的意义上来理解这一问题无疑具有重要的启发价值。《资本论》第一卷发表后在俄国国内引发的主要争论,即从马克思关于资本主义产生、发展的历史必然性中能否推论出俄国必须走资本主义道路的结论。"通过对马克思关于俄国公社的研究历程的深入梳理,可以发现当马克思谈到俄国村社非资本主义发展的理论上的可能性时,他是站在'强肯定性'的意义上的,但当他谈到这种发展的实践上的可能性时,他实际上是站在'弱肯定性'的意义上的。"② 具体而言,马克思从俄国农村公社与世界资本主义、俄国政治革命与世界无产阶级革命的历史辩证关系中,在"强肯定性"意义上认为俄国农村公社具有跨越"卡夫丁峡谷"的理论可能性。"假如俄国革命将成为西方无产阶级革命的信号而双方互相补充的话,那么现今的俄国土地公有制便能成为共产主义发展的起点。"③ 继爆发俄国革命及其成功引发西方无产阶级革命,才在"弱肯定性"意义上为俄国农村公社提供非资本主义发展的实践可能性。所以,在主客观条件具备的情况下,跨越资本主义的"卡夫丁峡谷"具有理论上和实践上的可能性。资本主义发展道路不具有历史必然性,资本主义现代化当然也不是现代化的唯一模板,现代化并不等于西方化。从世界历史视角看,发达工业国已有的历史过程向其他国家显示的方向和必经阶段只有作为"参照系"④的参考意义。

三、现代化不等于西方化的实践证明

如果说现代化的前两次大浪潮主要集中在欧洲、北美,那么现代化的第三次大浪潮则是工业化国家对非工业化国家的全球性大冲击,形成了现代化的世界性效应。"现代化的第三次大浪潮出现在20世纪下半叶。这是一次真正全球性变革的大浪潮"。⑤ 伴随着以电子信息为代表的科技革命(第三次工业革命),发达工业国家开始工业换代,实现初级工业化向高级工业化升级。先行现代化的

---

① 俞良早.评学术界对马克思东方社会理论的研究[J].中国延安干部学院学报,2021,14(5):18-48.

② 唐正东.马克思关于俄国农村公社命运的思考与历史唯物论的深化[J].常熟理工学院学报,2006,20(3):21-28.

③ 马克思,恩格斯.马克思恩格斯文集:第2卷[M].北京:人民出版社,2009:8.

④ 丰子义.现代化的理论基础:马克思现代社会发展理论研究[M].北京:北京师范大学出版社,2017:42-43.

⑤ 罗荣渠.现代化新论:世界与中国的现代化进程[M].增订本.北京:商务印书馆,2004:148.

美国和西欧达到了现代化的新高度,美国成为这次现代化浪潮的中心。同时,第二次世界大战后,旧殖民主义体系瓦解,第三世界国家纷纷通过民族解放运动获得了独立。在世界现代化浪潮的席卷下,曾经处于世界发展边缘的广大亚非拉国家第一次卷入革命性变革的大潮,积极融入现代化进程,明确提出以现代化为发展口号。以美国为中心的西方现代化先行国家通过意识形态宣传以及对外援助等方式积极输出现代化就是西方化,促使后发国家走西方现代化道路。但是,随着资本主义发展性危机以及后发国家效仿西方化发展道路碰壁,现代化就是西方化受到了质疑和批判。拉美国家提出依附理论说明第三世界国家落后的历史根源与发展问题,试图为拉美以及第三世界开辟出现代化发展的新路。而苏联及东欧国家在面临发展困境等问题时,选择改旗易帜,在走西方化道路之后,不仅没能踏入发展的快车道,反而出现整体性衰落。这从反面说明现代化就是西方化、以欧美现代化模式作为现代化唯一道路在实践上是行不通的。当今世界的现代化发展无疑具有多样性和复杂性,后发国家必须根据本国国情走适合自己发展的现代化道路。中国作为后发国家按照社会主义方式创造性地探索符合本国实际的现代化发展道路,成功开辟了中国式现代化,正面回击并打破了现代化就是西方化的神话。

  中国的现代化始于19世纪60年代的洋务运动。鸦片战争之后,中国被迫卷入了世界现代化浪潮,从此以后现代化就成为中国人孜孜以求的目标。但是,由于列强环伺、山河破碎,现代化的探索时断时续、举步维艰。1949年,中华人民共和国成立,中国才在真正意义上走上了独立自主探索现代化的道路。可以说,中国式现代化的实践,就是中国共产党带领中国人民谋求中华民族伟大复兴、实现人民美好生活的奋斗史。它是不同于西方式现代化的现代化新道路。从现代化的起步时间来看,西方资本主义国家是先发现代化国家,中国则是属于后发现代化国家。从现代化的发展方式来看,早期西方资本主义国家主要是由社会自身力量发展引发内部变革,属于内源型现代化,中国则是由于西方列强的外部入侵被动卷入现代化,属于外源型现代化。从现代化的发展过程来看,"我国现代化同西方发达国家有很大不同。西方发达国家是一个'串联式'的发展过程,工业化、城镇化、农业现代化、信息化顺序发展,发展到目前水平用了二百多年时间。我们要后来居上,把'失去的二百年'找回来,决定了我国发展必然是一个'并联式'的过程,工业化、信息化、城镇化、农业现代化是叠加发展的。"①通过"四化"并联式发展,中国式现代化大大缩短了时空成本,在借鉴西方现代化经验

---

  ① 中共中央文献研究室.习近平关于社会主义经济建设论述摘编[M].北京:中央文献出版社,2017:159.

教训的基础上,也极大减小了现代化的代价。从现代化的模式来看,西方是以资本主义生产方式推动的资本主义现代化,中国则是以社会主义生产方式推动的社会主义现代化。从现代化的逻辑来看,西方资本主义现代化是坚持资本至上的资本逻辑,中国则是坚持人民至上的人民逻辑。在中国共产党的领导下,充分发挥人民的历史主动精神,我国创造了世所罕见的经济快速发展奇迹和社会长期稳定的奇迹,迎来了中华民族从站起来、富起来到强起来的伟大飞跃。中国式现代化的成功实践破解了后发国家现代化进程中普遍面临的"现代化悖论",开辟了后发国家走向现代化的新道路,拓展了现代化的路径选择,为后发国家实现现代化提供了中国智慧与中国方案。作为社会主义现代化的成功实践,中国式现代化实现了对先发资本主义国家的快速追赶,"打破了只有遵循资本主义现代化模式才能实现现代化的神话,将西方现代化模式从'唯一'模式还原为'之一'模式。"①现代化就是西方化作为西方编织的意识形态神话,体现了西方中心论和西方优越论的心态,以此掩盖西方对异己发展道路的理论和制度等的攻击、抹黑。但是,无论理论还是实践都充分证明,现代化不等于西方化。

第二节 "中国威胁论"的解构

为什么长期以来"中国威胁论"的论调始终不绝于耳?是"谁"在国际舆论场域中通过话语引导有意塑造"中国威胁论"这一极具挑衅性的反面形象?他们不遗余力地积极推动并大力渲染"中国威胁论"的目的何在?通过对"中国威胁论"的历史性考察,有助于理清其形成发展的历史线索,进而洞悉表象话语塑造背后的内在本质,破解"中国威胁论"的意识形态谎言。

一、"中国威胁论"的历史考察

"中国威胁论"的论调视中国为威胁,认为中国的存在和崛起构成对其他国家的威胁,这是西方对中国进行蓄意丑化、攻击和抹黑中国形象的常用话语工具。从历史溯源上看,"中国威胁论"发端于黄祸论。1873年,俄国无政府主义者巴枯宁在《国家制度和无政府状态》中首次提到黄祸论,认为中国是来自东方的巨大威胁,成为黄祸论的始作俑者。黄是种族,祸是祸乱,意指中国为祸乱之源。1895年,德皇威廉二世送给俄国沙皇尼古拉二世一幅《黄祸图》,随后黄祸

---

① 洪银兴.中国式现代化论纲[M].南京:江苏人民出版社,2023:59.

论开始闻名于世。这幅图中欧洲列强被描绘为手拿武器的战士,在天使长圣米迦勒的引领下,准备对抗暗黑乌云中骑龙的佛陀,显然这是一条来自远东的中国龙。因为龙是古老中国的图腾标志,中国人也一直自称"龙的传人",以龙隐喻中国。威廉二世通过此图意在让西方列强联合起来,共同对抗作为祸患的中国。可见,黄祸论是在西方殖民主义的背景下,由西欧列强鼓噪推动并在西方世界流行起来的歧视话语。西方运用二元对立的思维模式,有意虚构了西方与东方种族之间高贵与低贱、优越与粗鄙、文明与猥亵、福音与灾祸等的绝对对立,为其对外殖民政策和对内排华浪潮提供话语支持。

第二次世界大战以后,随着西方旧殖民主义体系的瓦解,社会主义阵营的力量空前加强,整个世界形成了资本主义与社会主义两大阵营对峙的局面,世界进入美苏为首两极对立的冷战格局。在美苏冷战的大背景下,20世纪50年代,美国为首的西方国家开始炒作"中国威胁论"。美国认为中国革命的胜利有可能在东南亚引起多米诺骨牌效应,从而对美国形成"红色威胁"。黄祸论演化为赤祸论,体现了"中国威胁论"在特定历史条件下的形式变化。1950年,朝鲜战争爆发后,美国在联合国宣传"中国对邻国的威胁"。尼克松总统时期,制定的世界战略为"一个半战争"战略,指出在与苏联全面大战的同时,与中国打局部战争,中苏都是美国的敌人和威胁。纵观冷战历史,美国的主要威胁是苏联,但是出于意识形态和社会制度的差异性考虑,美国在国际舆论场域炒作过"中国威胁论"。在美国等西方国家编织的意识形态话语宣传中,中国是社会主义国家,社会主义国家必然是专制、独裁、邪恶、无人性的,社会主义制度的原罪性成为美国等西方国家炒作"中国威胁论"的话语策略。

冷战结束后,苏联解体导致国家整体实力严重下滑,不再成为美国的主要敌人和威胁。为了维护美国的世界利益和全球领导,美国开始寻找下一个敌人,正如"遏制之父"凯南所讲,"文明美国人真奇怪,时时刻刻都想在文明的国境之外找到一个罪恶的中心,以把文明所有的麻烦都算在它身上"。[①] 中国作为迅速发展的社会主义大国,不可避免地成为美国选择的最佳对象。以美国为主要推手、盟友参与助推,加上西方学者的各种学术包装,"中国威胁论"在20世纪90年代泛滥起来,从此以后不断翻新花样,成为攻击中国的万能武器。具体来讲,从20世纪90年代迄今,"中国威胁论"大致经历了三个阶段[②]。第一阶段,20世纪90年代,以美日为主要鼓吹手,在1992—1999年之间掀起了四次来势凶猛的"中国威胁论"浪潮。从内容上看,主要涉及传统的政治、经济、文化、军事等领域,对共

---

① 凯南.美国外交[M].葵阳,译.增订本.北京:世界知识出版社,1989:10.
② 苏珊珊.冷战后"中国威胁论"的历史演变[J].社会主义研究,2019(2):140-147.

产主义、社会主义的仇视成为西方观察中国的有色眼镜。于是,中国的崛起被认为对美国形成了更根本的挑战,中国成为美国想象中的潜在敌人。第二阶段,从21世纪初到2012年之间,以美国为主导,西方国家和部分发展中国家参与制造,使"中国威胁论"呈现向发展中国家传播的扩大化趋势。2004年,乔舒亚·库珀·雷默提出"中国模式",使"华盛顿共识"遭遇话语危机。2008年,全球遭遇金融危机,西方陷入经济衰退,中国逆势发展,成为世界经济引擎。2010年,中国GDP超越日本、制造业超越美国。快速崛起的中国,成为美国等西方国家眼中不断增大的威胁。"中国威胁论"不仅涵盖传统领域,更向发展模式、制度优劣、话语竞争、国际秩序、网络、移民等层次拓展。第三阶段,2012年迄今。在百年未有之大变局下,世界呈现"东升西降"的趋势,美国试图通过改变中国制度促使中国西化的幻想彻底幻灭,中国被美国视为正在进行的威胁。美、欧、印、日等国再次掀起"中国威胁论"的陈词滥调。2012年,美国实行"亚太再平衡"战略,联合盟友围堵遏制中国,不断扩大"中国威胁论"。随着中国扩大开放,加速走向世界,"中国威胁论"呈现出各种新形式。如军备竞赛威胁、"一带一路"威胁、文化"锐实力"威胁、5G网络威胁等,已然涵盖各领域、全世界,"中国威胁论"成为无所不包的政治标签。

二、"中国威胁论"的理论批判

纵观西方炮制"中国威胁论"的历史过程,经历殖民时期、冷战时期、后冷战时期的演变,从人种、民族到国家,从意识形态、共产主义制度到中国共产党领导社会主义发展的方方面面。透过西方意识形态的棱镜,中国在上述各方面都成为低劣、落后、邪恶、独裁、危险等的象征,更有甚者离谱地认为社会主义给世界造成灾难。习近平总书记强调:"'谎言重复一千遍就会变成真理。'各种敌对势力就是想利用这个逻辑!他们就是要把我们党、我们国家说得一塌糊涂、一无是处,诱使人们跟着他们的魔笛起舞。各种敌对势力绝不会让我们顺顺利利实现中华民族伟大复兴,这就是为什么我们要郑重提醒全党必须准备进行具有许多新的历史特点的伟大斗争的一个原因。这场斗争既包括硬实力的斗争,也包括软实力的较量。"[①]"中国威胁论"作为一种政治话语、一种意识形态谎言,通过西方政客、对华政策、国际舆论等多种方式大肆渲染,以达到围堵、打压、遏制中国的目的。但是,不可否认,没有西方学者的理论包装进行推波助澜,这种论调难以产生持续性影响。从这个意义上讲,"中国威胁论"政治话语背后体现的是西

---

① 中共中央文献研究室.习近平关于社会主义文化建设论述摘编[M].北京:中央文献出版社,2017:208.

方学术话语体系的建构与运作逻辑。"中国威胁论是一套西方学术话语体系的产物,该体系不仅含有西方思维模式和言说策略,而且包括西方传播主体和交流渠道。"① 通过学术话语人为构建西方与中国的对立,勾画中国危险、好斗、有野心的反面形象,然后利用西方话语霸权不负责任地进行国际传播。所以,"中国威胁论"真实与否不重要,重要的是部分西方学者通过学术话语想象的中国、创作的中国,能够在多大范围内唤起公众认知、影响政策制定,使西方针对中国的战略意图获得政治合理性。

这套西方学术话语体系背后隐藏的是权力,即西方主导的西方与中国的权力关系。进一步讲,西方学术话语站在西方中心论立场,为"中国威胁论"进行理论渲染,本身就是在西方对东方的霸权关系中言说中国的一种话语模式。正如萨义德所说:"西方与东方之间存在着一种权力关系,支配关系,霸权关系。"② 虽然,萨义德的东方学并不特指中国,但对揭示"中国威胁论"背后隐含的西方话语霸权是有重要理论价值的。因为东方学"与其说可以成为理解西方政治以及西方政治中所涉及的非西方世界的一个途径,还不如说是理解西方文化话语力量的一个途径"③。萨义德指出,正是西方学者的东方学研究人为界划了西方与东方的二元对立,东方成为静止不变的被审视的客体,作为西方人地理想象核心的东方成为西方种族优越、制度优越、价值优越等的暗黑陪衬,成为西方列强美化殖民主义暴行的遮羞布。"东方学话语创造的、内嵌于东方学的关于东方的知识起到了建构一个次属于、服从于西方支配的东方和东方人的意象的作用。"④ 而"关于'臣属种族'或'东方人'的知识使对他们的管理变得容易和有利可图"⑤。所以,在西方殖民主义政治背景中,看似中立的东方学话语,不过是西方凭借军事霸权强行推进的文化殖民,实际上充斥着帝国主义的意识形态想象。如果说,在第二次世界大战以前是以英国、法国为主的欧洲主导东方,那么第二次世界大战开始,美国上升到主导地位,但是它同样继承了欧洲的处理方式对待东方。在美国眼里,中国是东方的应有之义。通过政治话语与学术话语的齐头并进,在本体论层面上,美国继续坚持西方中心主义的立场,凸显西方特别是美国利益至

---

① 施旭,郭海婷.学术话语与国家安全:西方安全研究是如何制造"中国威胁论"的[J].学术界,2017(5):58-74,324.
② 萨义德.东方学[M].王宇根,译.北京:生活·读书·新知三联书店,2019:8.
③ 萨义德.东方学[M].王宇根,译.北京:生活·读书·新知三联书店,2019:33.
④ 阿希克洛夫特,阿卢瓦利亚.导读萨义德:原书第2版[M].王立秋,译.重庆:重庆大学出版社,2020:77.
⑤ 阿希克洛夫特,阿卢瓦利亚.导读萨义德:原书第2版[M].王立秋,译.重庆:重庆大学出版社,2020:76.

上；在认识论层面，美国继续坚持西方和东方的主客二元对立，确立美国主导支配东方的霸权地位；在价值观层面，美国继续坚持西方优越论，通过矮化、丑化东方彰显美国的道义形象。随着社会信息化的快速发展，美国等西方国家"妖魔化东方"的倾向愈演愈烈，"中国威胁论"作为一种妖魔化中国的话语权术，带有强烈的帝国主义意识形态假设。今天的中国，不是百多年前的中国，中国的发展和崛起已经成为现实。面对中国的崛起，西方应超越情感和意识形态，而不是继续停留在情感和意识形态，从而看不清真实的中国。

三、"中国威胁论"的实践解构

今天，西方基于"中国威胁论"衍生出多种多样的话语变种，比如新帝国主义、新殖民主义、数字威权主义、债权人帝国主义、中国崩溃论、中国共产主义扩展论、修昔底德陷阱等。从马克思主义的观点来看，话语观念总是源于社会存在的，意识形态投射亦是对社会存在的一种虚假反映。所以，美国等西方国家大肆散布"中国威胁论"及其各种变种，归根到底源自中国快速发展的社会现实。具体来讲，随着中华人民共和国的成立以及改革开放40多年来中国经济、军事、科技、文化等方面的快速发展，中国正在实现从大国到强国的转变，在某些方面甚至成为并跑和领跑者，越来越被外界视为具有全球影响力的国家。这必然引起持有冷战和新冷战思维的美西方的敌意。自第二次世界大战以来，美国一直保持对地区性大国的警惕，设置障碍防止地区性强国的出现，尤其是对中国这样一个具有不同社会制度和意识形态的国家怀有高度警惕，认为这会对美西方的世界领导地位和全球霸权利益形成挑战。所以，美国等西方国家在心理和情感上难以接受，在认识上更难以理性地看待中国崛起，仿佛中国的发展就意味着美国的衰退，于是"中国威胁论"就成为遏制中国、转嫁矛盾的有效话语工具。但是，正如习近平总书记所讲"中美各自的成功是彼此的机遇"①，也是世界各国的机遇，中国对世界发展的贡献和世界和平的捍卫有目共睹，实践证明并将继续证明"中国威胁论"是不成立的。

"中国威胁论"不仅从现实上看是不成立的，从历史上看也是难以成立的。中华民族是有着悠久历史传承的民族，在漫长的历史中曾在世界发展中处于领先地位。但是，中华民族历来爱好和平，不曾主动去侵犯其他国家，万里长城作为军事工事也不过是为了防御外敌入侵。经历近代西方列强入侵中国的灾难后，中国更不会把曾经被欺凌的屈辱强加于他国。中华人民共和国成立以来，我

---

① 新华社.习近平同美国总统拜登举行中美元首会晤[EB/OL].(2023-11-16)[2024-01-12].http://www.gov.cn/govweb/yaowen/liebiao/202311/content_6915560.htm.

国一直坚持防御性国防政策,不会谋求世界霸权,更不会主动侵略其他国家。但是,捍卫国家主权、守护领土、保卫人民、推进发展等问题是中国不容侵犯的底线,任何妄想触碰中国底线的挑衅和行为,中国决不答应。中国在近代历史上作为大而弱之国家,今天作为由大向强发展之国家,曾经被侵略、被掠夺还要被称为"威胁",今天要发展、要进步依然要被称为"威胁"。可见,带着意识形态的有色眼镜看中国,"中国威胁论"显得既荒谬又霸道,中国作为坚持自身制度、自身发展道路的大国、强国而存在就是原罪。应该认识到,"中国威胁论"是中国作为大国乃至强国发展中必须要面对的现象,这一现象还会不时沉渣泛起、不断花样翻新。但是我们必须理性客观看待并保持战略定力,不被外界各种杂音所干扰,集中力量发展自己,增强硬实力和软实力。通过硬实力给世界发展注入新动力,通过软实力增强中国国际话语权,双管齐下解构"中国威胁论",展现负责任的大国形象,让世界真正认识中国、理解中国。

第三节　文明冲突论的破解

为什么文明冲突论备受世界关注?不同文明难道只有冲突一途?如何破解文明冲突论的难题呢?通过对文明冲突论的理论探源,理解其思想核心及其形成的历史条件和理论背景,透视其文明话语背后的意识形态本质与霸权思维逻辑,有助于我们更好地理解习近平总书记关于文明的重要论述为破解这一难题提供的新思路和新方案。

一、文明冲突论的理论探源

1993年夏天,美国哈佛大学教授塞缪尔·亨廷顿在《外交》季刊上发表了一篇题为《文明的冲突?》的文章,提出文明冲突论的观点,迅速引起了国际学术界的广泛探讨和激烈争论。"鉴于人们对这篇文章的兴趣、误解和争论,我似乎需要进一步阐述它所提出的问题"[①],经过进一步思考,亨廷顿在1996年完成了《文明的冲突与世界秩序的重建》的理论著作,系统阐释了文明冲突论的思想。这一引发世界性争论的思想到底讲了什么呢?亨廷顿认为,"在后冷战的世界中,人民之间最重要的区别不是意识形态的、政治的或经济的,而是文化的区别。""在这个新的世界里,最普遍的、重要的和危险的冲突不是社会阶级之间、富

---

① 亨廷顿.文明的冲突与世界秩序的重建[M].周琪,译.北京:新华出版社,1998:前言1.

人和穷人之间,或其他以经济来划分的集团之间的冲突,而是属于不同文化实体的人民之间的冲突。"① 人类的历史是从文明思路来思考的文明的历史。文明②可以被视为一个文化实体,它是放大了的文化,是由宗教信仰、语言文字、人文历史、价值观念、社会习俗和各种体制等构成,文明冲突就是这些构成要素之间的冲突。出于认识当代世界的目的,亨廷顿把当代主要文明进行了具体分类,包括中华文明、日本文明、印度文明、伊斯兰文明、西方文明(欧洲、北美以及其他欧洲人居住的国家,如澳大利亚和新西兰)、拉丁美洲文明、东正教文明以及非洲文明(可能存在的)等八种文明。当代世界的冲突主要体现为不同文明的国家之间的冲突,文明的差异成为解释当代世界冲突的决定性变量。具体而言,不同文明都有其核心国家,"主要文明的核心国家正取代冷战期间的两个超级大国,成为吸引和排斥其他国家的几个基本的极"③。随着西方文明的势弱、非西方文明的伸张,文明全球均势的变化可能导致不同文明的核心国家间的战争,"伊斯兰的推动力,是造成许多相对较小的断层线战争的原因;中国的崛起则是核心国家大规模文明间战争的潜在根源。"④美国作为西方文明的核心,将联合欧洲等西方文明国家共同对抗非西方文明,捍卫西方文明,维护其共同利益。

　　文明冲突论的提出有其特定的历史条件和现实意图。正如亨廷顿所讲,写作《文明的冲突与世界秩序的重建》的目的是"要对冷战之后全球政治的演变作出解释",通过文明冲突论"渴望提出一个对于学者有意义和对于决策者有用的看待全球政治的框架和范式"⑤。所以,冷战结束后的世界新格局是他提出文明冲突论的历史条件。具体而言,第二次世界大战之后,由美国和苏联两个超级大国主导全球政治格局,形成了以他们为核心的东西方两大阵营的对抗。两极对立所造成的冷战模式是当时理解世界政治的认识框架。但是,随着冷战的结束,曾经的两极对立变成了美国的一极独大与世界的多元并起,冷战模式显然不再适应解读世界新格局。旧的认识框架已经被打破,新的认识框架亟须被提出,以满足冷战后对世界政治发展的观察和理解。同时,从现实的视角来看,当冷战时期作为西方集团共同敌人的苏联解体并转向西方之后,没有了共同的敌人,如何保持西方内部的团结以维持美国的领导地位,这是摆在美国面前的现实问题。

---

① 亨廷顿.文明的冲突与世界秩序的重建[M].周琪,译.北京:新华出版社,1998:6-7.
② 文明是人类创造的所有物质成果、精神成果和制度成果的总和,是标志社会进步程度的范畴,反映了人类社会实践活动的积极成果。亨廷顿所讲的文明内涵狭窄,偏重精神成果和制度成果,是以社会意识形态为主要内容的观念体系。
③ 亨廷顿.文明的冲突与世界秩序的重建[M].周琪,译.北京:新华出版社,1998:167.
④ 亨廷顿.文明的冲突与世界秩序的重建[M].周琪,译.北京:新华出版社,1998:230.
⑤ 亨廷顿.文明的冲突与世界秩序的重建[M].周琪,译.北京:新华出版社,1998:前言 2.

亨廷顿以文明范式取代以往的政治和意识形态范式,通过编织西方文明的独特性和价值观的美丽神话,如基督教、个人主义、民主政治、法制等,号召以西方文明对抗非西方文明,既达到了以文明为纽带团结西方盟友、重新确立共同敌人的目的,也为美国的全球战略提供了理论支持。

文明冲突论的提出也有其独特的理论背景。20世纪初,德国哲学家奥斯瓦尔德·斯宾格勒和英国历史学家阿诺德·约瑟夫·汤因比从文化或文明角度探讨人类社会关系以及历史发展规律的思想深深影响了亨廷顿。斯宾格勒认为人类的历史是各个文化的历史,如古典文化、西方文化、印度文化、巴比伦文化、中国文化、埃及文化、阿拉伯文化、墨西哥文化等,世界历史以西方文化为中心是不合理的,这只能是西欧人的自欺欺人。汤因比在1934—1961年陆续出版的12卷《历史研究》中,以文明作为世界历史研究的单位,具体分了20多种文明,认为各个文明是平等的,用挑战和应战模式解释不同文明的接触与后果,探讨文明在历史上的兴衰规律。他们从文明的角度看待世界历史发展,在正视多样性文明的基础上对西方文明进行反思,无疑给亨廷顿带来了灵感和启发。亨廷顿借鉴他们的思想,提出文明的冲突理论。但是,如何看待西方的文明与其他文明的关系?文明背后的权力对比将如何变化?亨廷顿通过两幅画做了形象说明。"第一幅是西方处于压倒一切的、成功的、几乎是完全的支配地位""是唯一能够影响其他文明或地区的政治、经济和安全的文明。"①第二幅"那是一个衰落的文明,相对于其他文明而言,西方在世界政治、经济和均势领域的权力正在下降。西方在冷战中获胜带来的不是胜利,而是衰竭。"②亨廷顿认为这两幅图景都是事实,西方在目前以及21世纪初仍将占支配地位,但是西方的衰落却是一直持续发生的现实。他表面承认多种文明,实质是要保持西方文明对其他文明的权力支配。但是,正如斯宾格勒对西方文明的预言:"没落的征兆早已经预示出来,且今日就在我们周围可以感觉到——这就是西方的没落。"③对于西方文明及其霸权的忧思与焦虑也成为亨廷顿文明冲突的理论底色。

二、文明冲突论的理论批判

亨廷顿的文明冲突论一经提出迅速形成了世界性影响,既因为它准确捕捉到冷战后亟须新范式理解世界政治的理论需求,也因为它确实触动了各个文明中人们的神经。但是,文明冲突论在理论上能成立吗?马克思指出:"我们判断

---

① 亨廷顿.文明的冲突与世界秩序的重建[M].周琪,译.北京:新华出版社,1998:75.
② 亨廷顿.文明的冲突与世界秩序的重建[M].周琪,译.北京:新华出版社,1998:76.
③ 斯宾格勒.西方的没落:新版全译本[M].吴琼,译.成都:四川人民出版社,2020:38.

这样一个变革时代也不能以它的意识为根据;相反,这个意识必须从物质生活的矛盾中,从社会生产力和生产关系之间的现存冲突中去解释。"①是人们的"物质生活的生产方式制约着整个社会生活、政治生活和精神生活的过程"②。从一定意义上说,亨廷顿的文明冲突不过是一种文化的想象。文明冲突的实质是资本主义全球扩张榨取剩余价值、谋求物质利益所导致的不同国家和地区间的冲突,是在世界资本主义经济体系支配下不同文明主体围绕经济利益的获取与分配的冲突,文明不过是遮掩赤裸裸物质利益冲突的体面借口。

  马克思主义的世界历史理论对此作了精辟的分析。资本主义机器大工业取代了工场手工业,建立了由于新大陆的发现所开辟的世界市场,使一切生产和消费都成为世界性的了。它打破了原来地方、民族和国家间的孤立隔绝状态,开启了真正意义上的世界历史。资产阶级为了实现资本的逐利目的,以廉价的商品为重炮,以美化的文明为口号,"它迫使一切民族——如果它们不想灭亡的话——采用资产阶级的生产方式;它迫使它们在自己那里推行所谓的文明,即变成资产者。一句话,它按照自己的面貌为自己创造出一个世界。"③于是,"它使未开化和半开化的国家从属于文明的国家,使农民的民族从属于资产阶级的民族,使东方从属于西方。"④可见,西方所谓的"文明"是资本主义生产方式的产物,是在资产阶级的世界殖民扩张过程中建构出来的一套话语体系。西方处于这套话语体系的核心,西方资产阶级文明优越于东方文明,代表了先进、发达与光明,形成了文明与野蛮、进步与落后的鲜明对比意象。"这样,欧洲人以其'文明'为标准勾画出一个由'文明阶梯'构成的世界图景,并且相信使其他地区'文明化'是他们的'使命'。"⑤以使非西方世界"文明化"为借口,行欺压掠夺之实,文明俨然成为一种西方自欺欺人的意识形态道具。

  亨廷顿的文明冲突论依然延续了西方一贯的文明观,秉持西方文明优越论以及推行西方文明的神圣使命。但他无奈地认识到冷战后全世界推行西方普世主义文明是不现实也是不可能的,非西方世界的经济发展使非西方文明得以伸张,"随着西方老大的地位被侵蚀,它将丧失很多权力,其余的权力将在地区基础上分散给几个主要文明及其核心国家。"⑥在强行推进西方文明的过程中,美国

---

  ① 马克思,恩格斯.马克思恩格斯文集:第2卷[M].北京:人民出版社,2009:592.
  ② 马克思,恩格斯.马克思恩格斯文集:第2卷[M].北京:人民出版社,2009:591.
  ③ 马克思,恩格斯.马克思恩格斯文集:第2卷[M].北京:人民出版社,2009:35-36.
  ④ 马克思,恩格斯.马克思恩格斯文集:第2卷[M].北京:人民出版社,2009:36.
  ⑤ 刘文明.全球史理论与文明互动研究[M].北京:中国社会科学出版社,2015:170.
  ⑥ 亨廷顿.文明的冲突与世界秩序的重建[M].周琪,译.北京:新华出版社,1998:77.

已经显得力不从心。"在塑造世界的未来之时,相对于西方而言,这些文明将起什么样的作用?21世纪的全球体制、权力分配及各国的政治和经济,将主要反映西方的价值和利益,还是这一切将主要由伊斯兰国家和中国的价值和利益来决定。"① 文明的冲突说到底是西方资本主义生产方式内在矛盾与资本贪得无厌的掠夺本性引发的矛盾在文化上的表现,利益特别是经济利益是冲突的决定性因素。以文明的面纱遮掩西方的强权,是意识形态话语运作的新形式,文明冲突论俨然成为当代意识形态和话语权斗争的重点。虽然亨廷顿意识到在话语运用与思维模式上,要避免萨义德东方学研究中指出的西方与东方及其二元对立思维模式,代之以西方与非西方,但这仍然是自我与他者的主客二元对立思维模式的另一种表达而已。在主客二分的认识论视野下,文明的不平等成为西方理解不同文明的潜在前提,在文明的我们与文明之外的他们之间,维护西方特别是美国的世界霸权与世界利益、强调美国中心论是文明冲突论的理论立场,这使其必然具有西方中心主义的烙印。

所以,文明冲突论表面上提倡文明的平等性、多元性,主张构建以多元文明为基础的国际秩序,但实际上是文明的不平等、一元性,继续维持以西方一元文明为基础的国际秩序。亨廷顿甚至毫不掩饰地指出,亚洲文明特别是中国是美国的潜在敌人,21世纪美中之间的冲突很大程度上源于两国的文化差异。但是,正如马克思所说,"'思想'一旦离开'利益',就一定会使自己出丑。"② 认为文明是历史发展和世界政治的决定性因素在理论上是不成立的,不同文明之间也并非只有冲突这一种路径。

三、文明冲突论的实践批判

文明冲突论不仅在理论上是错误的,在实践上也是有害的。正如对亨廷顿文明冲突论所作的一个重要批评,即它提出了一个自我实现的预言,由于预测其可能发生而增加了发生的可能性。在2019年4月,时任美国国务院政策规划事务主任的基伦·斯金纳在智库"新美国组织"活动上发言,公然说出中美竞争"是一场与一种完全不同的文明和不同的意识形态的斗争,这是美国以前从未经历过的……这是我们第一次有了一个非白种人的大国竞争对手……代表着一种巨大的'文明的冲突'"。③ 不难看出,文明冲突已经从理论分析范式发展为现实

---

① 亨廷顿.文明的冲突与世界秩序的重建[M].周琪,译.北京:新华出版社,1998:201.
② 马克思,恩格斯.马克思恩格斯文集:第1卷[M].北京:人民出版社,2009:286.
③ 光明日报评论员.荒唐的"文明冲突论"愚蠢的强权霸道心态[N].光明日报,2019-05-16(7).

政治冲突的话语斗争。美国以文明冲突论看待美中两国竞争,实际上反映出美国高人一等、美国优先的霸权思维逻辑。习近平总书记深刻地指出:"认为自己的人种和文明高人一等,执意改造甚至取代其他文明,在认识上是愚蠢的,在做法上是灾难性的!"① 持有文明冲突论必然会在实践上导致不同文明的心理隔阂,阻碍不同文明的交流互鉴,引发排外情绪和行动,甚至引发战争,进而威胁整个世界的和平。

如何跳出文明冲突论的话语陷阱,避免其实践恶果?习近平总书记关于文明的相关论述为破解文明冲突论提供了有益的思路。在对待世界各种文明问题上,习近平总书记提出要尊重世界文明多样性,强调:"我们要树立平等、互鉴、对话、包容的文明观,以文明交流超越文明隔阂,以文明互鉴超越文明冲突,以文明共存超越文明优越。"② 这种破解思路是以对文明特征的深刻认知为前提的,即文明具有多样性、平等性、互鉴性和包容性。纵观当今世界,"有二百多个国家和地区、二千五百多个民族、多种宗教。不同历史和国情,不同民族和习俗,孕育了不同文明,使世界更加丰富多彩。"③ 文明是多样的。人类的历史源远流长,不同国家和地区都曾在人类文明画卷上留下璀璨的痕迹,为世界文明的发展做出独特的贡献,"人类只有肤色语言之别,文明只有姹紫嫣红之别,但绝无高低优劣之分。"④ 各种文明都是平等的。文明因多样而交流,因交流而互鉴,因互鉴而发展,文明的交流互鉴增进了文明的理解与欣赏,在互相取长补短中促进了各自文明的发展。文明的互鉴性是文明发展的动力。文明因平等而尊重,因尊重而包容,因包容而和谐。"各种文明本没有冲突,只是要有欣赏所有文明之美的眼睛。"⑤ 文明具有包容性。"只要秉持包容精神,就不存在什么'文明冲突',就可以实现文明和谐。"⑥ 真正做到美人之美,美美与共。

习近平总书记以马克思主义的历史视野和人类情怀,跳出了西方中心论的世界观和主客二分的认识论,准确把握了文明的发展与特点,始终坚持文明的平等性和互主体性,在文明的未来发展趋势上,提出构建人类命运共同体,实现文明的和谐共存,为走出文明冲突论提供了可行的中国方案。针对亨廷顿的观点,即"中国的历史、文化、传统、规模、经济活力和自我形象,都驱使它在东亚寻求一

---

① 习近平.习近平谈治国理政:第3卷[M].北京:外文出版社,2020:468.
② 习近平.习近平谈治国理政:第3卷[M].北京:外文出版社,2020:441.
③ 习近平.习近平谈"一带一路"[M].北京:中央文献出版社,2018:170.
④ 习近平.习近平谈治国理政:第3卷[M].北京:外文出版社,2020:468.
⑤ 习近平.习近平谈治国理政:第3卷[M].北京:外文出版社,2020:469.
⑥ 习近平.习近平谈治国理政:第1卷[M].北京:外文出版社,2018:259-260.

种霸权地位。这个目标是中国经济迅速发展的自然结果。所有其他大国英国、法国、德国、日本、美国和苏联,在经历高速工业化和经济增长的同时或在紧随其后的年代里,都进行了对外扩张、自我伸张和实行帝国主义。没有理由认为,中国在经济和军事实力增强后不会采取同样的做法。"[1]以历史上西方帝国主义国家的对外扩张预见中国发展之后必然重走西方对外扩张的老路,这是以西方文明臆测其他文明,囿于西方帝国主义霸权思维的逻辑想象,不过是以西方话语霸权树立想象敌人的意识形态手法。西方的历史不是中国的历史,西方的选择亦不是中国的选择。中国的规模和经济发展,无论过去还是现在都是大国甚至强国的存在。但是,从中国历史、文化和传统中所体现出的中华文明精神实质来看,是极具和平性的。中华文明具有突出的和平性,从天人合一的宇宙观、天下大同的世界观、仁者爱人的人生观、以和为贵的价值观等,和平的理念始终贯穿其中,"有着5000多年历史的中华文明,始终崇尚和平,和平、和睦、和谐的追求深深植根于中华民族的精神世界之中,深深溶化在中国人民的血脉之中。"[2]走和平发展道路符合我们的历史文化传统,更符合中国人民的期盼。西方霸权主义扩张的老路在中国是没有文化土壤的。

今天,世界越来越一体化,各种文明遭遇互动频率加速,要交流不要歧视、要对话不要对抗成为各国人民的共同愿望,"人类生活在不同文化、种族、肤色、宗教和不同社会制度所组成的世界里,各国人民形成了你中有我、我中有你的命运共同体。"[3]为了世界人民的美好生活,中国顺势而为提出构建人类命运共同体。人类命运共同体强调和平、发展、公平、正义、民主、自由的全人类共同价值,这是在尊重和承认文明差异的前提下,找到各种文明中人民普遍认同的价值理念的最大公约数,凝聚出的人类命运的价值共识。在世界百年未有之大变局下,秉持零和博弈的文明冲突论只会加剧冲突与对抗,强调合作共赢的人类命运共同体将会带来和平与发展。"推动构建人类命运共同体,不是以一种制度代替另一种制度,不是以一种文明代替另一种文明,而是不同社会制度、不同意识形态、不同历史文化、不同发展水平的国家在国际事务中利益共生、权利共享、责任共担,形成共建美好世界的最大公约数。"[4]在世界携手推动构建人类命运共同体的实践中,解决文明差异所引发的误解和冲突,让各种文明汇聚成促进人类社会发展进步的动力。

---

① 亨廷顿.文明的冲突与世界秩序的重建[M].周琪,译.北京:新华出版社,1998:255.
② 习近平.习近平谈治国理政:第1卷[M].北京:外文出版社,2018:265.
③ 习近平.习近平谈治国理政:第1卷[M].北京:外文出版社,2018:261.
④ 习近平.习近平谈治国理政:第4卷[M].北京:外文出版社,2022:475.

第七章　平安乡村建设论纲

"平安中国"是中国共产党在中国特色社会主义道路、理论、制度、文化建设进程中提出的重大战略目标，是习近平新时代中国特色社会主义思想立足当前国内国际"两个大局"的时代背景下，为夯实自身基础、建设社会主义现代化强国提出的一项重大任务，具有奠定全局战略基石的作用。2021年3月，《中华人民共和国国民经济和社会发展第十四个五年规划和2035年远景目标纲要》提出：统筹发展和安全，建设更高水平的平安中国。平安中国内涵丰富、意蕴深远，作为中国社会发展目标，平安中国指国家在经济、政治、文化、社会、生态等方面保持稳定和谐的状态，从场域来看，涵盖平安城市、平安乡村、平安校园等。2022年中央一号文件《中共中央国务院关于做好2022年全面推进乡村振兴重点工作的意见》指出：切实维护农村社会平安稳定，推进更高水平的平安法治乡村建设。平安乡村建设是新形势下加强社会治安工作和实施乡村振兴战略的重大举措，是一项久久为功的持续性工作。所谓"基础不牢，地动山摇"，平安乡村建设作为平安中国建设的重要组成部分，可以说关系到整个国家的安全和稳定发展，是全面建设社会主义现代化国家的重要内容和基础性保障。新时代新征程，要以全面贯彻落实总体国家安全观为统领，统筹发展和安全，推进乡村安全体系和能力现代化，推动建设更高水平的平安乡村。

第七章 平安乡村建设论纲

第一节 总体国家安全观与平安乡村建设概述

一、总体国家安全观的提出与发展

实现中华民族伟大复兴,保证人民安居乐业,国家安全是头等大事。关于"国家安全",《中华人民共和国国家安全法》第二条指出:国家安全是指国家政权、主权、统一和领土完整、人民福祉、经济社会可持续发展和国家其他重大利益相对处于没有危险和不受内外威胁的状态,以及保障持续安全状态的能力。从世界范围来看,由于世界形势的演变以及国家内部发展的现实,世界各个国家对安全问题的认识和谋求安全的手段普遍都经历了从局部到整体的发展变化[①],也即经历了从传统安全到传统和非传统安全一体式统筹的演变历程,体现的是"大安全"理念的逐步形成。中华人民共和国成立以来,中国的国家安全战略和国家安全思想,也在随着国内外环境的变化而不断变化。这些理念及其战略的建构、提出和调整,具有前后顺承的脉络关系,是后者对前者不断继承与发展完善的结果。

具体来看,以毛泽东同志为核心的党的第一代中央领导集体,基于当时中华人民共和国成立初期的国内外环境,提出了以国防安全为主的安全观。在他们看来,中华人民共和国成立后,国家的首要任务和目标是保卫新生的人民民主政权,既防止外部势力的颠覆和破坏,又维护国内的社会稳定和安全,以恢复和发展国民经济。因此,当时国家安全的根本任务是保卫国家主权和领土完整,军事实力和战争准备是维护国家安全的主要手段[②]。以邓小平同志为核心的党的第二代中央领导集体,大胆作出把全党全国的工作重心转移到以经济建设为中心的重大战略决策,并提出要为改革开放构筑一个综合安全的有利环境。对此他提出,经济工作、现代化建设是最大的、压倒一切的政治,争取和平是中国对外政策的首要任务[③]。跨世纪之交和21世纪新阶段,以江泽民同志为核心的党的第

---

① 孙勇,刘海洋,徐百永."更高水平的平安中国":基于总体国家安全观视域中的边疆治理[J].云南师范大学学报(哲学社会科学版),2020,52(4):1-12.
② 毛泽东生平和思想研讨会组织委员会.毛泽东百周年纪念:全国毛泽东生平和思想研讨会论文集(上)[M].北京:中央文献出版社,1994:401-407.
③ 胡宗山.中国共产党百年对外交往的范畴演进与范式超越[J].社会主义研究,2021(6):9-17.

三代中央领导集体和以胡锦涛同志为核心的党的第四代中央领导集体,立足国家政权的不断巩固和稳定,以及经济全球化浪潮下国与国之间合作与发展的现实性与紧迫性,提出国际社会应树立以互信、互利、平等、协作为核心的新安全观,建立公平、有效的集体安全机制,营造一个长期稳定、安全可靠的国际和平环境。党的十八大以来,中国特色社会主义进入新时代,对内面临着复杂的国内形势,对外处于风云变幻的国际环境。国家安全形势总体上严峻复杂,体现为各种威胁和挑战的联动效应明显,各种风险的关联度高、传导快、共振强、易演化升级。基于对这种国家安全形势新变化、新特点、新趋势的准确把握,以习近平同志为核心的新一届中央领导集体,统揽国家安全全局,综合运用系统思维,创造性提出和完整阐述了新的国家安全观即"总体国家安全观",并将其纳入新时代坚持和发展中国特色社会主义的基本方略,还以法律形式确立了总体国家安全观的指导地位。对此,习近平总书记强调,"坚持总体国家安全观,走出一条中国特色国家安全道路"。总体国家安全观既系统回答了中国特色社会主义进入新时代后如何解决好大国发展进程中面临的共性安全问题,又回答了如何正确处理中华民族伟大复兴关键阶段国家面临的特殊安全问题,是党的十八大以来治国理政的最新成果,具有鲜明的时代特征和丰富的理论内涵,对新时代的国家发展和对外交往起着重大战略指引作用。

二、平安乡村建设的历史起源与现实发展

安全是发展的前提,发展是安全的保障。乡村全面振兴进程中,时时处处都涉及平安问题。平安建设在全面推进乡村振兴这一重大战略和行动中具有先导性、基础性和保障性作用。论起平安乡村建设的历史起源和发展,其经历了从地方实践到全国推行的演进历程。

最早的平安乡村建设,可以追溯到1990年在江苏扬州开展的"创建平安村"活动,当地政府认为"平安和富裕是和平时期老百姓的愿望""社会平安是易碎品,不能有一点松懈"[①]。基于上述理念,江苏省率先实施和开展了平安乡镇、平安街道、平安社区等一系列平安创建活动,目的在于维护和保障社会治安的稳定和有序。2003年8月,江苏省委、省政府作出决定,在全省范围开展"建设平安江苏、创建最安全地区"活动,又一次在全国率先打响了建设"平安省"的"第一枪"。2003年,中央社会治安综合治理委员会(下文简称"中央综治委")召开了全国社会治安综合治理工作会议,会上总结、肯定并推出了平安建设的经验。此

---

① 邵祖峰,刘菲.总体国家安全观下的平安乡村建设理论基础、路径与体系[J].湖北警官学院学报,2019,32(5):133-140.

后,平安建设在全国的城镇乡村迅速展开,各地结合实际开展了诸如"平安大道""平安铁道线""平安社区""平安乡镇""平安校园""平安家庭""平安医院""平安油区""平安寺庙"等一系列基层平安创建活动,将"平安建设"理念广泛应用于各领域、各行业,以此促进经济社会全面、协调、可持续发展。据数据统计结果显示,2006年,各地在平安建设中共命名113.4万个单位,其中,"平安乡镇街道"20 666个,占47.19%;"平安村"32.24万个,占45.4%。可见,"平安乡村"建设议题在其中的关注度不容小视。

2006年11月,中央综治委下发了《关于深入开展农村平安建设的若干意见》(下文简称"意见"),这是一个维护农村社会和谐稳定、推进社会主义新农村建设的纲领性文件。意见就当前农村总的形势进行了深刻、全面的刻画,指出"当前农村总的形势是好的,但农村社会稳定的形势依然严峻",基于此,意见还明确提出了开展农村平安建设的基本原则和目标任务,以及在农村开展平安建设的预期成效。2007年4月,全国社会治安综合治理工作会议在西安召开,为进一步促进社会主义新农村建设、维护农村社会的安全与稳定,中央综治委下发《关于深入推进农村平安建设的实施意见》,提出要广泛开展"平安乡镇""平安村寨"创建活动。自此,平安乡村建设成为新时期平安中国建设的重要组成部分。

2010年1月31日,中央一号文件提出:深入开展农村平安创建活动,坚持群防群治、依靠群众,加强和改进农村社会治安综合治理,进一步推进农村警务建设,严厉打击黑恶势力和各类违法犯罪活动。党的十八大以来,党和国家多次强调要夯实乡村治理根基,切实发挥乡村治理在维护农村稳定和国家安全中的重要作用,推进平安乡村建设。近年来,党和国家更是连续多年出台与农村问题有关的"一号文件",直指平安乡村建设主命题。如2019年中央一号文件强调,要持续推进平安乡村建设;2020年中央一号文件再次强调"化解乡村矛盾纠纷""深入推进平安乡村建设"。在顶层设计与政策保障的基础上,党和国家还统筹推进了一系列的具体乡村安全工作,如加快乡村治安防控网建设、加快推进信息化智能化的乡村社会治安防控体系建设、实施乡村振兴战略等。乡村振兴战略的提出、实施与全面推进,也促进了各地平安乡村建设效果的显著提升。未来,平安乡村建设应与统筹乡村全面振兴一体谋划、共同推进,以平安乡村助力乡村全面振兴,保障群众有更多获得感、幸福感和安全感。

第二节 国家安全与平安乡村建设的辩证逻辑关系

"更高水平的平安中国"与"平安乡村建设"二者间具有高度的相关性。总体国家安全须以乡村安全为基础,乡村安全须以总体国家安全为保障。厘清二者的辩证逻辑关系,实现二者的内在联结,具有重大的理论和现实意义。

一、平安乡村建设是维护国家安全的应有之义

国家安全是一个庞大的、复杂的有机系统,其中,乡村安全是这个复杂系统中的子系统,也是重要组成部分,是国家安全软着陆的基础[①]。乡村作为最基层的治理层级,其社会治安的良性发展直接关乎平安中国的建设成效。新时代,全面推进乡村振兴是我们建设农业强国和社会主义现代化强国的重要任务。仔细探究乡村振兴战略的科学内涵和重大意义,其核心在于实现发展,更甚者是高质量发展,而发展离不开稳定的社会环境,稳定的本质就是安全。从这个意义上讲,乡村振兴战略的目标和要点在于在乡村建立起安全保障型社会。

乡村发展是综合全面的发展。只有乡村得到了发展,乡村内部的农产品质量、农村经济、乡村居民的面貌和素质、乡村安全保障才有可能得到提升。反过来,这些局部要素的发展和稳固,也会促进乡村的进一步发展。同时,实现乡村的高质量发展,一方面,有利于解决当前社会发展不平衡、不充分的主要矛盾,实现城乡居民的共同富裕,建设起全体成员共建共治共享的社会共同体,打造一个城乡层面、物质和精神层面都和谐稳固的大安全社会系统;另一方面,也会进一步助力城乡统筹协调发展,真正实现农业与工业、乡村与城市的良性互动,为国家的安全发展奠定坚实基础。

不论是过去的新农村建设、美丽乡村建设,还是现如今国家大力实施的乡村振兴战略、宜居宜业和美乡村建设,党和国家对乡村的重视程度有目共睹,其目的都是促进乡村的高质量发展。平安乡村建设,是促进乡村高质量发展的重要领域和关键内容,也是落实总体国家安全观的现实需要。同时,平安乡村建设的成功推进以及巨大成效,又将反过来促进国家的总体安全,为实现中华民族的伟大复兴提供基础性、底线性的安全保障。未来,应着力增强乡村干部群众的国家安全意识和素养,在乡村营造维护国家安全的浓厚氛围,夯实以新安全格局保障

---

① 温铁军,张俊娜,邱建生,等.国家安全以乡村善治为基础[J].国家行政学院学报,2016(1):35-42.

新发展格局的雄厚社会基础。

二、国家安全是平安乡村建设的坚实保障

稳定是发展的基石,安全是稳定的前提,无安则不稳。国家安全是一个国家生存与发展的重要保障,只有国家安全得到了保障,经济社会才能不断发展,祖国才能更加繁荣富强。如今,我们正面临着世界百年未有之大变局,虽然和平发展与合作共赢仍是时代潮流和人心所向,但当今世界形势发生的急剧且复杂的变化,使我国的安全和发展形势也愈加严峻,一些敌对势力始终没有放弃对我们的渗透和破坏。没有国,家不成家,国家安全是人民幸福、家庭安康的前提。只有国家安定,我们才能拥有良好的学习环境和生产生活环境,生命安全、财产安全才能得到保障,人民的幸福感、获得感和安全感才能得到切实落实。国家安全系于每一位爱国公民心中。对每个人来说,国家安全就如同空气,受益而不觉,失之则窒息。

不仅是个人的生命安全、社会的稳定繁荣,乡村的全面振兴以及平安建设也有赖于国家安全的坚实保障。马斯洛需求层次理论指出,安全与生理的需求构成了个体最基本的需求。同样的,作为无数个体集合的国家,其生存和发展也都依托于安全。如今,不管是城市还是乡村,都隐含着各类的安全隐患。乡村振兴作为国家战略部署的重要内容,要想取得好的治理效能,就离不开国家安全理论的重要指引,以及国家安全这一现实保障,国家安全构成了平安乡村建设的坚实后盾。同时,国家安全的实现需要坚实的人民防线,而基层人民群众是这一防线的重要主体。只有基层群众深刻认识到国家安全的重要意义,能够积极参与到维护国家安全的行动中,积极举报危害国家安全的行为,才能共同维护大局稳定,以国家安全的保障回馈自身安定的生活环境。

三、平安乡村建设的理论基础:总体国家安全观

乡村治理作为国家治理体系和治理能力现代化的重要构成和关键环节,保障社会安全与秩序稳定是它的价值与目标所在。而和谐稳定发展的乡村社会又是保障国家安全的大后方,起到国家安全稳定器的显著作用。正如总体国家安全观的主要内容——统筹推进各领域安全、推进国家安全体系和能力现代化,其中,乡村安全正是"各领域安全"中不容忽视的一大场域,推进乡村安全体系和能力现代化建设也事关重大,迫在眉睫。

新时代,平安乡村建设的关键在于从总体国家安全观的视角审视乡村治理,寻求国家和乡村在安全治理领域的均衡互动。遵循二者间的辩证逻辑关系,一方面,以全面系统的大安全观和丰富的安全资源禀赋助力平安乡村建设,有效促

进乡村治理的平稳有序运行；另一方面，以乡村治理效能深化平安乡村建设，筑牢国家安全的大后方，保障人民安居乐业，维护国家长治久安。

总体国家安全观的关键是"总体"，强调的是大安全理念，内容涵盖政治安全、文化安全、生态安全、军事安全、国土安全、科技安全、粮食安全、数据安全等。其中，除了军事安全和核安全外，其他的安全内容多与乡村社会直接或间接相关。此外，总体国家安全观的主要内容集中体现为"十个坚持"，包括坚持党对国家安全工作的绝对领导、坚持中国特色国家安全道路、以人民安全为宗旨、坚持统筹发展和安全、坚持把政治安全放在首要位置、坚持统筹推进各领域安全、坚持把防范化解国家安全风险摆在突出位置、坚持推进国际共同安全、坚持推进国家安全体系和能力现代化、坚持加强国家安全干部队伍建设，与乡村治理领域的安全导向有共通之处。

在总体国家安全观的理论指引下，乡村基层应该树立起包括乡村经济安全、政治安全、生态安全、公共安全等要素在内的乡村全面振兴安全观，建立起由党委统一领导、政府组织落实、社会多方参与的共建格局，通过合理整合可用社会资源，对可能给个人、家庭、乡村秩序带来危害或威胁的"非安全要素"进行全面的、系统的预防和控制。推进平安乡村建设，关键在于发挥乡村自身可持续发展的核心驱动力，路径在于全面打造共建共治共享的社会治理格局，有效提升安全生产与安全保障的系统治理能力，构建起统筹各领域、各要素、各层面的安全治理系统格局。从这个角度上讲，平安乡村建设也是乡村有效治理的一种体现，其内在蕴含着乡村治理的双重维度。其一是价值维度。乡村治理既要有个体层面的人民安全权利价值向度，也要有群体层面的社会安定秩序价值向度，集中体现的是以人为本的价值观。与总体国家安全观的"大安全"理念相一致的是，平安乡村既要落实到个人，维护每个公民的人身和财产安全，更要落实到社会，保障社区秩序的稳定运行。其二是理念维度。总体国家安全观的方法论要求之一为科学统筹，即做好国家安全工作需遵循系统思维和方法。同样的，平安乡村建设也要求在乡村治理过程中遵循系统治理理念。一方面，强调治理主体的多元化和治理过程的多元协调互动，组织动员各方面力量实施社会共治，建立安全生产与安全保障的治理共同体。另一方面，强调治理手段的多样性和配合性，如综合运用法律、行政、技术、经济、市场等手段，落实人防、技防、物防措施，提升全社会安全生产与安全保障的治理能力。

第三节 总体国家安全观视域下平安乡村建设的现存困境

随着当前我国社会快速发展,城镇化进程加速推进,社会信息化程度不断加深,平安乡村建设面临一些突出问题,陷入亟待解决的瓶颈和困境。

一、作为公共品的乡村安全供给缺乏

安全从本质上看属于一种非物质性公共品[①],乡村安全关乎国家安全的整体实现。近年来,为了维护乡村稳定、安宁、有序局面,党和国家高度重视农村治安问题,致力于满足人们对于人身安全、生活安稳的需求。但从现实来看,农村的快速变化及急剧转型,带来了破坏乡村社会治安稳定的不利因素,滋生出一系列影响乡村安全的违法犯罪行为,作为"公共品"的乡村安全供给仍旧缺乏,农村安全这一深层次需求无法得到有效保障。

其一,乡村的治安防控基础仍然薄弱。虽然各地采取了诸如网格化管理、一村一警、组建乡村治安联防队、视频监控联网防控等有效举措,提升了村民的安全感和农村治安的稳定性,但受人口流动增速加快、城乡一体化融合带来的新变化,乡村治安形势变得日益复杂,存在"失序"问题,内部治安状况依然面临严峻挑战。一方面,治安防控工作的主体缺乏。随着城镇化进程的加速,农村大量劳动力外流,留守人员多为妇女、儿童和老人,群众治安防控工作缺乏坚实的主体参与,相关队伍无力组建,村庄自身供给安全的能力不足。同时,由于条块关系不顺,各级干部对于综治工作难以形成有效合力,综治工作主体不明,职权与治权混乱。另一方面,治安防控工作的效能低下。传统的宗族黑恶势力、乡村混混、村霸势力依然存在,村庄矛盾、纠纷等事件频繁发生,影响村级治安正常秩序的建立和运行。加之现有的参与综治工作人员的素质参差不齐,工作积极性有待提高,在及时发现、有效处理和高效化解各类治安事件中的作用不够显著。

其二,乡村的治安防控体系建设落后。乡村治安防控体系是国家治安防控体系的重要组成部分。但纵观乡村治安防控体系建设的现状,仍旧存在如下问题:一是从事专职治安工作的巡防员不足。相较于城市派出所,农村派出所的警力配置十分有限,有些地区的农村警务室甚至已名存实亡。加之有的地区民警

---

① 郭俊霞.农村安全供给的基本需求与制度保障[J].重庆社会科学,2010(2):34-37.

年龄结构老化、年轻民警缺乏实践经验等问题突出,难以将治安巡逻等行之有效的治安防控措施落实到位,专职巡防人员数量和素质均不能很好地满足治安防控需求,难以形成对违法犯罪活动的有效震慑和有力打击。二是乡村的治安防控体系运行机制落后。由于财政经费对于农村治安防控基础设施的关注和倾斜不够,全天候、立体化、网络化的治安视频监控系统并未在所有农村地区覆盖,已有的少量农村地区的视频监控也因缺乏日常维护而闲置,多数乡村治安防控的信息化、智能化、普及化程度仍然较低,治安防控能力的薄弱制约了农村治安防控体系的有效运转。此外,一些地方对于诸如行为反常人员、需关注的重点人群等的排查力度还不够,治安风险的前置性排查机制和疏导性机制还未完全建立起来,治安风险有增大的可能。

二、乡村安全保障型社会系统建设不足

乡村安全保障型社会系统是一个有机整体,其建设需要自治保障、法治保障和德治保障等子系统的综合运用。

首先,村民自治是人民自我管理、自我服务、自我教育、自我监督,发挥人民主体作用的体现。但当前乡村自治保障系统存在自治过度或自治弱化的双重极端情况和以乡镇政府、社会组织、乡村大家长等为主体过度干涉村级事务、阻碍村民自治的不当行为,以及干群关系不和谐所造成的自治集体行动的困境,上述问题都严重制约和阻碍着自治保障系统的建立。

其次,法治保障作为平安乡村建设的有力手段之一,也存在建设不足的问题。乡村治理的法治化虽在进步,但其完善仍需一个漫长的过程,目前仍存在很多被忽视的死角、薄弱的领域;一些地方的乡村社会仍习惯运用传统的习惯法、乡规民约等地方性制度规范来调解纠纷、化解矛盾,国家法律法规的制约性以及法治乡村的规范性有待加强;乡村执法进程中存在人治代替法治、长官意识代替公仆意识的偏离行为,导致执法行为的正向功能递减,执法效果难以达到理想标准;普法的形式单一、经费保障不足,以及基层法院数量少、司法的保障性功能欠缺,也制约了乡村法治保障系统的健全和完善。

最后,由于当前乡村社会正处在现代化的转型时期,意识形态领域形势复杂、挑战严峻。比如村民的社会思想意识复杂多样、相互交织,其文化价值观念容易受到拜金主义、利己主义、享乐主义、极端个人主义等当代不良文化的侵蚀;过去长久存在的人情互助、团结互利的优良传统被当代一些社会功利性价值追求所代替,乡村逐渐开始出现道德失范、唯利是图、低俗媚俗庸俗等行为现象,突破着公序良俗的底线。加之一些乡村地区由于地处偏远或地形封闭,形成旧的文化根深蒂固、新的先进文化无法进入的"文化阻隔";一些乡村地区由于外出人

口不断增加、农业人口逐渐转移,"空心村"数量渐多,传统文化的延续和传承面临断层风险[①],从而造成了"文化真空"或"文化虚无"。乡村德治保障系统的建立总体上面临不小的压力。

三、经济发展新常态下乡村安全形势的变化巨大

社会主义现代化国家发展应是城市和乡村良性互动一体化式的发展。但长期以来,我国由于城乡二元结构,以及长久以来重视工业发展和城市建设,一定程度上忽视了乡村发展,导致乡村发展整体滞后,许多薄弱环节需要不断加强。近年来,随着农村处于快速的变化过程中,经济发展新常态的机遇,以及人口、经济与社会多方面的重大转型,给乡村治理、乡村安全和乡村发展带来了不小的难题与挑战。

一是乡村治理的主体力量缺失。平安乡村建设是一项重大的系统性工程,其系统性不仅体现在其涵盖乡村治理的方方面面,还体现在参与主体的多元性与全员性。回看当下,乡村治理中的诸多内容已很难见到农民的身影,乡村治理不再是农民参与的治理,农民自主治理的弱化逐渐成为一个普遍且共性的问题[②]。

二是乡村发展的法治建设滞后。乡村法治建设影响着乡村社会的安定与和谐。当前,我国乡村法治建设一定程度上还存在短板与不足。如部分乡村的村干部重人情、轻法治,法律素养较低,而农民的法律意识也不强,学法、知法、懂法、守法、用法还做得不到位;乡村的执法不严现象时有发生,部分执法人员的行为与法治精神背道而驰,致使法律效力在乡村难以落地。

三是乡村治理的基层组织涣散。近年来,仍有部分乡村的基层组织软弱涣散,一些党支部和村委会负责人或因"不负责"导致村庄发展缺乏领导力量,或因黑恶势力把控慢慢沦为"村霸"及其"爪牙",严重影响乡村振兴等政策的实施成效。乡村发生的巨大变化,加之乡村治理乱象频出,制约了乡村安全的系统治理成效,对乡村安全形势的营造和保障造成了极大的威胁。

四是乡村安全面临着多元性、综合性的复杂形势。比如当前乡村的土地安全、粮食安全、文化意识形态安全、社会资本的流入流出安全、劳动力的流出回流安全以及生态安全等都是国家综合安全的主要矛盾的体现,是需要花大力气关注和解决的现实问题。

---

① 胡向阳,张晓华.安全防控语境下乡村治理的困境与对策[J].湖北警官学院学报,2022,35(6):100-111.
② 王琦."私有共治"的集体行动逻辑及其内在机理:以浙江省M村水田治理为例[J].江汉大学学报(社会科学版),2022,39(4):76-84.

第四节 总体国家安全观视域下平安乡村建设的地方实践与典型路径

平安乡村建设是我国社会主义法治国家的重要组成部分。在前期全国各地的平安创建活动中,已涌现出一些好的做法、案例,形成了一些成功的经验,梳理这些地方的实践、总结其典型路径,对于未来加强平安乡村建设、提升社会治理效能具有积极的参考意义和借鉴价值。①

一、湖北秭归:法治路径

法治建设是平安乡村建设最基础、最精准的助推力之一,而有效的基层矛盾纠纷的多元化解机制与路径探索是平安乡村的坚实根基。习近平总书记指出:"要推动更多法治力量向引导和疏导端用力,完善预防性法律制度,坚持和发展新时代'枫桥经验',完善社会矛盾纠纷多元预防调处化解综合机制。"但在后疫情时代,随着经济社会快速发展和变化,社会矛盾的内容和矛盾的冲突方式也在发生变化,群众的诉求和纠纷的形式愈显多样化、复杂化。一些矛盾纠纷问题在基层"不好办、办不好、办不了",而单靠司法诉讼手段也无法从根源上化解矛盾,导致出现"村里说了不听、法院判了不服"的两难局面。如何将"矛盾纠纷多元预防调处化解综合机制"落到实处,化解这些"两头难办"的矛盾纠纷问题,是当前基层治理工作的重点,也是平安乡村建设的难点。为此,湖北省秭归县在坚持发展"枫桥经验"中探索新思路,创新推行"基层法律服务+人民调解"模式,以此拓宽基层社会治理法治化路径。

其一,针对矛盾纠纷"去哪调解"的问题,秭归县采取多部门协同的模式。一是以矛盾纠纷调解中心为统领,构建起以12个乡镇调解组织为骨干、179个村(居)调解组织为基础的县、乡(镇)、村三级调解网络,这一张纵向到底的大调解组织网络真正实现"哪里有纠纷、哪里就有调解组织"。二是县矛盾纠纷调处中心与县公共法律服务中心、县综治中心合署办公,同时对接法院、信访、劳动仲裁、行政复议及其他行政部门,建立纠纷案件分级负责、分类交办、联动联调等机制,通过"中心吹哨、部门报到"形成横向到边的纠纷化解多元组织体系。

---

① 本部分的案例材料来自华中师范大学中国农村研究院调研团队,特别要感谢刘硕、李茵、李加斌、崔杰等的写作支持。

其二，针对矛盾纠纷"谁来调解"的问题，秭归县采取多主体参与的模式。一是在各乡镇专职调解员入驻矛盾调解中心的基础上，充分调动群众力量，从村庄社区党员干部和乡贤能人中聘任一批群众基础好、社会威望高、业务经验丰富、调解能力卓越的调解员，打造县、乡、镇三级联动调解"一张网"。二是对接政府与社会力量，由住建部门、劳动局、司法局、妇联等部门的12个专业调解委员会负责人和30余名心理、医疗、司法鉴定等行业的精英组成顾问团队，轮班入驻矛盾调解中心，成为矛盾调解的重要补充力量。三是引入专业司法力量，由县人民法院委派2名专职法官常驻矛盾调解中心，负责前期诉调对接与案件分流，同时现场指导确保矛盾调解过程合法合规，并对调处结果进行最终的司法确认，赋予调解"正式感、威严感、信服感"。

其三，针对群众纠纷"在哪调解"的问题，秭归县采取多场域服务的模式。一是主动履职尽责，将服务送上门。对于家庭纠纷、情感矛盾等问题，调解员与当事人约定时间，前往小区、村落、市场或工地等一线场地开展调解工作，保证在客观事实判断下做调解工作，真正做到矛盾纠纷发生在一线、矛盾调解在一线。二是借力技术手段，使调解跨时空。对于偏远乡镇或在外务工等时间空间跨度大、线下调解不便的事件，当事人可通过掌上调解小程序自主预约，借助法院统一调解平台进行远程调解，全程录音录像留证据，线上签署调解协议书，便捷高效地形成了"线上解决少跑路"的矛盾化解调处新模式。如当地的调解员向某帮助在陕西务工的农民工讨薪，经过线上调处，欠薪方答应将十多年拖欠的工资在两年内付清。

其四，针对不同矛盾"如何调解"的问题，秭归县采取多方式调解的模式。一是以"法"为首要原则。对于基层上交、其他单位转交或群众寻求帮助的问题，调解中心基于双方自愿的原则，以事实为根据、以法律为准绳开展调解工作，调解中程序合法，法官现场监督，文书全过程记录，以司法确认的方式结案，做到一案一卷宗，案件有据可查。二是以"理"为调解依据。对法律无明确界定的案件，调解中心以"讲道理"为突破口。以调解员的调处经验和劝导能力加持，讲事实、摆道理，保中立、不偏袒。同时结合社会的公序良俗，将各类判决案例和调处案例汇集成册，为调解工作提供参考依据，用同类案例劝导实现事半功倍。三是以"情"为感化力量。对于家庭矛盾类案件，调解员首先采用柔性劝导的方式，疏通矛盾双方的消极情绪，进而积极发挥亲属关系的力量，以"和"为目标，逐步以"情"击破感情矛盾危机。如调解中心受理调解一项离婚财产分割纠纷，调解员在调解过程中发现并化解双方矛盾冲突点，促成当事人双方重归于好，产生了矛盾调解的"附加效应"。

上述秭归县的经验做法，为更好应对后疫情时代的社会矛盾隐患提供了

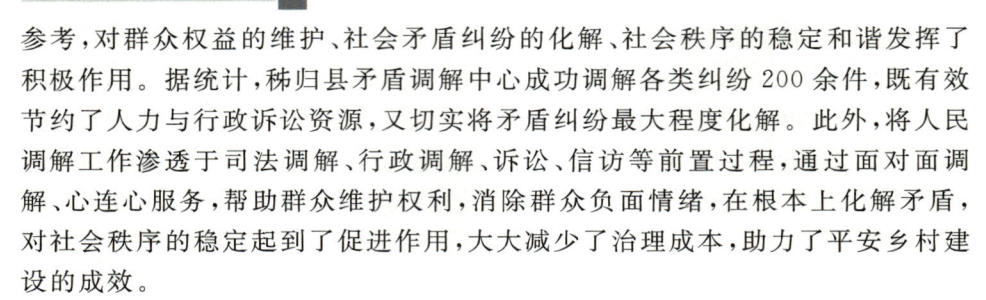

参考,对群众权益的维护、社会矛盾纠纷的化解、社会秩序的稳定和谐发挥了积极作用。据统计,秭归县矛盾调解中心成功调解各类纠纷200余件,既有效节约了人力与行政诉讼资源,又切实将矛盾纠纷最大程度化解。此外,将人民调解工作渗透于司法调解、行政调解、诉讼、信访等前置过程,通过面对面调解、心连心服务,帮助群众维护权利,消除群众负面情绪,在根本上化解矛盾,对社会秩序的稳定起到了促进作用,大大减少了治理成本,助力了平安乡村建设的成效。

二、广东东莞:技术路径

乡村不仅需要"治理",更需要"智理"。近年来,全国各地主动作为,积极探索,通过引入互联网、大数据等技术手段,聚焦数字乡村建设,全面推动基层治理走向"智治",持续提升平安乡村建设效能。其中,广东省东莞市厚街镇创新社会治理,以"互联网+"为切入,探索出了一条"以网管家"的新路子,以其特色的技术路径,打造基层有序管理的升级版,为平安乡村建设提供了地方样板。

长期以来,随着城镇化的快速推进,人口规模日益扩大、人员流动显著加强,东莞市厚街镇的安全治理陷入一种管理困境。因其素有"全国乡镇企业百强镇""乡镇企业先进镇"等称号,良好的就业环境吸引了大量外来务工人员,同时也带来了一些管理难题。一是租管人员错位,管理有"裂缝"。主要表现在外来人口多,身份难排查;综管人员少,信息难采集。数据统计显示,2014年厚街镇共有352名综管员,却要负责管理40多万人口、2万多栋出租屋及3万多家"三小"场所,平均下来每位综管员要面对1 200多位居民、60多栋出租屋和近90家"三小"场所,工作压力大,综管员管理和服务跟进困难。二是社区环境复杂,管理存"空白"。厚街镇的出租屋和"三小"场所基数大、情况杂、隐患多,极易产生管理"盲区"。这主要表现在社区平均面积5.27平方千米,职能人员的人均管理面积较大。此外,2万多栋的出租屋散落在126.15平方千米的辖区内,其布局的分散加大了监管难度,同时也带来了高频、高发的安全隐患。三是行政运作滞后,管理留"壁垒"。具体表现在传统的治理手段已不能跟上时代发展的形势以及社区治理的需要。比如长期以来,厚街镇的社区安全办、消防巡逻服务队、异地务工人员服务站三个机构分别对辖区内安全进行管理,出现了机构重叠、职责交叉、政出多门等问题,形成"龙多不治水"的管理格局。同时,传统的"纸+笔"的方式收集信息,既因重复统计增加了行政运作成本,又因电子化困难和部门各自为政阻隔了信息共享。

此后,为扭转"有管无序"的混乱局面,实现基层有序治理,厚街镇从技术革新入手,以互联网平台为基础,创新管理方式,通过联网融治,为社区引进了"智能管家",着力提升基层管理的现代化水平和平安治理效能。具体做法包括:一是以网助力,从线下到线上,摸清"家底"。一方面,通过"巡城马"手机App、蓝牙二代证读写器、门禁系统等现代技术手段,采集流动人口信息,进行人员身份的全面排查,筛选出需管控的重点人员,同时划定房屋管理标准,做好出租屋及租住信息的登记备案工作。另一方面,配备"终端机",网络数据实时更新。为每一位综管员配备巡检工作手机终端,利用该终端完成实时GPS定位、拍照、核查和录入,网络数据实时更新,确保列管对象全建档、底数清、动态准。二是用网监管,从后知到先觉,护实"家产"。通过建筑空间地理编码系统,为每一间出租屋配上唯一的二维码,以其"身份证"的功能实现采集信息不敲门,维护信息不入户。同时,为每一间门市部编上专属的"门牌号",如遇火灾等险情,可以第一时间申报、定位,为警情处置提供实时"导航",实现安全监管全覆盖、隐患处置智能化。三是借网协同,从被动到主动,做好"家务"。为确保基层管理工作有序进行,厚街镇借助社会治理网络平台,推动部门联动,促进无缝对接,实现工作提质增效。如依托新成立的综管办,统筹异地务工人员服务管理站、社区安全办等部门,实现信息共享,协同办公。同时采取分类管理的工作方法:将全镇建筑物划分为三类,按类巡检,并将巡检发现的隐患归类定级,分级处置;将社区综管员划分为四个功能组,按组定责。为了科学考核,厚街镇还设计了督导版"巡城马"手机客户端,专门针对综管员的工作轨迹和工作报表等情况进行查看和取证,真正实现了抓痕管理、考核有依。

通过互联网技术与传统社会治理的深入融合,东莞市厚街镇依靠"智网管家"的技术路径取得了突出成效,促进了基层管理能力的升级,也为步入大数据时代的我国其他地区实现基层有序管理、提升乡村平安治理效能提供了借鉴和启迪。

三、四川都江堰:文化路径

乡风文明是乡村振兴的灵魂,文化建设是平安乡村建设的重要内容之一。文化建设的加强可以提高农村居民的文化素质和生活品质,明确正确的价值导向可以使农民群众内心有尺度、行为有准则,从而营造出友爱相亲、相处和气、团结齐心的村风民风,增强乡村凝聚力。

为了充分发挥文化的内聚力和影响力,四川省都江堰市天马镇依托深厚的文化底蕴,积极探索以文"化"人的治理方式和推进路径。即以群众主体为核心,以多元组织参与为支撑,以培育正能量为根本,唤醒群众的公共精神和民主意识,有效化解群众内部矛盾,夯实平安乡村建设的社会根基。具体举措包括以下几个方面。

其一，提供优质文化服务，引导群众走出不良之风。过去很长一段时间以来，由于缺乏公共文化生活，天马镇村民基本上都是待在自己家里，将大多数时间耗费在看电视、打麻将等事情上，村民常常过着一种"自家门难出、麻将桌难下"的常态生活。此外，天马镇当地长久存在着每逢节庆日子都要大摆筵席庆祝的不良风气，"吃喝风""饭菜局"给村民的生活带来了不小的负担，也给公共安全带来了隐患。细究其原因，上述不良之风盛行多是因为缺乏其他的休闲娱乐方式。基于此，天马镇一是采取"服务送下来"的方式，由政府购买服务的形式组织百场文艺巡演进社区、进院落，将文艺舞台搬到村民家门口，使村民主动走出家门，参加到活动和演出中来。二是采取"组织构起来"的方式，通过建立乡镇联盟、推广社区协会、成立院落文艺小队等各级文化组织，以此调动农村文艺精英的热情、激发文艺爱好者的热情、培育普通村民的热情，使群众愿意参与到文化活动中来。三是采取"平台搭起来"的方式，比如，通过文联定期派人到各社区帮助发展社区文化，为村民们搭建学习平台；通过社区在文化大院内为居民无偿提供设备，为村民搭建展示平台，居民可以在此尽情展示才艺。居民李女士曾根据自身经历改编脱口秀《我这一辈子》，引得在场观众潸然泪下，赢得掌声不断。

其二，激活文化主体参与，形成文化繁荣发展合力。一是镇政府的大力支持。天马镇政府通过积极调配文化资源，集中有限资源集约化使用，将均等化的公共服务洒向全域。在空间覆盖层面，由于以往的文化下乡多是悬浮于社区或是乡镇，很多村民享受不到公共服务。为此，镇政府积极筹划，将全镇35个集中居住院落和45个散居院落全部纳入服务范围，将文化下乡的范围精确到院落，保证每个院落都能享受到优质的文化服务；在时间安排层面，镇政府制定了"百场文艺巡演"和"百场电影放映"活动，活动交替进行，时间覆盖365天，保证一年52个星期中，周周都有节目送到百姓身边。此外，天马镇还以政府购买服务的方式，投入10万元向文联等文化组织订单采购文化服务，实现了公共文化服务的多样性和丰富性。二是社会组织的全面覆盖。天马镇目前已实现了横、纵向的文化组织全覆盖。如辖域内的12个农村社区和1个城镇社区都成立了自己的文化协会，建立了完整的文化组织链条。天马镇形成了完备的三级文化组织结构：乡镇层面成立了"民间文艺联谊协会"（简称文联），社区层面成立了各自的社区协会，院落层面因地制宜地形成了各具特色的文艺小队。各级组织之间互相交流、互相学习，在互通有无中不断强化文化对社会的影响力。三是广大群众的积极参与。比如，村民们将自己喜爱的文艺内容和形式反映给文艺组织，使得文艺组织可以有针对性地进行文化创作；当巡演队伍走进社区和院落时，村民们积极参与到文艺节目的表演中来，与较为专业的文艺工作者同台演出，为文化活动的开展增添动力和活力。

其三,强化制度体系保障,助力文化内化效果提升。一是党建引领机制。天马镇文联成立了党支部,始终把培育社会主义核心价值观作为群众文化活动的主方向,指导和引领各级文艺组织与文艺爱好者创作、编排、演绎体现社会正能量的节目,以群众喜闻乐见的形式,引领农村社会文明和社会舆论向着积极阳光的方向发展。二是反馈回应机制。天马镇制定了《菜单式公共文化服务文艺巡演测评表》,每次演出后分发给群众,群众填写后收集回镇文联存档分析,镇文联对文化巡演效果进行评估,从而确保文化巡演朝着百姓喜爱的方向长久发展。

天马镇通过以文"化"人的方式,将正确的价值观融入节目,向社会传播,从而潜移默化地影响百姓的认识,改变群众的行为。比如,文化组织将不能破坏社会治安、不能破坏村庄环境等道德和政策底线编入小品,向社会传播,寓教于乐,收到了良好的社会效果。同时,天马镇重视发挥文化价值,以德正身。如金马社区的杨某性格急躁,说话刻薄,与周围邻居纠纷不断。自从反映邻里生活的小品等在家门口演出后,杨某内心深受震动,他逐渐意识到了自身的问题,开始改正自己的缺点,主动与邻居们改善了关系。总体来看,天马镇以文"化"人的方式,大大化解了社会矛盾、巩固了社会根基、重塑了精神家园,取得了良好的社会效益,是文化路径助力平安乡村建设的一大有益范本。

第五节 总体国家安全观视域下平安乡村建设的要点与对策

平安乡村建设是乡村振兴的重要一环,也是平安中国建设的细胞工程。从总体上看,乡村面临着安全风险膨胀的危机,但通过稳定的社会结构体系、现代化的治理模式、有效的技术手段保障,一定程度上可以将相应的安全风险吸纳或转化,提升平安乡村建设效能,维护国家和社会稳定。未来,平安乡村建设需在总体国家安全观的理论指引下,随着社会客观形势的发展变化而持续不断地深化和完善。

一、理顺主体构成与关系,健全平安乡村建设体系

平安乡村建设是一个系统性工程,需要构建和健全相应的建设体系。这种建设体系可以从横向和纵向两个维度来考虑。

一是纵向维度,平安中国需要平安乡村建设,同样的,平安乡村建设也离不

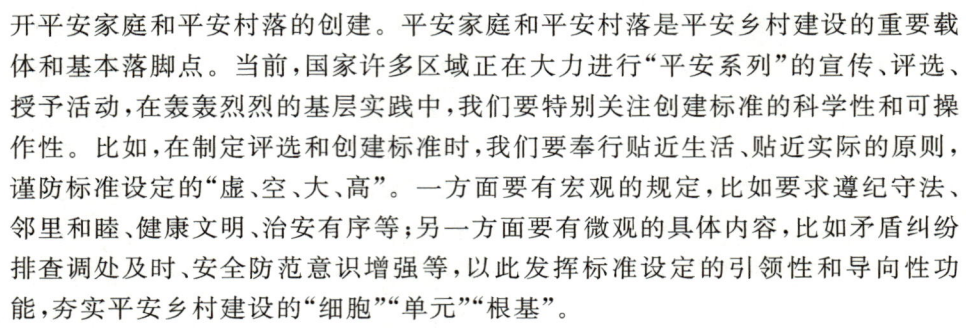

开平安家庭和平安村落的创建。平安家庭和平安村落是平安乡村建设的重要载体和基本落脚点。当前,国家许多区域正在大力进行"平安系列"的宣传、评选、授予活动,在轰轰烈烈的基层实践中,我们要特别关注创建标准的科学性和可操作性。比如,在制定评选和创建标准时,我们要奉行贴近生活、贴近实际的原则,谨防标准设定的"虚、空、大、高"。一方面要有宏观的规定,比如要求遵纪守法、邻里和睦、健康文明、治安有序等;另一方面要有微观的具体内容,比如矛盾纠纷排查调处及时、安全防范意识增强等,以此发挥标准设定的引领性和导向性功能,夯实平安乡村建设的"细胞""单元""根基"。

二是横向维度,平安乡村建设需要多元主体的共同参与。为此,一方面,需理顺主体构成及相互间的关系。如明确村两委的统筹协调作用,村干部、驻村工作队员、驻村民警或辅警、村民小组组长、网格员、民兵、村民群众等多元主体也需在明确各自职责清单的基础上,积极有序参与平安乡村建设的诸项活动,既确立起人人参与、人人负责的良好局面,也实现乡村治理资源的优化组合。另一方面,建立健全多元主体协同治理机制。构建起党委领导、政府主导、部门主抓、村级组织和村民个人主要负责、社会其他组织与机构协同配合的主体关系格局,实行标本兼治、各方主体协同运行的治理模式,通过成立社会治安综合治理委员会等组织协调各方工作,发挥多元主体合力。以结构合理、功能强大的组织体系与构建完备、规范有序的运行机制保障平安乡村主体建设"有所为"。

二、创新开展"三治"融合,构建现代化乡村治理模式

党的十九大报告指出,要"加强农村基层基础工作,健全自治、法治、德治相结合的乡村治理体系"。党的十九届五中全会再次强调,要"健全党组织领导的自治、法治、德治相结合的城乡基层治理体系"。新时代,创新开展"三治融合",构建现代化乡村安全治理模式,是推进平安乡村建设的本质要求,也是激发乡村发展活力、实现乡村善治的重要途径和举措。

一是发挥党建引领"三治融合"的积极作用。作为乡村社会的"领头羊"和"排头兵",基层党组织兼有乡村社会的内生主体和国家权力的组织载体双重身份,具有承接国家意志和乡村需求的天然优势,在实践中要充分发挥其交汇点的服务功能,凸显服务型党建形象,以乡村基层党组织的力量提升助力"三治融合"发挥最大效能。为此,需注重强化基层党组织的政治功能,同时构建起基层党组织在乡村安全风险防控中的主体责任机制、依法治理基础上的预防调解机制,以及党员能人号召群众积极主动参与平安乡村建设的能动机制。

二是充分发挥自治强基作用。以自治激发平安乡村建设的内生源动力。具

体来说，一方面，加强宣传和教育。利用入户宣传、新媒体推广等形式，普及平安乡村建设的重要性、与个体的息息相关性，以及最新的平安乡村建设知识等，抢占农村舆论宣传阵地，打通"最后一公里"，最大程度凝聚共识。另一方面，创新平安乡村建设的参与机制。通过畅通群众参与渠道，多元化激发群众的参与感，如设立平安乡村建设积分制管理考核办法，将群众平日参与、积分形式以及后期奖励结合起来，发挥群众自治的创造力和活力。

三是充分发挥法治保障作用。通过定期开展法治宣传、组织法治教育培训、严格落实村庄法律顾问制度等多项举措，将法治思维贯穿平安乡村建设的各方面和全过程，全面营造办事依法、遇事找法、解决问题用法、化解矛盾靠法的法治氛围，以强有力的法治支撑增强平安乡村建设定力。

四是充分发挥德治教化作用。注重发掘乡土文化，积极树立道德模范，开展"文明家庭""平安村落""最美庭院"等评选活动，引导群众把社会主义核心价值观融入村规民约、家风家训，激活平安乡村建设内生动力，形成人人学榜样、助推崇德向善与遵规守纪相辅而行的浓厚氛围。

此外，平安乡村建设还要发挥政治和智治的作用。以政治为引领，发挥基层党组织的领导核心作用，坚定平安乡村建设方向，提升平安乡村建设凝聚力；以智治为支撑，不断加强信息化建设，推进数字乡村建设，用技术实现全方位消除安全隐患，强化平安乡村建设助推力。

三、善用现代信息技术，提升平安乡村治理效能

新时代，提升乡村治安治理效率及防控能力，打造平安乡村建设，需综合利用传统治安防控手段和新型治安防控技术，以"传统＋现代""人治＋技治"相结合的方式，提升平安乡村治理效能。

一是打造数字乡村服务平台。立足5G，创新使用大数据、人工智能、物联网等先进技术手段，以数字基础设施和互联网发展的新业态模式助力平安乡村建设。具体来说，结合当前信息化条件下社会治安形势的变化，以及当前电信诈骗等犯罪行为在农村地区高发蔓延的态势，政法机关、公安机关等可以充分发挥大数据技术挖掘和数据比对的优势，通过人脸识别、步态分析等人工智能手段提高犯罪预警能力和刑事侦破效率。依靠先进科技防控手段的广泛普及和综合运用，有效预防和打击一众违法犯罪行为，补齐农村治安防控短板，保障人民群众的财产、人身安全，营造社会的安定有序局面。

二是健全"技治为主，人治为辅"的新型基层平安治理模式。一方面，加强乡村视频监控设备的体系化建设。如在乡村地区做好视频监控科技防控的宣传、普及和应用，加强经费支持，全方位、全领域安装监控探头并进行视频图像资源

的采集,为各安全部门开展指挥调度、执法管控等业务提供技术支持。同时注重安排人员维护,在有条件的地区将其提档升级,全面提升智能化应用水平,充分发挥视频监控网在防控风险、服务群众、侦破案件等方面的功能和作用。另一方面,联合条线管理,实现群防群治。通过整合官方正式[①]与民间非正式[②]的两支治安巡逻队,建立起由多元主体共同参与的全方位治安防控巡逻网,以此形成联勤联防的治安巡逻防控工作格局。同时,综合采取定点巡察与随机动态巡察相结合的方式,对一些乡镇和村庄的主要街道、重点部门、重点行业领域开展定期或不定期的巡防,筑牢乡村治安基础防线。

---

① 这里多指以派出所的专职力量及其辅警为主导的专业巡防力量。

② 这里多指乡村内部建立起的以村"两委"成员、治保主任、网格员、社区保安、村民小组长、志愿者等为主体参加的非专业巡防力量。

第八章　生态安全的社会支撑体系问题

生态安全的社会支撑体系包括生态经济、生态政治和生态安全教育。以生态科技和产业为主导的生态经济体系包括整体和局部的经济评价体系、产业布局、财政税收、市场培育。以每个人的生态安全为底线的生态政治建设包括公共环境政策制定的认知机制、行动力培育、救助机制、环境外交。生态安全教育包括培养生态责任意识、生态权利意识、生态风险识别能力、避险能力,包括生态安全职业伦理、基本生态科学和生态社会学。

从历史唯物主义的视角看,生态安全从来都不单单是技术问题,自然的破坏常常是不合理的社会安排的后果。生态安全说到底是生态系统对于人的生存发展的安全性,是地球生态系统持续支持人类生产生活的能力底线。维护生态安全不仅需要对自然实施保护和修复,也要构建生态友好型社会支撑体系,以生态安全指标作为评价经济社会发展的标尺,普及生态安全意识,建设生态的经济体系、教育体系、政治法律设施以及国际关系。本章从经济、政治、教育等方面探讨生态安全的社会支撑体系,从社会结构、社会意识、社会行为等方面探讨生态安全的社会支撑体系。

习近平总书记指出:"生态环境没有替代品,用之不觉,失之难存。'天地与我并生,而万物与我为一。''天不言而四时行,地不语而百物生。'当人类合理利用、友好保护自然时,自然的回报常常是慷慨的;当人类无序开发、粗暴掠夺自然时,自然的惩罚必然是无情的。人类对大自然的伤害最终会伤及人类自身,这是无法抗拒的规律。"[①]作为一种非传统安全,生态安全是为应对日益深重的全球

---

① 习近平.习近平谈治国理政:第3卷[M].北京:外文出版社,2020:360-361.

生态危机而进入人们视野的。20世纪五六十年代以来,生态安全问题逐渐引起全世界尤其是资本主义国家的警醒。20世纪30—60年代,世界发生了八大公害事件;70—80年代发生了六大严重污染事故;到80年代以后,气候变暖、海平面升高、水体酸化、臭氧层空洞、土壤退化、耕地减少、生物多样性减少、能源耗竭,每一件都威胁到人类的生存,生态安全问题已成为悬在全人类头顶的达摩克利斯之剑。

世人已经意识到人类的生产活动正在突破地球生态系统的承载能力。1970—1990年,生态安全问题受到学界普遍关注并上升为国家战略[1]。我国在2014年召开的中央国家安全委员会第一次会议上,将生态安全正式纳入国家安全体系。国家生态安全是指:一个国家具有能持续满足经济社会发展需要和保障人民生态权益、经济社会发展不受或少受来自资源和生态环境的制约与威胁的稳定健康的生态系统,具有应对和解决生态矛盾和生态危机的能力[2]。

第一节　科技、产业与生态经济

经济的发展应以生态安全为底线,同样,只有生态的经济形态才能为生态安全托底。然而,一个理想的生态经济应该是什么样的,还没有确切的答案。生态经济应该是生态友好的,应该能够经世济民。生态经济在满足人类需要与维持生态系统承载力之间保持平衡,使得人类能够可持续地通过与自然进行物质交换,得以生存和繁荣。因此,生态经济不是向自然无限索取资源的经济,而是既索取又回馈的经济,循环经济就是一种生态经济样态。生态经济要以地球生态系统的承载能力为限度,而不盲目追求经济增长。地球所能提供的资源是有限的,地球生态系统所能容纳的污染物也是有限的。这两个"有限"至少意味着经济规模不可能无限扩张,而是要达成平衡和循环。生态经济还应该是能把自然从"公地悲剧"中拯救出来的经济。因此,生态经济应该是局部和整体相协调的经济,应该是能够协调乃至统一局部利益和整体利益的经济形态。社会、生态和经济只有在一种生态经济中才能协调发展。

在一定的科技形态和经济形态的框架内,人们的生产活动并不会损害生态

---

[1]　智广元.从"技术逻辑"到"制度逻辑":技术政治视野下的生态安全问题[J].重庆师范大学学报(哲学社会科学版),2018(2):75-80.
[2]　方世南.生态安全是国家安全体系重要基石[N].中国社会科学报,2018-08-09(1).

系统的承载能力,反而会提升其承载能力。从历史上来看①,生态系统的承载能力与生产技术水平和经济样态紧密相关。在渔猎时代,人类以采摘和狩猎为生,土地的平均承载能力仅为0.02~0.03人/平方千米。也就是说,每平方千米土地只能养活0.02~0.03人。以原始畜牧业和种植业为基础的原始农业使得土地的平均承载能力上升到0.5~2.7人/平方千米。传统农业将畜牧业和种植业整合成一个循环体系,这样的技术创新将土地的平均承载能力上升到40人/平方千米。现代农业突破了土壤的有机养分有限和作物生长的自然限制,将土地的平均承载能力上升到了160人/平方千米。

但是生产技术推高土地承载能力的趋势到了现代农业阶段就到头了。现代农业的能耗太高,有研究表明,农产品产量每增加1%,能源消费就增加2.5%,人们因而将现代农业称为"石油农业"。石油农业虽然提高了农业的生产率和产值,但是化学品的大量使用破坏了土壤和水环境,从根本上破坏了农业的生产条件。因此,"石油农业正在耗竭地球支持人类生存的能力"是准确的,更高水平的生态农业才是未来农业的发展方向。

马克思和恩格斯在资本主义发展的早期就尖锐地批判资本主义的反生态性质。从更大范围内来看,伤害地球生态系统,威胁人类生存发展的是包括现代工业在内的整个现代经济体系和技术体系。石油农业只是这个经济体系的一部分。工业革命以来,以资本主义为样板的现代工业经济带来巨大经济成就的同时,也在大尺度上消耗了地球生态系统的承载能力。从19世纪中叶开始的工业革命带来的技术体系和经济体系,一方面极大地提高了人与自然之间物质变换的效率,另一方面以前所未有的速度破坏地球生态系统。人们对自然的每一次胜利,都招致了自然界的报复。当自然资源、科学技术和劳动成为资本逐利的手段,人与自然之间的物质变换并没有成为滋养劳动者经世济民的体系,而成了异化劳动、生态恶化的根本原因。当代学者不断指出,资本主义经济增长越快,资源的耗费率和耗竭率就会越高,严重威胁生态安全。生态系统的承载能力一旦跌破临界值,整个经济体系就会崩溃,因此资本主义犹如一趟加速驶向悬崖的列车,若不及时调整方向,难逃灭顶之灾,寻找可持续的经济形式势在必行。

早在1865年,英国著名经济学家威廉姆·斯坦利·杰文斯曾在其专著《煤炭问题》中提出:通过更新技术提高自然资源的利用率,例如煤炭,只会增加而不会减少对这种自然资源的需求,因为新技术会提高资源利用效率,而资源利用效率的提高会导致生产规模的扩大。"蒸汽机技术的每一次成功改进都加速了煤

---

① 此部分数据参见:李周,杨荣俊,李志萌.产业生态经济:理论与实践[M].北京:社会科学文献出版社,2011:6-7.

炭资源的耗费。"这就是著名的"杰文斯悖论",即技术发展与资源保护之间的悖论。因此,技术及其进步只能够解决一些具体问题而无力解决根本的、深远的问题,尤其是涉及国家安危与人类存亡的生态安全问题。因此,这是一种"技术乌托邦"。这只不过是用进一步的错误来矫正前一个错误,造成错误的不断循环、螺旋上升。①

自20世纪中叶以来,陆续有经济学家纠正无视经济发展的生态约束的经济学理论,提出替代性的经济学。赫尔曼·戴利在20世纪70年代提出"稳态经济"概念。戴利进一步强调了生物物理现实对经济体运作的重要性,认为经济是地球生态系统的一个子系统,由来自更大系统的代谢流或"吞吐量"来维持。稳态经济的分析主旨是经济的可持续规模,即"不破坏自然系统承载能力和弹性的情况下能够容忍的经济容量",批判增长主义,要求对经济规模加以限制。1971年,罗马尼亚人乔治斯库-罗根提出以物理学为基础的经济增长批判,开启了现代生态经济学的大门。他在《熵定律和经济过程》一书中指出:经济过程就是自然界中熵的变化过程,财富是一种从低熵物质到高熵物质、从能量消耗到能量污染的过程。这意味着我们追求财富增长的同时一定会带来可用资源的枯竭,熵定律限定了经济不可能一直增长(在没有新的能源形式的情况下)。

早期生态经济学主张通过抑制经济增长来解决生态危机,但是抑制增长实施起来困难重重,在既有的国际政治经济格局下,抑制增长的客观效果往往是伤害了贫困人口的生计,迫使他们从事掠夺性生产,导致了"贫困带来环境破坏"的悖论。本来,贫困生活生态足迹应该是比较小的,但贫困地区往往无法阻挡富裕地区的污染转移,也无力实施生态的生产和生活方式。发展是安全的基础,安全是发展的条件。20世纪80年代以来,为寻求经济效益、社会效益、生态效益相结合的方案、路径,生态经济学逐渐成为研究社会再生产过程中经济系统与生态系统之间物质循环、能量转化、信息交流和价值增值的经济学,生态经济开始付诸实施,政府、经济行为体介入。20世纪90年代以来,生态经济学家开始赞同经济增长,探索生产活动与生态系统共赢的经济样态②。

生态经济是一个复杂体系,包括科技创新、产业培育、经济组织形式、市场的培育、宏观调节和微观经济行为的规制、行政规制、法律环境等诸多方面。这里我们选取与生态安全关系较为直接和密切的三个方面加以论述。

---

① 智广元.从"技术逻辑"到"制度逻辑":技术政治视野下的生态安全问题[J].重庆师范大学学报(哲学社会科学版),2018(2):75-80.

② 李周,杨荣俊,李志萌.产业生态经济:理论与实践[M].北京:社会科学文献出版社,2011:9.

首先,环境保护技术-产业群的培育。环保产业是指在国民经济结构中以防治环境污染、改善生态环境、保护自然资源为目的所进行的技术开发、产品生产、商业流通、资源利用、信息服务、工程承包、自然保护开发等活动的总称,主要包括环境工程建设、环境保护服务、环保机械设备制造、自然保护开发经营等方面[①]。

一是能源技术和产业、节能服务技术和节能服务产业、可再生能源技术,如风能、太阳能技术。技术虽然不能给人类带来永不枯竭的有效能源,也不可能把垃圾完全变成有效能源,但是技术可以提高物质和能量的转化效率,延长物质能量转换形式的链条,提高能源的再利用率,从而降低地球熵增的速度。新能源技术的进展将扩展人类能够有效利用的、更为清洁的能源,如地球以外的能源,或提高太阳能的能级。这个技术产业群对生态安全具有根本性的意义。环保服务产业用于提升传统产业的清洁度和绿度,包括第一、第二和第三产业。如生态农业技术,可以由政府采购,并向农民推广使用。工业生产中的节能减排、污染治理达标可由环保服务产业向企业、单位和个人提供环保服务来实现。企业、单位和个人可以通过购买环保服务或专业建议,提升其生产经营、日常运转和生活中的生态友好程度。这样既可以扩展环保技术的运用范围、扩大市场、增加环保服务产业的收益,也可以降低客户的环保成本,实现技术、经济、社会的共赢。

二是生态修复技术和生态修复产业。习近平总书记指出:"山水林田湖是一个生命共同体,人的命脉在田,田的命脉在水,水的命脉在山,山的命脉在土,土的命脉在树。用途管制和生态修复必须遵循自然规律,对山水林田湖进行统一保护、统一修复是十分必要的。"[②]2015年10月召开的党的十八届五中全会指出要建构科学合理的生态安全格局。习近平总书记在多个场合指出构建生态安全屏障是经济社会发展的根本保障。生态修复产业旨在扭转生态系统恶化趋势,降低生态安全风险。生态修复可以减缓甚至逆转生态系统的退化,保持甚至恢复生态系统承载能力。这个技术产业群可以修复甚至提高生态系统的生产力,维持人类生产活动和生态系统之间良性的物质变换。

其次,构建生态的经济结构,实现产业结构的清洁化升级调整。应通过严格的准入标准和准入制度,将能耗高、能效低、污染排放不达标的工艺和装备逐步淘汰。在此基础上,构建清洁的循环经济组织方式,建构狭义的和广义的生态产

---

① 陈新怡."双碳"背景下环保产业发展途径分析[J].现代工业经济和信息化,2023,13(8):186-188.

② 中共中央文献研究室.十八大以来重要文献选编:上[M].北京:中央文献出版社,2014:507.

业网络。生态产业园区就是这个意义上的狭义生态产业网络。生态产业园区的实践表明，在局限于空间地域的生态产业园中，并非产业链的各个环节都能形成规模效应，从而造成"生态但不经济"的后果，不利于提高整体能耗-产出比。应对措施是建立排污权交易市场。除了国际社会关注的碳排放权交易市场，还应该建立其他污染物排放权交易市场，如温室气体以外的空气污染物、固体污染物（包括排放在空气中的）和液体污染物。温室气体排放事关全球生态安全，而固体和液体污染物则会危害当地。我国作为碳排放大国，减碳义不容辞，然而从维护国家生态安全的角度，治理固体和液体污染物的排放是当务之急。我们必须通过合理的排污权定价，彻底扭转长期以来污染排放免费的局面，有效遏制环境污染。通过核算整个链条的经济性和生态成本，对生产过程进行全链条治理，将生态代价纳入成本核算，从整体上有效地平衡直到消除经济活动的环境负外部性。

构建区域和整体生态经济圈，建立基于自然地理条件的区域生态经济圈，如基于水文条件的流域生态经济圈，基于土壤、植被条件的草原生态经济圈等。在城乡规划建设中以生态安全格局为基本框架，依托自然物理条件构筑生态安全屏障。这需要克服行政区域与生态区域不相对应的困难，促成不同行政区域之间的有效合作。比如要建设流域生态经济圈，只有将上下游捆绑成一个利益共同体，才能从根本上解决生态保护主体与生态受益主体不同，或生态污染主体与生态受损主体不同带来的冲突。负面的案例有 1998—2001 年江浙边界太湖流域的"零点行动"[①]，正面的案例有安徽、浙江两省新安江流域的生态补偿实践[②]。

再次，破除不计生态成本的经济计量模式，通过转化和计算，把生态安全指标转化为经济目标，推动整个经济体系生态化转型。从 20 世纪中叶开始，经济学家尝试将环境因素纳入国民经济核算体系，也就是绿色 GDP 核算体系。现行的绿色 GDP 核算往往简单地在现有 GDP 中扣除环境成本。但是这种核算往往不能全面、准确地反映一个经济体的绿度。在一国范围内，处理环境污染、生态修复活动中产生的经济活动常被算在正向的 GDP 中，不得不说，环境保护也成了一个生意、一个产业。从国际分工和国际贸易的角度看，一国的绿色 GDP 的提高，常常在于把自然资源消耗和环境损害通过国际分工和国际贸易转移到了其他国家。可见，绿色 GDP 的核算体系至少有两点需要改进，一要考虑经济活

---

① 陈阿江.文本规范与实践规范的分离：太湖流域工业污染的一个解释框架[J].学海，2008(4)：52-59.

② 王奇，姜明栋，黄雨萌.生态正外部性内部化的实现途径与机制创新[J].中国环境管理，2020，12(6)：21-28.

动对整个生态系统的环境影响,即全球绿色产值,二要设置更为精细的计算方式。

一是改善价格体系,破除市场决定价格的片面价格体系,引导市场服务于生态目标。完全由市场决定的价格并不一定环保,甚至可能恰恰相反。市场价格主要反映生产效率,生产效率高则价格低、销量大。但是,有些产品销量越大对环境承载的损害越大,比如煤炭开采和提炼技术的进步加速了煤炭资源的消耗。在科学的能源价格和资源价格核算体系的基础上建立反映资源稀缺程度、环境污染保护成本的价格体系。生态经济学的最新进展之一,是在原来的活劳动与物化劳动中加入了资源成本,将资源环境成本加入成本核算中,形成了反映产品生态代价的成本核算。资源环境成本包括三个部分:资源成本、环境成本和使用者成本。资源成本反映生产产品和提供劳务过程中的资源消耗,资源稀缺性会通过资源价格体现,引导企业使用相对丰富的资源,激励资源节约和资源替代的技术创新。环境成本即产品生产全过程的环境保护成本,防止生产者通过损害环境来牟利,避免"公地悲剧",推进代内公平。使用者成本是当代人和后代人利用资源的效率差异,以推进代际公平。

二是财政和税收。生态经济的公共产品特征和其他正外部性要求公共财政、税收政策介入。外部性是指在经济活动中生产者或消费者的活动对其他生产者或消费者带来的非市场性影响,即对无辜第三方的影响[1]。生态经济所产生的正外部性主要是清洁水质、空气质量,良好的草原林地植被,土壤保持,生态景观等,这种正外部性由于具有非排他性和不可分割性,往往由大量的社会成员无偿享用,其价值仿佛无从计量,很难从受益者那里获取回报。提供这些正外部性的人们或者经营性机构,不论是主动从事生产经营活动的人们,还是主动或被动放弃从事生产经营活动的人们,由于得不到正向的激励和反馈,将失去从事生态经济或放弃从事具有生态负外部性经营活动的动力。经济学分析认为,完全靠市场将会导致生态产品供应不足,从追逐私利的理性经纪人的角度,如果没有财政和税收方面的激励,人们将缺乏从事生态经济的动力。[2]

生态产品的投入和产出涉及不同的主体。这些主体首先是不同的人,其次是不同空间和时间中的人。这导致产出生态产品的人不能给生态产品定价,享用或消费生态产品的人也难以通过自身的购买行为影响生态产品的价格。总

---

[1] 麻智辉,李志萌.生态经济与生态文明建设研究[M].南昌:江西人民出版社,2015:421-428.

[2] 王奇,姜明栋,黄雨萌.生态正外部性内部化的实现途径与机制创新[J].中国环境管理,2020,12(6):21-28.

之,生态正外部性的存在导致生态系统服务难以直接进入市场体系,但一些附着了生态价值的生态产品,如绿色有机食品、生态旅游服务等,则具有可分割、易确权、边界明晰等特征,可以与普通经济商品一样,通过市场交易实现其生态价值的货币化。[①] 因此,在财税政策中,如何测算正外部性的提供者以及他们应该得到的补偿与激励,如何确定正外部性的受益者以及通过怎样的途径让受益者付出补偿,是个复杂的问题。财政和税收扮演不可或缺的角色。第一,通过税收和财政转移支付完成补偿。比如我国的流域生态补偿,下游地区对上游地区的补偿通过政府转移支付完成。现有补偿不包括对间接代价(如放弃发展机会)的补偿,还应进一步完善,以促进区域生态-经济平衡发展,落实"绿水青山就是金山银山"战略。第二,通过税收和财政政策激励公众和企业的环境保护行为。比如,对提供生态正外部性的企业和个人从业者提供财政补贴或税收优惠;通过政府绿色采购鼓励企业采用减碳设备,开发减碳技术;通过对低碳产品的大量采购,引导投资需求。第三,通过财政和税收政策培育和引导繁荣的、有效配置资源的生态产品(包括抽象的和具体的)市场。

第二节　生态安全的政治支撑体系

生态安全的政治支撑体系主要是指针对区域生态安全、国家生态安全和全球生态安全,增强政府的生态职能,发展参与度广泛的、有效的生态政治设施,积极组织和参与各个层次的环境治理。马克思指出,只有到了共产主义社会,才能达到人与自然的统一,"这种共产产义,作为完成了的自然主义,等于人道主义"[②]。20世纪的西方生态马克思主义持续地批判资本主义制度的反生态性质。如不改变整个世界的政治框架,生态危机将不可能消除,生态安全将无法保障。对于我国来说,生态安全是人民安全、经济安全的保障,同时也是政治安全的重要保障。

生态安全本身就是一个政治问题。生态安全说到底是人的安全。生态安全首先是对于所在地的人的安全。自然界本身无所谓安全不安全。生态安全关系人们的生存、健康和自由。人是政治的动物,而一旦没有了生态安全,人的生存底线将被击穿,为了生存,人们要么迁居要么反抗。张玉林曾警告,中国社会整

---

① 王奇,姜明栋,黄雨萌.生态正外部性内部化的实现途径与机制创新[J].中国环境管理,2020,12(6):21-28.

② 马克思,恩格斯.马克思恩格斯文集:第1卷[M].北京:人民出版社,2009:185.

体上迎来了由生态环境恶化所带来的政治危机[①],环境诉讼、环境信访、环境抗争事件的数量在世纪之交急速攀升。在全世界范围内来看也是如此,生态环境问题的呈现实际上就是一个生态安全问题政治化的过程。

针对生态安全的显性公共设施就是一套监测-预警-响应公共设施。但这是远远不够的,如果没有底层的经济-政治-教育体系的支撑,生态安全是得不到有力的、根本的保障的。生态安全的政治支撑首先是要管好经济,用政治的力量引导和推动经济的绿色转型。虽然对于保护环境、维护公民的生态权益,我国早有理念、有国策、有政策、有法律体系,但是在实际的践行中,存在长期的"有法不依、执法不严、违法不究"的悖谬局面。这种局面直到党的十八大之后,才开始扭转。究其原因,主要是地方政府在政绩压力(经济增长)和财政收入压力的双重压力下,往往选择与资本合谋,而不去提供"生态安全"这样的公共产品。这导致环境污染、生态退化的受害者——"环境难民",往往既无法制止污染,又无力迁居,而且因缺乏话语权而无力发声、无力维护自身的生态权益。

生态安全的政治设施的底层目标应该是解决代内代际公平问题,推进普遍的生态正义。生态安全所涉及的空间地域可大可小,大到整个地球生态系统,小到一个村庄;生态安全所涉及的人口规模,人的社会地位、行动能力和影响力各不相同。影响范围比较大的生态安全问题比较容易引起人们注意,得到救助,而小地方的生态安全问题就不一定。如震惊世界的印度博帕尔危险气体泄漏事件爆发之前,工厂周围的生态环境已经不适合人类居住,而这些生活在有毒环境中的村民没有得到救助和迁徙,直到惨剧爆发。[②] 暴露在不安全生态环境中的城市居民比农村居民更有可能成功避险或得到救助和补偿。

要确立政府的生态责任,完善政府的生态职能,制定和实施公共环境政策,广泛而平等地提供生态公共产品,将维护每个人的生态安全设置为政府的首要任务之一。这里从认知制度、行动力培育、救助制度三个方面加以论述。

一、构建政府-专家-公众三元结构认知制度

认知制度的主要目标是获取全面的生态环境信息,对生态安全状况形成科学、公正的判断,设置科学、公正的程序,制定合理、有效的公共环境政策。生态安全的维持必须基于正确的统计调查数据和科学的判断。因此,必须建立科学、有效的生态安全监测和评估系统。经验教训之一:我国对内蒙古草原的生态保

[①] 张玉林,朱守祥.根治污染 避免灾害:江苏省信访"热点"展示的环境污染与纠纷[J].调研世界,2002,(12):39-41.

[②] 贝尔.环境社会学的邀请[M].昌敦虎,译.北京:北京大学出版社,2010:146-147.

护政策一度建立在"过度放牧"的学术判断上,而这一判断是简单地用牲畜总数除以天然草地面积得来的。由于忽略了"不完全依赖草原的畜牧生产方式",得出了天然草原退化的原因在于"过度放牧"的不实判断,从而误导了政策取向。生态环境数据采集或是由于有意造假,或是由于技术能力不足,产生虚假或错误的判断将会误导监测、评估和预警机制,错失处置的先机,造成生态安全事故或生态安全损失。

合理的专家咨询和参与制度是认知制度的核心。生态安全监测与评估、拟建公共项目的环境影响、公共环境政策的形成都是一个认知过程。生态安全评估是一个多学科交叉的认知活动。生态系统本身的复杂性、生态系统与人类活动交互作用的多变性、人们应对生态风险的能力和行动意愿的变动性等,都是生态安全评估必须考虑的因素。生态环境是个十分复杂、精妙的系统,对生态环境状况、对拟建项目的环境影响的评估、对已经造成的环境损伤的评估等生态环境知识都超出了常识的范围,不得不依靠专家或专家团队。而当专家之间出现分歧的时候,特别是利益、政治和意识形态等非认知因素参与其中的时候,我们要遵循"认知公正"原则,力求做到真与善的统一。比如在国际社会相继签订《联合国气候变化框架公约》《京都议定书》《巴黎气候变化协定》的进程中,一直存在一股力量,质疑这些努力的认知基础,即"气候变暖了,碳排放是主要原因"。2009年在哥本哈根气候大会召开之前,发生了引起轰动的"气候门"事件,气候科学家的邮件系统被黑客入侵,科学家之间关于气候变化的真实性的敏感讨论进入公众视野,引发了公众对于气候变化的真实性的质疑。再如大型水电项目的环境影响评估存在争议,争议双方都有高级别的科学家团队。在当下,关于生态灾难是否已经到来也存在争议。在知识和权力的博弈场中,政府该如何裁量,如何采信?这是各国政府面临专家在公共决策中的角色和作用问题时不得不考虑的问题。美、英、德、日等发达国家均有正式的、法定的专家咨询制度,在运行中积累了大量的经验和教训,值得我们借鉴。党的十六大以来,我国对科学决策的重视程度提升,专家咨询、专家鉴定、专家论证制度已经建立。经验和教训都表明,政府的引导、规范和组织方式对于决策结果的科学性具有塑造性影响。① 专家的中立性如利益相关者回避、专家权力的限制(专家知识的相关性)、公平的代表性(学科的均衡、学术立场的均衡)、宽容度等都会影响专家咨询的科学性,都应当纳入专家咨询制度的组织方式的设计中。

保障公众知情权、话语权和参与权也是认知制度的核心内容。公众也是生

---

① 高正.对公共环境行政决策的思考:以专家参与规划环评为背景[J].天府新论,2011(4):91-95.

态安全状况的直接感知者和利害相关者,公众在生态安全认知制度中的地位和力量必须予以保障。以专家为代表的科学决策与以公众为代表的民主决策由政府来平衡。知情权保障的是人们正确评估自身可能遭受的生态风险的能力。知情权可以分为两个层面,被告知的权利和主动寻求相关信息的权利。话语权是人们公开表达自己对生态环境状况的认知、立场和诉求(避险诉求、救助诉求、赔偿诉求)的权利。有了这两重保障,人们才能采取合理有效的行动来规避生态风险,趋向生态安全。生态安全成为一个世界性的政治问题意味着人们无法对生活环境实施控制,这在全球普遍交往的时代难以避免。生活总是与风险相伴,现代化和全球化加剧了人们的生存风险。辨识生态风险、评估生态风险、应对生态风险都不仅仅是纯粹的技术或认知问题。生态风险是由各种因素、机缘相互作用建构起来或呈现出来的"社会事实"。因而,往往只有那些受到关注的生态安全问题,如温室气体排放,才会被认真对待。而那些没有成为"社会事实"的隐形生态安全问题往往得不到关注。这些隐性生态安全问题虽然单个来看影响空间范围不大,受危害的人口规模也很小,但是发生频率却很高,累积起来危害很大。[①] 维护生态安全要防患于未然,因而生态安全的认知制度要做到普遍、平等,再小的生态安全问题、哪怕只关系到一个人的生态安全问题也应该是生态政治。平等是生态正义的核心。政治化意味着生态安全问题公共化,影响范围再小的生态问题也应该成为政治议题,得到政府的关注。

二、行动力培育

培育生态行动力有三个基本目标:① 提升政府的生态执行力;② 培养具有行动能力的生态公民,包括公民团体;③ 培育高水平的"环境运动"。我国早已将建设生态文明作为基本国策,生态环境立法也比较完善,但在执行过程中还存在经济发展目标与生态环境目标不一致、局部目标与整体目标不一致、地区间利益分化、多头治理、政策法规执行的连续性和一致性不强等问题。因此,在政府方面,执行力的提升主要是实现生态环境工作的系统性、整体性、有效联动的问题,更为根本的是实现经济-政治一体化的社会转型。

生态公民的培育将主要在本章第三节"生态安全教育"中论述,这里主要论述民间环保组织和环境运动的培育。

培育和引导民间环保组织。致力于生态环境保护的NGO(非政府组织)是重要的民间环保力量。在公共环境政策制定中,环保NGO是科学决策和民主决策的主要因素,在政府和公众之间发挥着不可替代的沟通作用,既能向民众宣

---

① 崔凤,陈涛.中国环境社会学:第2辑[M].北京:社会科学文献出版社,2014:99-114.

传政府的政策法律法规,又能向政府传达民众最真实的环境诉求。此外,环保NGO还是不可或缺的监督力量,是多元环境治理的一员。

我国的民间环保组织是我国非政府组织中最为活跃的。目前我国已经形成了由大型环保NGO(官方或半官方的)向地方环保NGO和草根环保NGO之间资源、影响力的传递、辐射和共享网络。[①] 底层环保组织可以借助大型组织的力量获得社会资源、群众支持和传播影响力,大型环保NGO也需要借助地方和草根NGO获得真实、广泛的环境数据。有研究[②]指出,我国大型环保NGO之间,环保NGO组织与媒体、公众之间的关系结构以及动员方式是非常有力量的,发挥和增强这种关系结构的能量,将推动我国环境运动的进展。但这仅限于官方和半官方的环保NGO。在我国,大型环保NGO从产生到运作都与政府有着深厚的关系,有一些就是政府培育出来的,在人事、组织等方面与政府密不可分。官方或半官方的环保NGO大多拥有优质的社会资本和政治资源,与文化教育、媒体、国际环保力量等方面都有着紧密而广泛的联系,有着很高的专业程度、稳固的组织结构和强大的影响力。此外,我国还有大量的草根环保NGO,主要在环境污染的监测、调查和举报,环境公益诉讼,助力和监督群众的环境维权活动等较为微观层面发挥作用。草根环保NGO要发挥作用需要撬动政府的环保职能,运营资金也往往来源于政府购买其公共服务,因此难以独立发挥作用。草根环保NGO正在改善与政府、企业和公众的互动方式。[③]

我国民间环保NGO的培育主要在于草根NGO的培育。草根NGO的独立性、筹集资金的能力、专业度和社会声望都需要提升。草根NGO存在的问题有:对政府的依赖性较强、专职人员少、在公众中的权威性不足、工作方法有限、分布不均衡等。究其原因,指令式政府作为模式、公众参与环保活动的积极性不高(仅有7.3%的环保NGO是民众自发成立的)、法律环境不友好等,都限制了草根环保NGO的作用。培育环保NGO需要全社会共同努力,在我国,政府责无旁贷。改善政府与草根NGO之间的互动模式:通过法律政策赋权草根NGO,增强其独立性;通过舆论宣传赋予草根NGO更高的社会名望和荣誉;普及生态教育,唤醒群众的生态保护意识和参与热情;适当放宽环保NGO成立的

---

① 高万芹.生态治理转型下环保NGO的类型行为与影响机制[J].贵州大学学报(社会科学版),2022,40(1):41-48.

② 童志锋.动员结构与自然保育运动的发展:以怒江反坝运动为例[J].开放时代,2009(9):116-132.

③ 李辉,王堃琪,胡彬.草根NGO参与环保公益的行动策略研究:以"身份-角色-关系"为视角[J].中共天津市委党校学报,2023,25(3):77-85.

法律限制,予以一定的资金支持。

在我国培育高水平的环境运动,需要政府、企业、公众、环保组织的广泛参与,需要政府的引导和扶持,也需要合法的、长期存在的环保NGO。我们要在全过程人民民主的框架内培育高水平的环境运动。所谓高水平的环境运动,指能够上升到政治层面,能影响政府决策和立法,且能在全社会范围内形成风尚,唤醒公众的环保意识、危机意识,形成广泛的社会动员的环境运动。不同于西方国家,我国的环境运动由政府引导和培育。如前所述,环境运动的中坚力量——环保NGO的产生和发展离不开政府的培育。我国的环境运动有政府主导的、有NGO主导的。群众自发组织的往往是对抗性的环境抗争。我国农村地区环境恶化的抗争活动发起于底层,也止于底层,未能留下固定的、合法的组织,也未能唤起广泛的危机意识和社会动员,甚至不能称之为环境运动。因此,我国培育高水平环境运动,重点在于将"污染与暴动"的低水平重复发展成有组织、有力量的环境运动①,以及发挥环保NGO的沟通传达作用,扩大环境运动的群众基础,降低普通群众的参与成本,将维护生态权益与保护整体生态环境结合起来,将基层环境抗争发展成科学、理性、和平的社会行动系统,而不仅仅是以维权和获得赔偿为目标的策略性行动。

三、生态救助制度

当弱势群体没有能力维护自身的生态权益时,社会就应该予以救助。因为关乎安全的生态权益往往是生命权,对于生存权、健康权这样的基本权利,社会必须予以救助。救助制度包括信息救助、法律救助和政治救助。信息救助在政府方面就是普及生态教育,提供相关的生态安全知识,提供生活工作的空间场所可能接触到的危险物质的信息、将要开展的建设项目对当地生态安全的影响的信息。人们需要足够的信息以应对自身可能面临的生态安全风险。

法律救助首先是政府的责任,是政府应该提供的公共产品。涉及生态环境纠纷的受害人群体往往是组织程度很低的弱势群体,这样的弱势群体在面对一个经济组织如公司时往往难以通过诉诸法律来阻止侵害、获得赔偿。在这种情形下,政府理应提供法律援助。法律援助也可以由民间社会团体来提供。法律救助还包括完善法律体系,加强普法教育,增强法律的可执行性。比如在环境污染纠纷中,现行的"原告举证"制度在实施过程中是非常不利于举证方的。且不说经济实力、社会资源都薄弱的受害人群体,即便是国家检测机

---

① 童志锋.动员结构与自然保育运动的发展:以怒江反坝运动为例[J].开放时代,2009(9):116-132.

构、科研机构,也很难确定污染与某家企业的因果关系。在这样的情况下,执法难度、执法成本非常大,难以给违规排污者定罪,相关的法律法规基本起不到威慑作用。但如果倒转环境诉讼中的举证责任,由被告举证,情况就会大大不同。陈阿江提议,只要确定出现了污染事故,个人、群体以及检察机关就可以把可能的嫌疑方全部起诉,让他们自证清白,[①]这样法律的威慑作用和导向作用也能发挥出来。

政治制度救济包括利用现有的制度以及形成一套新的行之有效的制度体系来维护每个人的生态安全。比如信访制度,环境信访可视作一种呈现生态安全问题的认知制度,以及政府获取隐形生态环境信息的必要途径。生态安全问题只有得到承认,才可以启动响应程序。要纠正我国在生态文明建设国策执行中的偏差,找到生态文明建设可行的路径,就必须重视司法途径之外的信访。再如公众参与环境影响评价的制度的执行和完善。在1996年修正的《中华人民共和国水污染防治法》第三章第十三条中规定:"环境影响报告书中,应当有该建设项目所在地单位和居民的意见。"在其他环保法律法规中也有类似的规定,但是长期以来并没有有效执行,法律成为一纸空文。居民与排污企业的纠纷频频发生,在垃圾焚烧站、垃圾填埋场、采煤等建设项目中屡屡爆发环境冲突。在改善生态环境保护的法制环境的同时还需要有政策、行政方面的救济。

生态安全的政治支撑还包括环境外交。生态环境的恶化所引发的安全问题常常是跨越地区、跨越国界的。环境外交是指各种行为体(主权国家的代表机关或个人、政党、政府间国际组织、非政府组织、跨国公司以及公民个人)通过正式和非正式的外交行动,以交涉、谈判等和平方式去维系或调整国际环境关系,旨在捍卫国家环境权和争取国家发展权的同时兼顾国际共同的环境利益。[②] 我国环境外交的目标包括推进生态安全国际合作、倡导和建设生态友好的国际关系、争取生态环境话语权、合理分配生态环境责任等。目前全球环境治理存在领导力不足、公共产品不足、集体行动不足等问题。受制于能源结构、党派之争,西方国家在国家层面上并没有承担应有的义务,至少没有持续承担。[③] 而发展中国家面临着发展和生态环境保护的矛盾,难以协调生态目标和经济增长目标。

发展中国家在全球化的裹挟下对本国生态环境失去实际上的自主权,被动地加速工业化,成为发达国家转嫁生态成本的垃圾场,继续付出沉重的环境代

---

① 陈阿江.文本规范与实践规范的分离:太湖流域工业污染的一个解释框架[J].学海,2008(4):52-59.
② 黄全胜.环境外交综论[M].北京:中国环境科学出版社,2008:13.
③ 常长海.美国环境外交政策的制约因素分析[J].外国问题研究,2020(3):57-67.

价。生态恶化限制主权国家综合国力的发展,从而危及国家安全。而当整个世界还被绑在资本主义的战车上前进的时候,如果不对外交流,限制经济的增长,也可能导致国力削弱,带来安全问题。如我国学者韩震指出的:"西方发达国家把控着全球价值链(与自然界的食物链类似)的顶端,数百年来,西方不仅恣意挥霍浪费资源,而且不平等的经济关系抑制了发展中国家的经济发展,让第三世界无力开展绿色经济,因而自然生态面临前所未有的压力。"① 对外贸易和外国直接投资对我国的环境质量有着显著的影响。对外贸易和利用外资都给我国带来巨大的环境压力。有研究② 表明,2006—2017 年,外国直接投资(FDI)加剧了我国西部地区大气质量的恶化,对外贸易的增长对东部、中部和西部地区的大气环境产生了负面效应。目前,发达国家在全球资本和货物流动中,以不到全球 30% 的人口,消耗了 70% 以上的地球资源。③

我国一直积极参与并推动全球环境治理,为全球环境治理做出了发展中大国应有的贡献。全球环境治理关系到广泛的经济、政治利益。我国在半个多世纪以来的高速发展中付出了巨大的环境代价,其中有很大一部分是通过全球产业链从发达国家转移过来的污染。但我国在海外的经济活动中勇于承担环境责任,不搞污染转移,致力于提供有利于环境保护的公共产品。如"一带一路"建设中,我国承担了生态环境保护的相关工作,自"一带一路"倡议实施以来,清洁能源投资和贸易为沿线国家气候合作奠定了坚实的基础。"亚投行"为沿线国家应对气候变化提供了大量的金融支持。在我国的推动和努力下,绿色"一带一路"将成为南南生态环境合作的样板,有望成为"人类命运共同体"、生态合作共赢与经济合作共赢相结合的成功案例。我国在全球环境治理中发挥出越来越重要的示范作用,从被动的接受者逐渐成为主动的发起者和塑造者,其中的重要原因在于全球范围内的绿色发展与我国的绿色发展是一致的、不冲突的。我国"十四五"规划提出,一方面,环境外交与中国国内经济社会建设目标高度一致,另一方面,环境外交与中国提高国际影响力、发展对外关系密切相关。

---

① 韩震.习近平生态文明思想的哲学研究:兼论构建新形态的"天人合一"生态文明观[J].哲学研究,2021(4):5-15.

② 李怡文.空间差异视角下对外贸易和 FDI 对中国大气环境效率的影响研究[D].徐州:中国矿业大学,2021.

③ 麻智辉,李志萌.生态经济与生态文明建设研究[M].南昌:江西人民出版社,2015:50-63.

第三节　生态安全教育

生态安全教育是环境教育的一部分，也是安全教育的一部分。在当前生态环境恶化、环境安全风险持续增加的情况下，我们应该运用底线思维，使生态安全教育成为环境教育和安全教育的首要目标。生态环境教育是"旨在让世界人口了解并关注整个环境及相关问题的教育过程，使人们具备以个人和集体方式解决当前环境问题以及预防新问题的态度、动力、知识、决心和技能"[1]。生态安全教育的直接目标是培养公民识别生态安全风险、应对生态安全事件。生活在相对安全的生态环境中是人生存发展的最基本的需要。而环境质量如何，取决于生活在环境中的人们的作为。维护自身的生态安全与维护整体生态安全和兼顾他人的生态安全密不可分。因此，生态安全教育也是一种公民教育，即对作为公民的人的教育而不是私人。

作为一个公民，必须了解生态学基本知识，了解人类与生态系统的关系，了解人类与其他物种是"生命共同体"，了解"生态兴则文明兴，生态衰则文明衰"，了解人类活动是造成生态风险的主要原因，从而理解自己对于生态系统以及对他人的责任、理解自己和他人以及未来的人的生态权利，并能做出合理的判断和推理。要能够通过有效的行动，获取生态环境信息，识别生态安全风险，发表自己对生态环境的观点判断，发出风险警示，表达自身的环境诉求，改善周围以及整体环境质量，在环境纠纷中理性、合作地面对问题，秉持基本的生态正义原则，如代内公平和代际公平。在参与公共事务时考虑环境因素如环境影响或生态环境承载力；在生态权益遭到侵害时，能有效利用法律、社会的手段维护自身生态权益；在遭遇生态灾害时能有效避险。

为了达到以上目标，生态安全教育的内容应包括：① 生态科学知识；② 生态社会学知识；③ 生态责任意识和生态权利意识；④ 生态风险意识；⑤ 生态法制意识；⑥ 生态生活方式和基本技能；⑦ 生态化的职业伦理；⑧ 生态化的科研伦理；⑨ 生态避难技能。

其中，生态科学和生态社会学是每个人都必须知道的生态安全知识，应该主要由学校教育承担。政府要通过政令或立法，普及基本的生态教育，明确生态教育的强制性。除了学校，媒体也要承担生态教育的责任，比如设置生态教育专栏，定期播放生态教育宣传片。教育方式应适合于各个年龄段、不同教育水平、

---

[1] 提鲍尔,克兰斯尼.社会-生态视域下的城市环境教育：公民生态学教育的概念框架[J].王子舟,译.世界教育信息,2018,31(22):14-25.

使用各种语言文字的群体。尤其要注意儿童、少年的生态教育。除了正面教育，还需去除其他教育内容和传媒中的反生态因素，不能一方面进行生态教育，另一方面让人们暴露在消费主义、强人类中心主义等反生态思想的影响中。

相关从业人员的职业伦理是生态安全教育的最低要求。印度博帕尔事件中，忽视职业培训、使用不称职的工人是一个直接的原因。2013年的中石化东黄输油管道泄漏爆炸重大事故中，相关责任人玩忽职守、心存侥幸，在油库建设时就回避生态安全问题，出现小型事故时仍不警惕，最终酿成大祸。

生态安全的社会支撑体系还包括科研伦理体系的建设。科研伦理是科研工作者的职业伦理。科研伦理体系的两大基石是求真和求善，而其中的伦理底线就是安全。应在科研人员中培育生态意识，在科学研究和产品设计研发过程审慎考虑研发活动的生态效应。以直接与生态安全相关的农业科技为例，现代环境运动的开山之作——《寂静的春天》比较了两种害虫控制技术，指出与"化学控制"相比，"生物控制"不仅符合生态科学规律，而且更经济。[①] 转基因技术的几个主要的用途都将带来广泛而深层次的安全问题。只有严格限制转基因技术的发展和应用，才能从源头上维护生物安全、基因安全。除了直接与生态安全相关的，在其他科研领域，也要树立绿色研发的理念和规范。

权利总是与责任相伴而生。每个人的生产生活都对生态环境产生影响，保护环境也应该人人有责。尽管生态权利是基本人权，但是在生态赤字已经很严重的情况下，只有生态环境得到改善，在环境公共产品供应有所恢复的前提下，基本的生态权利如生态安全才能得到保障。因此，培养环境责任意识，"人与自然生命共同体"，养成生命共同体的"管家"意识，承认我们对地球生态系统负有养护、管理的责任，认识到只有通过履践生态责任，才能实现生态权利、保障生态安全。生态法律意识是生态责任感的最低要求。

此外，法制作为一个社会的重要组成部分，也是生态安全重要的支撑，它与经济、政治、教育密不可分，本章在经济支撑体系和政治支撑体系部分已有论及，不再赘述。总之，生态安全的三大社会支撑体系是彼此联系且整体化的。经济与政治密不可分，生态的经济需要生态的政府，政府要依法行政，所有这些都要有具备生态素养的人来进行。生态安全是生态文明的最低要求，生态文明作为一种文明形态是整体性的，绝不仅仅体现在社会的某一方面或某一层面。整体性不足是目前国内和国际社会生态安全治理的主要缺陷。构建生态安全的社会支撑体系必须在社会基本制度中嵌入生态价值。

---

① 郑慧子.现代环境运动的三重意义：《寂静的春天》出版60周年纪念[J].自然辩证法研究,2022,38(11):57-63.

第九章　新型信息技术的安全哲学研究

近年来,信息技术呈现持续快速发展态势,一方面表现为信息技术自身的不断创新,涌现出诸多突破性乃至颠覆性技术,另一方面表现为信息技术与其他行业的深度融合,以核心引擎的角色塑造了形态各样的应用场景和实践模式。信息技术的两大发展趋势——相互促进、融合共生,使其成了影响当下世界发展的最重要因素之一。目前,信息技术的快速发展具有高创新性、强渗透性和广覆盖性等特点,不断深度赋能社会发展,塑造新产品、新业态乃至新思维,为经济社会发展注入活力,为人们生产生活带来便利,但也不同程度地引发了一些问题,诱发或激化了一些新的风险和危机。为了更好地发挥信息技术的积极作用,我们需要牢固树立发展意识和辩证思维,在积极推进其发展、充分发挥其效能的同时,也从哲学的高度认真思考、深度探求其可能引发的风险问题与应对之策。

第一节　新型信息技术及其典型特征

新型信息技术是一个统称,主要涵盖大数据、物联网、区块链、云计算、5G 以及工业互联网等多种技术。随着这些技术的发展普及,其数字化与网络化、虚拟化、智能化、整体化以及去中心化的特征日益影响着人们的生活。

一、数字化与网络化

数字化,即将现实中的各种信息转变为可以度量的数字、数据,再通过相应的模型,将它们转化为 0 和 1 组成的二进制代码,引入计算机内部,进行统一处理。而网络化则是在这一基础上,通过将用户及各类电子终端设备接入互联网之中,实现信息的网络传输、存储以及共享。

新型信息技术的数字化与网络化特征内在关联、相互促进,共同赋予了现实事物的可计算性、可关联计算性以及可通约性,由此实现了信息共享与万物互联。这一特征极大地影响着人们的生活方式,同时也是新型信息技术基础性的特征——它是新型信息技术其他特征的前提,同时也是各项技术产生与发展的条件。例如,数字化与网络化程度不断产生海量的数据信息,催生了对大数据运算技术的需求:现代信息社会产生的数据量已经超越了人工与经典数据库软件工具在合理时间内所能收集、存储、管理和分析的范畴,数据总量的快速增长与分析任务的日益艰巨推动了大数据运算技术的诞生,而这一诞生背景也使得大数据运算在诞生之初便天然具备规模庞大、种类繁多、处理速度快和价值巨大但价值密度低的特性。如今,大数据已经广泛应用于制造业产业升级、共享经济发展、政府治理能力提升、科研技术迭代等领域,极大影响了人的生产生活以及思维模式,其广泛应用又进一步推动了数字化与网络化的进程。另一项充分体现这一特征的信息技术是物联网技术。依托于信息传感设备与全球统一标识系统编码技术,在计算机、互联网与电子标签的基础上,物联网技术通过赋予实体唯一的数字编码并将它们介入网络之中,从而构建起一个实现全球物品信息实时共享的实物互联网。在智能小区、智能家居与智能物流等领域,物联网技术得到了广泛应用。

二、虚拟化

虚拟化是新型信息技术的另一重要特征。它主要体现在两个方面:一是计算机模拟技术。通过这一技术,现实世界的事物、过程、场景等被转化为虚拟的数字形态,从而打破时间和空间的限制,实现了超越时空的沟通。二是在资源管理优化方面。硬件上,计算机的各种物理资源(如 CPU、内存以及磁盘空间等)被抽象转换,然后呈现出一个可供分割并任意组合的计算机硬件资源配置环境;软件上,用户不必下载全部应用数据,只需下载启动器即可使用云服务器的数据并正常操作应用。

计算机模拟技术以虚拟现实技术(VR)为代表。VR 由计算机科学家杰伦·拉尼尔所创造,VR 被定义为是通过技术创造的另一种现实,而这种现实既可以是对真实世界的模拟,也可以是对人类梦想世界的展现与具象化[①]。VR 技术具有沉浸性、交互性、自主性等特点,它能够整合视、听、触、嗅、味等多种信息渠道,

---

① 严锋.虚拟现实:让虚拟无限逼近真实[N].人民日报,2019-09-20(20).

模拟人的视觉、听觉、触觉等感官体验,并支持用户通过专门的装备与虚拟环境进行互动。VR技术正日益得到广泛应用,在教育、文艺等领域,VR让现代人与爱因斯坦、巴赫乃至孔子等前人的"跨时空对话"成为可能;在医疗领域,VR手术预演、VR心理干预以及VR早期检测极大地提升了疾病预防与治疗的成效;在商贸领域,VR技术的加入为线上消费者创造了身临其境的消费体验……

资源管理优化则以云计算技术为代表。云计算技术的虚拟化特征表现为软件应用与底层硬件的分离,云技术将硬件、软件、数据、网络、存储等信息技术系统要素解耦,并重组为资源池,以逻辑可管理形式统一为用户提供相关服务。这免去了用户软硬件资源管理的工作,也在一定程度上缓解了硬件方面的价格问题以及软件方面数据管理与内存空间占用的问题。

三、智能化

智能化建立在数字化与网络化的基础上,它指的是事物在计算机网络、大数据、物联网和人工智能等技术的支持下,所具有的能满足人的各种需求的属性。智能,一般指感知能力、记忆与思维能力、学习与自适应能力、行为决策能力等。在这一意义上,智能化也可以理解为:使技术对象具备灵敏准确的感知功能、正确的思维与判断功能、自适应的学习功能、行之有效的执行功能等。

智能化技术正在成为现代生活的重要组成部分,小到密码的自动存储与日常家居、大到如智能机床等工业技术迭代都离不开智能化技术的应用。人工智能与工业互联网是新型信息技术智能化特征的集中体现。《人工智能标准化白皮书(2018版)》将人工智能定义为:"利用数字计算机或者数字计算机控制的机器模拟、延伸和扩展人的智能,感知环境、获取知识并使用知识获得最佳结果的理论、方法、技术及应用系统。"[①]当前,人工智能已广泛应用于智能助理、智能家居、机器视觉、AI艺术与图像处理、自动驾驶以及机器人等多个领域,为使用者带去了极大的便捷。在人工智能的辅助下,某一领域刚入门的使用者得以弥补经验与技术的不足,获得较为良好的体验。在未来,深度自主智能系统与人机协同混合智能将是人工智能技术新的发展方向。工业互联网技术是传统制造业与新型信息技术融合升级、实现智能化发展的典例,它以网络为基础、平台为中枢、数据为要素、安全为保障,通过对人、机、物、系统等的全面连接,将原本生产环节中并不具备直接关联性的部分统合为一个多功能复合型工业体系,实现了工业设备、工业系统以及产业决策的智能化,从而实现机器设备运行优化、生产运营

---

① 中国电子技术标准化研究院.人工智能标准化白皮书:2018版[EB/OL].(2018-01-24)[2024-01-12].http://www.cesi.cn/images/editor/20180124/20180124135528742.pdf.

优化以及企业协同、用户交互与产品服务优化的闭环,极大地提升了决策、生产、运输、销售各环节的效率。

四、整体化

各项新型信息技术之间并非是孤立的小岛,恰恰相反,各项技术之间是协同发展与相互渗透的关系:一方面,某一具体领域中技术功能的实现往往不是单一技术独立运转所能完成的,而是多项技术共同发挥作用的结果;另一方面,部分信息技术,如大数据、5G、云服务等,本身就作为其他技术发展的基石与前提条件而存在。由此,各项技术之间的结合日益密切,信息技术发展呈现出整体化的特征。

以大数据为例,其目前已成为人工智能持续快速发展的基石。人工智能的发展可以表述为"人工智能=大数据+机器深度学习"[1],其中,大数据是人工智能发展的基础性条件,通过收集分析海量信息,提供深度学习与优化算法的素材。大数据驱动人工智能在特定的学习框架下,对现有环境与设置中的参数与信息进行解析与利用,从而实现人工智能技术运算力与自主运行能力的升级。美国人工智能公司(OpenAI)所研发的 ChatGPT,从诞生到成熟,使用了 45 TB 以上的数据进行训练,语句超过 100 亿条,而其庞大的用户数量——截至 2023 年 2 月超过 1 亿人——又为其进一步发展提供了新的数据养料。另一项起到基础性功能的新型信息技术则是 5G,5G 所提供的超大带宽、超低接入时延与覆盖范围广泛的接入服务为物联网、云计算、人工智能以及工业互联网等任何依托于互联网的技术带来了更为优质、稳定、快速的网络传输与通信条件,为这些技术的进一步发展提供了条件。虚拟现实技术的发展则体现着多项技术的融合并进与共同影响:5G 为虚拟现实技术实现沉浸式体验提供了优质的网络条件,其广泛覆盖性与移动性使虚拟现实技术的应用由固定场景转向移动场景,极大拓宽其应用面;人工智能在图像渲染、感知交互方面的应用则优化了虚拟技术内容的交互性,提高了虚拟环境的制作水平与真实感;云计算技术的应用使复杂的渲染工作得以转移至云端进行,极大缓解了硬件设备的压力,从而降低了终端设备的成本,并实现了终端设备轻量化、移动化发展。

五、去中心化

去中心化是指去除原本特定实体或机构所担任的中心化关键角色,赋予各节点更多权力与自由,各节点高度自治,节点之间可以自由连接,形成新的连接

---

[1] 徐洪祥,郑桂昌.新一代信息技术[M].北京:清华大学出版社,2022:107.

单元。任何一个节点都可能成为阶段性的中心,而不再具备强制性的中心控制功能。由此,去中心化并非是不再出现任何中心,完全进行一对一交互,而是不再设立具有强制性的第三方中心,由参与交互的各节点根据实际需求自主选择运行模式与一定时期、一定任务中的阶段性中心,即从中心决定节点转变为节点选择中心,这一选择既包括是否需要中心,也包括将哪一个节点确定为新的中心。

区块链技术是去中心化的典例。区块链技术可以理解为一个分布式账本,其用意在于突破原有网络信用与价值转移体系中第三方中心背书的局限性、克服中心节点故障连锁反应,从而快速完成信用建设,实现安全且低成本的价值转移。对于区块链的参与者而言,每一个人都具有一个节点,其中所产生的信息经参与者授权后,都会在一个账本中显示,在账本数据发生变化的几秒内,全部副本需要同时进行修改来保证数据的一致性。在这一意义上,对于区块链而言,其本质就是一个大型数据库,准确来说是在进行持续增长的分布式结算数据库。它将各独立节点的信息进行统一汇总与管理,而其自身则是由网络内部各节点用户共同维护,不再依赖于某一特定中心化的控制机构的管理。系统中各节点通过利用这一分布式系统架构的数据库,在一个信任的安全环境下,根据当前任务与自身需求同其他节点产生交互,实现数据交换的安全化与自动化。[①]

第二节　新型信息技术安全风险的逻辑特点

新型信息技术的应用无疑带来极大的变化,比如 5G 提供了更为迅捷优质的通信条件、人工智能创造了人性化的智能家居生活条件、虚拟现实技术使一个个畅想世界具象化、工业互联网实现了传统产业的智能化升级……技术革新推动人类生活向着更智能、更便利、更多样的方向发展。但是,作为硬币的另一面,风险亦如影随形,与技术革新一同到来的是新的安全危机,如高度关联性促使风险影响扩大、认知与资源不对称深化社会技术鸿沟、智能化趋势诱发技术依赖问题、整体性增强催生关键集成风险。

一、高度关联性促使风险影响扩大

高度关联性是当下世界的现实图景,反映了技术推动下万物底层逻辑的同

[①] 徐洪祥,郑桂昌.新一代信息技术[M].北京:清华大学出版社,2022:54-55.

一性和相互连接关系的丰富性。高度关联性会增进事物的协同性、变化的共感性，促进影响的蔓延，无论是积极的还是消极的。

（一）安全风险的波及范围扩大、破坏性加剧

随着信息技术的发展，数字化与网络化程度不断提升，各领域之间的联系日益紧密，万物共联下的高度关联性已经成为一种常态。这种高度关联性是技术系统智能化、高效化发展的前提条件，但也使得安全风险的影响范围不断扩大，从一个环节、一个系统、一个领域，扩散到整个技术体系甚至整个社会，并且正如飓风般的风速与破坏性在其移动过程中逐步递增。信息技术中的安全风险传导也并非简单的线性传递，在其扩散过程中，破坏性与波及范围是同步上升的过程。由于各个节点的联系紧密，风险的扩散速度与破坏性并非是线性上升，而是指数级的变化。"永恒之蓝"事件便是一个典型的例子。2017年5月12日，不法分子利用美国国家安全局（NSA）泄露的后门工具"永恒之蓝"传播"蠕虫式"勒索病毒WannaCry。该病毒利用微软Windows操作系统445端口存在的漏洞进行自我复制与自动传播，在感染计算机或服务器后便自动向与之关联的其他服务器与设备扩散，最终席卷全球。全球范围内超过150个国家、20万用户受其影响，由此造成的包括计算机死机、企业与实验室数据库破坏等所引起的经济损失超过80亿美元。[1] 这一事件表明，现代社会中各类技术的高度关联性使得安全问题的影响范围不断扩大，一处漏洞可能引发全局性的危机。

（二）安全问题呈现出连锁、重叠与共振的特点

高度的关联性使信息技术安全问题不再是孤立的，而是相互关联、交织在一起的，形成了一个复杂的安全网。在这一网格中，各种问题相互交错影响，呈现出连锁、重叠与共振的特点。首先，网上的各节点间或是直接关联、或是经由第三点而间接相关，任何一个节点的问题都有可能传导至网格各处，引起骨牌效应式的连锁反应，产生一系列的新问题，最终动摇整个系统的安全。其次，高度关联化可能导致风险重叠，使不同的风险在同一时空内交汇在一起，形成复合风险。一方面，信息技术的正常运行依托于硬件与软件两方面的共同支撑，设施的物理安全问题与数据加密等网络安全问题可能同时出现，形成复合风险；另一方面，某一系统的背后是多种技术类型的共同支撑，如物联网就建立在传感器、通信网络、云计算等众多技术之上，安全漏洞产生后可能连锁传导至各领域、各类别之中，形成相互叠加的复合风险，极大地提高了维护与修复难度。另外，高度关联性还可能引发风险的共振，这可能表现为以下几点。其一，不同位置的隐患

---

[1] 杨光.勒索病毒肆虐全球 网络安全警钟再敲[N].中国信息化周报，2017-05-22(13).

聚合爆发:相隔甚远的两地可能存在共同的安全隐患,过去由于地理位置等因素的影响,这些孤立隐患往往在规模扩大至足够爆发为危机前便被消解,但如今信息技术带来的密切联系使同类型安全隐患的聚合共振成为可能。以舆情问题为例,过去某一舆论问题可能同时存在于徐州与北京的不同群体之中,由于地理阻隔和通信技术不发达,两地的舆论问题孤立存在,可能会自行平息消解,并不足以产生危机;但互联网通信技术的存在使这两拨群体可以在线上寻找共识,扩大了舆论问题的影响范围,加剧了其发酵速度,形成共振,最终导致危机爆发。其二,某一环节的风险不仅会在相同环境下的其他环节中引起相似反应,还会在看似不相关的其他系统中引发不可预见的风险。如工业互联网技术中,由于供应链上下游企业的高度关联性,某一环节的故障不仅会导致该环节直接相关的生产受挫,也会影响下游企业乃至上游供应环节,甚至引发整个产业链的崩溃。

(三)智能技术的混乱自运行成为安全问题的新形式

随着技术系统内部关联性的不断增强以及智能化、自动化程度的提高,技术安全问题呈现出新的形式。过去技术安全问题往往以物理破坏的形式爆发,即设备的瘫痪、损毁以及由此所引发的服务的停摆。如今,技术安全问题除物理破坏形式外,还包含逻辑破坏的新呈现形式:智能化技术通过一定的算法对各部分下达相应指令自主运行,其技术安全已不仅限于技术的实现设备,更包含逻辑算法方面。设备的故障是可以直接观察到的,其所造成的破坏也更为明显,而运行逻辑方面出现问题则恰恰相反:算法与运行逻辑的错乱并不会直接导致技术物理功能的失效,而是导致系统整体朝着错误的方向继续自运行,且无法自行纠正或终止。从表面上看其依然在正常运行,但由于逻辑与方向的混乱,此时的运转已成为一种南辕北辙式的资源浪费与无用功,并且由于表象的"一切正常",这类安全问题更难被及时发现,其最终影响往往也更为严重,设备的故障只是让一个具体环节暂时停滞,底层方向逻辑的混乱则可能导致系统的崩溃。可以说,过去技术系统的停摆令人头疼,而现在,智能技术无法停止的混乱自运行则成了一个更大的问题。

二、认知与资源的不对称深化社会技术鸿沟

不对称常常意味着差距甚至是区隔。伴随世界的快速发展,知识的不断膨胀与信息的快速传播让社会信息差、认知差日益拉大,在技术社会认知上表现为巨大的鸿沟。社会技术鸿沟的无线深化会诱发技术应用与技术开发的断裂,塑造技术黑箱、公众对技术认知僵化等深层次问题,降低应急处理能力,增加各类安全风险。

（一）开发者与使用者的不对称

技术开发者与技术使用者之间的技术认知不对称导致了技术黑箱的产生与普遍化。所谓"黑箱"，就是指为人所不知的、那些既不能打开又不能从外部直接观察其内部状态的系统，"技术黑箱"则特指技术产品中的"黑箱"现象。① 黑箱的存在并不意味着其运用的知识体系与技术手段是完全未知的全新技术，恰恰相反，能够被应用的知识与技术都是已知且经过验证的，但这种"已知性"仅是针对专业技术开发者的"已知"。现代技术系统日益庞杂，一套系统常常涉及多类学科与技术，专业研究者将复杂的知识体系与运算逻辑压缩为操作方式简明易懂的技术产品。一方面，使用者不必弄清运行原理，只需按照说明操作即可满足使用需求；另一方面，由于缺乏相应的专业知识，绝大多数使用者在事实上也无力探究技术产品的运行逻辑。在这种情况下，技术的研发和使用在事实上已经开始分离，技术本身成为一个仅对开发者单向透明而不对使用者开放的"黑箱"，部分复杂技术的维护和使用也开始分离。同时，系统的高度复杂性、耦合性和大量的智能装置使得技术系统内部的工作行为日益呈现模糊性，管理人员、维护人员、操作人员经常不知道技术系统内正在发生什么，也不理解做出某些决策的逻辑理由。②

（二）技术使用者之间的不对称

过去技术使用者之间的不对称主要体现为以硬件设施条件差异为代表的技术接入鸿沟，例如2008年时，我国互联网普及率为22.6%，其中农村地区网民约8 460万人，占农村人口的10%，仅为我国互联网总体普及率的1/2。③ 可以说，在这一时期，使用者之间的技术鸿沟实质上就是硬件设施与技术接入条件所划分的"硬件鸿沟"。近年来，随着我国新一代信息技术基础设施建设的逐步完善，全国城市及人口密度相对较大的农村地区均已较好地覆盖4G网络④，部分地区硬件设施接入问题可能依然存在，但它已不再是技术使用者之间技术鸿沟问题的主要部分。当前技术使用者之间的不对称问题的关键已从"硬件鸿沟"转向"认识鸿沟"与"应用鸿沟"，也就是个体使用新型信息技术以获取并利用信息资源的能力上的不对称。一方面，由于使用者年龄、受教育程度、技术水平等方面

---

① 陶迎春.技术中的知识问题：技术黑箱[J].科协论坛（下半月），2008(7)：54-55.
② 阎国华.技术创新进程中的人因安全问题及其管理对策研究[J].科技进步与对策，2012,29(19)：8-12.
③ 薛伟贤,刘骏.数字鸿沟的本质解析[J].情报理论与实践，2010,33(12)：41-46.
④ 张笑,孙典.再谈"数字鸿沟"：新兴技术关注度与社会公平感知[J].科学学研究，2024(10)：2028-2037.

的差异,个体对新型信息技术的认知与应用能力存在明显的差异。例如,大部分情况下,青年人对新技术的熟练速度与应用方式的多样性都优于老年人,具有较强分析能力与逻辑思维能力的人更容易从庞杂数据中锁定、抽取出有效信息。另一方面,技术使用者利用新型信息技术获取并利用信息资源的能力还受其所属群体的影响。不管是研究或是休闲娱乐,热门话题与领域所占有的信息资源在量与质上总是优于冷门话题与领域,这就导致在技术应用能力相同的情况下,小众群体所能获得的信息资源总是劣于热门领域受众群体。同时,由于职业特点等因素的影响,部分群体获取信息资源的机会明显存在优势,在过去表现为硬件水平上的优越性,现在则更多地表现为信息质量与获取渠道的优势,所谓"内部信息"就是这一方面的体现。

(三)地区与国家间的不对称

信息技术发展水平往往与经济发展水平成正比,不同地区、国家间信息技术发展水平的不平衡使得技术鸿沟进一步加剧。发达国家凭借其技术实力以及先发优势不断加深其对全球信息技术所施加的影响力与控制力,处于信息技术的上游地位,发展中国家则只能被动接受与适应,处于下游地位。地区与国家间的技术鸿沟一方面体现为技术实力及其带来的经济效益上的差异:发达国家利用技术优势获取了更多的经济利益,这些额外收益又反哺了信息技术领域的发展,从而形成良性循环,不断扩大其优势。另一方面,这一鸿沟也体现为技术应用与发展的独立性与依赖性的差异:发达国家在技术发展方向上具有高度话语权,在技术研发上居于主导乃至垄断地位,其技术发展具有高度的自研性与独立性;而发展中国家则处于附庸者的位置,其技术自研程度与自主能力较低,技术依赖性较强,在相当程度上依赖于技术引进与被动接受发达国家的技术转让,由此所引起的部分关键技术核心掌握于别国手中的问题又成了新的安全隐患。

三、智能化趋势诱发技术依赖问题

"技术依赖"指的是人们在改造自然、改造社会和改造人自身的活动过程中用一定的手段、方法和知识等活动方式后,沿着该活动方式不断强化、不断积累的现象[①],包括技术应用过程中所产生的思维僵化、预警意识不足以及应急能力的下降。

(一)诱发思维僵化问题

随着技术智能化程度的不断提升,应用与操作的难度逐渐下降,原本需要人

---

① 阎国华.技术创新进程中的人因安全问题及其管理对策研究[J].科技进步与对策, 2012,29(19):8-12.

工逐步处理的复杂操作被预设指令与智能系统所取代,轻轻按下按键即可完成一系列流程。但是,这一便捷的背后也隐藏着自主思考与决策能力下降的思维僵化危机,特别是对于新入门者而言,这一问题尤为严重。高度的智能化与自动化降低了准入门槛,使新入门者依靠预设指令与智能优化也能满足日常使用的需要,这对于技术普及无疑是有益的。但是,大部分使用者其实并不了解其运行逻辑与机制,只是根据说明书与内置引导进行按图索骥、照本宣科式的操作,具体的实施则完全借由技术去实现。这已经能够满足一般需求与日常运用,因而使用者也无意愿进行深入学习,而是依赖于智能化服务,长此以往导致思维僵化、创新能力与探索意识消退。同时,信息推送的智能化将会加剧信息茧房现象,陷于茧房中的使用者被固定的信息所裹挟和束缚,囿于原有的思维逻辑与行为习惯中无法自拔,无法认识新的观点与方法,最终导致依赖取代了自主、僵化取代了灵活。

(二)引发预警意识不足

一方面,内置的安全防护手段催生了对技术自我防护能力的过度依赖。安全性向来是技术发展中不可或缺的一个关键性考量,新一代技术往往在设计之初就内置了一系列安全防护手段。这些防护手段无疑大大加强了技术系统应对风险的能力,提高了其安全性与可靠性,但同时也加剧了使用者对自动防护系统的依赖,甚至是出于习惯性认知与技术逻辑必然性的盲目信任[1],忽视了技术内部的潜在风险,导致危机预警上的缺失。另一方面,脱离具体操作过程导致对隐患的直接感知缺失。智能化与自动化程度的不断提升使人在技术运行中所扮演的角色由各环节亲力亲为的直接操作者转变为下达指令的间接参与者与监督观察者,这一转变极大地削减了人在具体操作中直观感知潜在风险的机会。举例而言,原本在一个工厂中,各生产环节中都需要人力操作,操作者在生产过程中能直接感受到设备运行状况,察觉出其中可能存在的异常,进而做好预警工作,提前排除危机。但是,在自动化流水线中,设备会根据预设指令自动运行,不再有人直接参与其中,人缺少对设备运行状况的直接感知,而当异常能被观察发现时,隐患已爆发为危机。

(三)导致应急能力下降

技术依赖所产生的安全危机在一切正常运行时或许并不会显现出来,但当问题爆发时,它将集中表现为应急能力的下降。一是预案与准备措施的不足。预警意识的不足导致安全隐患无法被及时观测、得不到足够重视,平日里缺少相

---

[1] 杨庆峰.技术现象学初探[M].上海:上海三联书店,2005:145-146.

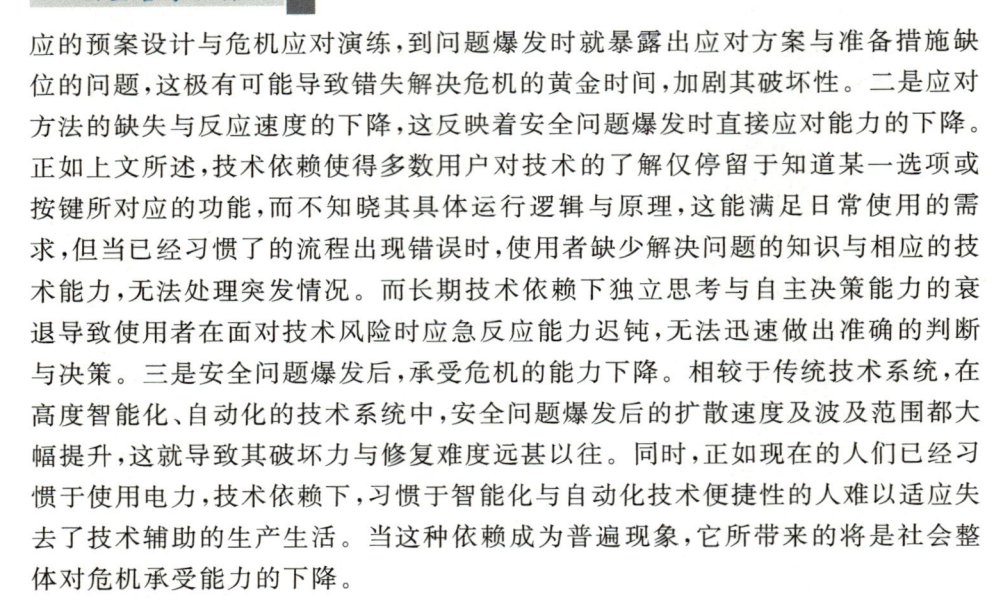

应的预案设计与危机应对演练,到问题爆发时就暴露出应对方案与准备措施缺位的问题,这极有可能导致错失解决危机的黄金时间,加剧其破坏性。二是应对方法的缺失与反应速度的下降,这反映着安全问题爆发时直接应对能力的下降。正如上文所述,技术依赖使得多数用户对技术的了解仅停留于知道某一选项或按键所对应的功能,而不知晓其具体运行逻辑与原理,这能满足日常使用的需求,但当已经习惯了的流程出现错误时,使用者缺少解决问题的知识与相应的技术能力,无法处理突发情况。而长期技术依赖下独立思考与自主决策能力的衰退导致使用者在面对技术风险时应急反应能力迟钝,无法迅速做出准确的判断与决策。三是安全问题爆发后,承受危机的能力下降。相较于传统技术系统,在高度智能化、自动化的技术系统中,安全问题爆发后的扩散速度及波及范围都大幅提升,这就导致其破坏力与修复难度远甚以往。同时,正如现在的人们已经习惯于使用电力,技术依赖下,习惯于智能化与自动化技术便捷性的人难以适应失去了技术辅助的生产生活。当这种依赖成为普遍现象,它所带来的将是社会整体对危机承受能力的下降。

四、整体性增强催生关键集成风险

(一)关键技术要素成为整体安全所系

算法与数据已成为新型信息技术的两个关键要素。算法,即以解决问题为目的的,是具有高度的逻辑性、可执行性的指令集合,它决定着技术的运行逻辑,可以说技术的迭代也就是算法优化升级的过程。而算法的升级源于其在数据分析和处理过程中的信息提炼、学习与优化。因而数据与算法共同构成了信息技术的基石,成为新型信息技术的关键要素,特别是大数据运算以及深度学习等先进算法,已经成为人工智能、区块链技术等前沿信息技术的发展支撑。但这同时也意味着算法与数据成了信息技术整体安全的关键所在,一旦这两座基石出现动摇,影响的将是技术整体。算法发展的潜在风险包括两个方面:一是对于使用者而言,算法的决策逻辑、依据与过程属于技术"黑箱"的一部分,无法观测也难以理解,这使得算法正确性的验证几乎难以实现;二是未来可能出现算法偏见、数据歧视等新问题,当前存在的"大数据杀熟"现象可以视为其雏形。对于数据而言,潜在风险则贯穿于其收集、分析与存储的全过程之中:大数据时代,规模宏大、种类繁杂已成为数据流的主要特征,如果收集阶段未能甄别出掺杂在庞杂信息流中的虚假信息与错误数据,将在后续环节引起一连串连锁性问题;分析过程中的失误将直接影响算法决策,进而导致整个系统向错误方向发展;存储不当引发的关键数据遗失将导致失去复现与再验证的机会,影响结果的可靠性。

（二）系统组织结构扁平化，形成关键风险人

新型信息技术，特别是自动化、智能化技术的应用极大地改变了系统组织结构，使其向一体化、扁平化方向发展。过去，系统内部根据环节或技术类型差异建立分化、立体的组织结构。传统技术组织结构在纵向上划分为多个层级，各层级依据上一层级指令完成相应任务，横向上同一层级各节点之间平行运行，彼此保持一定的独立性。垂直性和独立性结构使得在这一树状图上，一个节点的问题仅影响它所在的枝条而不会波及其他。如今，现代技术组织架构的立体性与内部的相对独立性被打破：一方面，立体多层级结构逐渐被单层结构所取代，总控节点直接下达相应指令；另一方面，同一平面下的节点之间相互交错联结，使组织结构向一体化、扁平化、相互交错的方向发展，单一节点的问题不再限于某一分叉之内，而是直接影响整体。同时，随着技术系统集成度的提高，大量地使用计算机使得系统间的相互作用更加复杂、耦合更加紧密，系统中大量出现的集成操控使位于总控节点的操作程序涉及的操控面被不断加剧的权力无限拓展，由此引发了新的安全隐患。这种操控权力趋向集中的系统管理方式在赋予操控人简单、高效和集成的操控权力的同时，也使得大量的潜在操控危险开始向少数几人身上集中，如系统的超级管理员、中央控制人员等。作为系统集成的副产物，他们在作为系统最高决策者的同时，也是系统风险的集中承载者。这些关键风险人一旦出现操作失误，给系统造成的破坏往往更大，甚至是全局性的灾难。[①]

（三）关键设施与设备的负担与集成风险同步提升

随着技术系统的集成度和智能化水平的提升，关键设施与设备的负担和集成风险也在同步提升。一方面，供电站、信号基站等大型关键基础设施在技术安全中扮演着日益重要的硬件支持者角色，这些设施出现问题将导致依托于它们而运行的一切技术陷于瘫痪，并且这些设施的维护、修复极其复杂，一旦发生故障，短期内无法完成修复工作，将造成巨大损失。例如，2019年委内瑞拉古里水电站的一部分发生事故，导致全国23个州中20个停电，以网络通信为首的各项技术陷于瘫痪，机场、医院、学校等公共设施停摆，由于古里电力设施的操作难度高、其国内电力系统整体发展水平不足，这次大规模停电未能在48小时内解决，数日的停工、停学造成了巨大损失。另一方面，为满足使用需求，关键设施的运营规模逐年扩大，其运行的智能化、自动化程度日益提升，运行状态和决策过程越来越依赖于精密的程序算法，一旦这部分出现故障或受到攻击，其影响范围

---

① 阎国华.技术创新进程中的人因安全问题及其管理对策研究[J].科技进步与对策，2012,29(19):8-12.

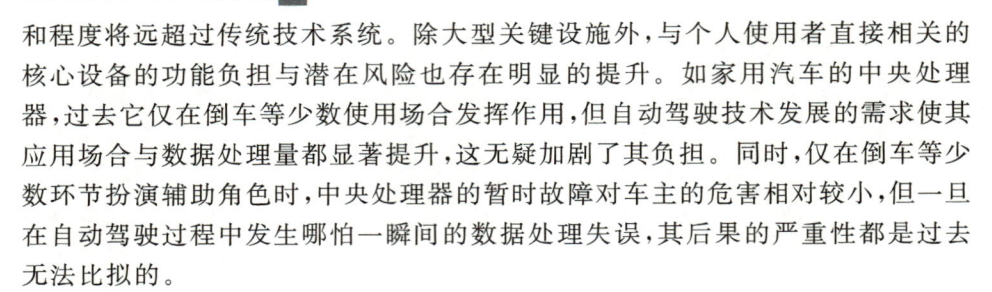

和程度将远超过传统技术系统。除大型关键设施外,与个人使用者直接相关的核心设备的功能负担与潜在风险也存在明显的提升。如家用汽车的中央处理器,过去它仅在倒车等少数使用场合发挥作用,但自动驾驶技术发展的需求使其应用场合与数据处理量都显著提升,这无疑加剧了其负担。同时,仅在倒车等少数环节扮演辅助角色时,中央处理器的暂时故障对车主的危害相对较小,但一旦在自动驾驶过程中发生哪怕一瞬间的数据处理失误,其后果的严重性都是过去无法比拟的。

第三节　新型信息技术安全风险的应对策略

新型信息技术具有传统技术所不具有的特殊性,呈现诸多新情况、新特点,内蕴新规律、新逻辑。因此,新型信息技术安全风险应对不仅要考虑一般性,更要考虑特殊性,从新型信息技术的内在逻辑出发,辩证施策、统筹考虑。

一、把握发展态势,深悟新型信息技术重要的价值作用

新型信息技术内蕴显著发展态势,呈现出众多的新颖性、突破性乃至颠覆性特征。这种显著进阶与深刻变化要求我们对其要有更加充足的考虑和关注,不能仅仅按照传统技术发展的速度和逻辑来应对这一变化,而是要深刻领会和准确把握其中的内在逻辑、外在影响和实践要求,厘清同与不同,洞察变与不变。

一方面,我们要充分认识新型信息技术自身发展的内在特点,充分认识其具备的智能性、关联性和协同性等显著特征,深刻思考这些变化对传统安全问题的解构与重构作用,辨析其中的增强效应与减弱效应,为科学应对风险奠定坚实的理论基础。同时,还要注意新型信息技术内蕴的支撑性和平台性作用,超越一般技术考察范式,从更大的网格体系去思考相应变化可能引发的问题与风险,关注其带来的风险外溢效应和链式反应问题。

另一方面,我们还要充分借助新型信息技术对安全问题治理的巨大赋能作用,勇敢去拥抱新技术、创造新机遇。新型信息技术之于安全问题来说是一体两面,不过作为双刃剑的新技术对社会安全发展的作用经常未能得到应该得到的肯定。但是,这并不能作为我们对新型信息技术避而远之的主要动因,反之应通过积极引导将新型信息技术所蕴含的不确定性隐患转变为解决安全问题的确定性势能,最终实现新型信息技术的螺旋式上升和波浪式前进。我们应该充分意识到,新型信息技术的颠覆性同时也意味着它能够打破对安全领域各种问题的旧有认知,启发人们以新视角和新方法重新审视安全问题的生发路径和演变趋

势,从根本上寻求安全问题的解决路径。

二、提升协同治理,保障新型信息技术价值效能的实现

当前,蓬勃涌现的新型信息技术对于国家安全和社会稳定具有重要的赋能作用,呈现出影响面大、关联主体多、作用强度大和涉及利益深等特点。因此,以协同治理来促进新型信息技术的规范化发展,防范新型信息技术的安全风险和安全危机,也是保障新型信息技术价值效能实现的题中应有之义。

一方面,要健全完善新型信息技术的协同监管机制。新型信息技术不仅是工程师等研发者创制开发和部署维护的主要成果,更是基于人民期盼与社会期待的科技产物,从主体层面而言就要求社会各界的充分参与。其一,政府部门应充分发挥多元主体协同治理中的主导作用,从顶层设计出发改进落实宏观调控和具体监管,充分引领新型信息技术在不同领域的实际运用。政府需时刻关注新型信息技术从开发到应用的全过程发展动态,通过法律规范、行政规制以及道德规约及时遏制新型信息技术的安全隐患和应用偏差。其二,相关媒体要利用传播优势和话语权威自觉对新型信息技术进行监管。主流媒体应充分认识新型信息技术与安全领域的辩证关系,以权威、严谨的态度对新型信息技术在安全领域的优势作用和负面影响进行全面客观的报道。自媒体要把握发布时效和受众广泛的优势,在第一时间向全社会曝光部分不良新技术的运行态势,督促新型信息技术进行自我整改。其三,社会公众作为新型信息技术的直接受众,更是协同治理中最为广泛的主体力量。公众要积极发挥监管优势,促进新型信息技术对生活工作等各种实践活动的信息化、智能化水平的提升。

另一方面,要坚持贯彻人民至上的协同治理思路。新型信息技术的产生深深扎根于人民、紧紧依靠人民,更是始终为了人民。技术的创新不能以牺牲人民的公共利益为代价,更不能在片面追求低成本、高速度的过程中忽略了质量的基本保证。防止新型信息技术成为阻碍公众发展的异己力量,应站稳技术发展的人民立场,充分认识新型信息技术的日益发展和普及已成为提升人民群众获得感、幸福感、安全感的重要保障。强化信息技术与社会重点民生领域公共服务的供需对接,在深度和广泛应用中,汲取人民智慧,扩展技术发展思路,提升技术安全程度。同时,积极回应人民对新型信息技术的深层需求和现存不满,将人民对新型信息技术的适应情况作为新技术价值效能实现的重要评判标准。在新型信息技术的创制过程中,始终将人民的生命安全作为第一要义,将基于人民不同生存场域而形成的国家安全、社会安全、网络安全作为核心要义,通过全方面、全领域的治理进路保障新型信息技术的人民性和先进性,实现新型信息技术对人民的积极塑造以及对安全的有力支撑。

三、加大创新攻关，助力新型信息技术的持续健康发展

创新是新型信息技术发展的第一动力，科技创新是提高社会生产力和综合国力的战略支撑①。习近平总书记强调，要"整合科技创新资源，引领发展战略性新兴产业和未来产业，加快形成新质生产力"②。在新一轮技术革命到来之际，惟创新者进、惟创新者强、惟创新者胜。因此，要加大创新攻关力度，盘活新领域中的新资源，释放新发展模式下的新动能，以技术发展助力新型信息技术的不断完善。

一是要加强新型信息技术基础研究，瞄准具有先发优势的战略性、前瞻性领域进行谋划布局。基础研究是由研发到生产、再到应用这一科研链条的首要环节，需要格外重视。目前，我国基础研究取得了显著进步，但与国际领先水平相比还有一定差距，需要进一步加强前瞻谋划、提前布局，才能抢占未来技术发展的先机。因此，我们要高度重视基础研究的关键作用，突破关键核心技术，破解"卡脖子"难题，尤其要重视新一代信息技术、生物技术、新能源等战略性新兴产业和类脑智能、量子信息、基因技术等前沿科技和产业变革领域③，以技术创新赋能技术安全。

二是要加快新型信息技术成果转化，推动新技术与各领域、各产业的深度融合。如果说"从0到1"代表着科技创新的原始突破，那成果转化进入市场就是"从1到无穷"的路径演进。④ 成果转化是技术创新发展的重要环节，只有将技术应用于造福百姓的事业上，才能真正体现技术的重要价值。因此，要推动"技术+产业"融合发展，做好新型信息技术的创新孵化，激发企业创造活力，形成融合发展新态势，加快培育信息技术安全的新动能和新优势。

三是要注意技术风险与技术伦理，强化负责任创新，以安全意识和责任意识来助力新型信息技术绿色、健康、可持续发展。技术的快速发展必然会伴随着一定的风险挑战，越是先进、越是影响面大的技术越是如此。新型信息技术的深度应用影响巨大，不仅会形成有形改变，还会在一定程度上冲击社会伦理和公共道德。例如，在技术加持下，人类的私人生活与公共生活的边界日益模糊，私德与

---

① 国家创新驱动发展战略纲要[M].北京：人民出版社，2016：7.
② 牢牢把握在国家发展大局中的战略定位 奋力开创黑龙江高质量发展新局面[N].人民日报，2023-09-09(1).
③ 中华人民共和国国民经济和社会发展第十四个五年规划和2035年远景目标纲要[M].北京：人民出版社，2021：27-28.
④ 戴小河，胡喆，吴慧珺.坚持科技创新引领发展：加快形成新质生产力系列述评之一[EB/OL].(2023-09-19)[2024-01-12].http://www.news.cn/tech/20230919/ce5e634ecb704ec1907963c36e2fa126/c.html.

公德的有效转换就成了突出问题。也正因如此,人们面对新型信息技术上呈现出的不安全感正在逐渐上升。尽管新型信息技术的不确定性风险可能不可避免,但是我们仍需努力去降低这些风险,在技术设计的源头下功夫,警惕不良意识形态的渗透,尽量压缩技术研发过程中的不确定性空间,使技术的"初心"与结果保持一致,防范化解新型信息技术应用可能诱发的重大风险,促进新型信息技术健康、向善发展。

四、提升公众素养,营造新型信息技术的良好应用环境

随着新型信息技术的普及,算法、数据、网络等影响着人们的生产生活和思维模式,为公众的生产生活带来便利,并满足人们对美好生活的精神需要。由于新型信息技术自身的涌现性,公众在使用互联网的过程中,会出现过度依赖信息技术、思想观念僵化、个人信息安全受到威胁等风险。公众在利用信息技术时要树立网络安全意识,加强应对风险挑战的能力,提升识别信息技术安全的辨析力,主动肩负营造良好信息环境的责任感。

其一,树立网络安全意识,充分认识保障网络安全是有效发挥新型信息技术效能的前提。没有网络安全就没有国家安全,公众的利益也难以得到保障。面对变化中的信息技术环境,公众需要提升网络安全意识,积极关注新型信息技术的辩证性意义,充分认识技术的赋能作用,以更严谨的姿态认识技术安全问题,加强应对风险挑战的能力。政府和相关部门也要加强网络安全宣传力度,采取多样化形式有效开展国家网络安全宣传周活动,潜移默化地将安全意识灌输到公众的思想认知中。

其二,推进批判性思维培育,增强公众的发展意识与辩证思维能力。面对多元复杂的新型信息技术环境,一旦不良思潮入侵网络空间,公众的不知所措和安全意识普遍较为薄弱往往是不法分子制造混乱的重要契机。面对纷乱的安全态势,公众的批判意识和质疑精神往往是十分重要的安全财富。当然,批判不是针对新型信息技术随意地批判和否定,而应该在独立思考的基础上正确看待、辩证认识、理性分析,进而提升识别信息安全的辨析力。

其三,重视安全实践,从培育公众主体意识和安全行为入手。在日常应用过程中,公众应充分认识到自身发展和信息环境的高度耦合,深刻体会安全有序的网络信息环境是公众自由而全面发展的主要保障。针对多变的信息技术发展,公众应该主动提升自己,通过自主学习掌握一定的安全技术,如设置防火墙、安装入侵检测系统等,增强防范本领,实现主动作为。此外,公众应自觉进行角色身份的转换,从新型信息技术的纯粹受益者变为信息环境的主动营造者,以积极有为的建设者姿态正确对待新型信息技术的发展和应用。

第十章　工程科学创新中技术科学家的安全责任问题

工程科学创新是引领中国高质量发展，推动突破"卡脖子"技术，实现科学技术自立自强的重要支柱。工程科学创新的核心是提出新的工程方案，论证其可行性、可靠性和经济性。技术科学家在工程科学创新中兼具科学创新和集成创新双重职责。工程安全是工程存在的前提，也是工程设计的核心问题。技术科学家作为工程决策咨询和工程方案设计工作的主要承担者，在维护工程安全中扮演着重要角色，其首要安全责任是保障公众的安全、健康和福祉，这也是工程伦理的首位原则和底线原则。需要通过建立安全"吹哨人"制度、工程共同体安全责任共担制度、工程风险沟通制度等将技术科学家的安全责任落实到位。

第一节　问题提出

在建设社会主义现代化强国、实现中华民族伟大复兴征程中，中国十分需要具有高科技含量的工程装备和能够彰显国威、夯实中国式现代化强国基础的"大国工程"。是否拥有这些工程不仅关涉我国能否实现高质量发展，在激烈的国际竞争中占得先机，并为人类做出更大贡献，也关系我们能否降低对于一些国家技术的过度依赖，实现关键核心技术的自主可控，突破"卡脖子"技术，实现科学技术自立自强。

工程科学（又称技术科学，以下统称工程科学）在基础科学研究和工程技术

第十章 工程科学创新中技术科学家的安全责任问题

创新链条中居于中间地位,是实现创新驱动发展的中心环节[①②]。2021年5月28日,习近平总书记在中国科学院第二十次院士大会、中国工程院第十五次院士大会、中国科协第十次全国代表大会上指出:"现代工程和技术科学是科学原理和产业发展、工程研制之间不可缺少的桥梁,在现代科学技术体系中发挥着关键作用。"工程科学的桥梁纽带作用主要体现在以下两个方面:一方面是基础科学研究成果的转化,也即研究成果获得企业认可,实现产业化和商业化的前提是进入技术市场,成为有竞争力的发明专利,而这一过程的实现只有通过技术科学这座桥梁;另一方面是有关工业技术的发明创造构想,也只有提升到技术科学的理论高度,才能阐明其工程方案的可行性。

正因为此,学界[③]强调工程科学创新在创新系统中除了自身的原始创新功能外,还能推进工程技术和反哺基础科学,也即还具有推动二次创新和潜在创新的功能。[④] 学者们普遍认为,重视工程科学创新,有助于推动产生新的理论、方法和前沿技术,甚至颠覆性技术,使中国在重要的工程领域达到并跑与领跑的水平,这是科技强国的重要标志[⑤],也是实现关键核心技术自主可控、高水平科技自立自强的关键[⑥]。习近平总书记在上述会议上明确指出,"要大力加强多学科融合的现代工程和技术科学研究,带动基础科学和工程技术发展,形成完整的现代科学技术体系。"在上述背景下,来自中央和地方各级政府,以及企业的巨额资金,竞相涌入工程科学领域,激励技术科学家们进行大胆的创新。

长久以来,学者基于工程师的个体伦理责任来认识和解决工程科学创新中的安全问题,强调工程师有责任保护公众的生命财产安全,防止危害和损害的发生,维护人类福祉。然而,这些认识没有结合工程科学的独有特性,没有深刻剖析技术科学家在工程科学创新中的特殊地位。并且,当前对于工程师的安全责任研究多是从工程社会学、工程哲学等方面出发,强调工程师的负责任创新。这些研究在一定程度上忽视了技术哲学的相关研究成果。这也就意味着我们需要

---

① 刘则渊.技术科学与国家创新驱动发展战略:学习钱学森的技术科学思想[J].钱学森研究,2018(2):30-46.
② 杨中楷,梁永霞,刘则渊.重视技术科学在科技创新供给侧改革中的作用[J].中国科学院院刊,2020,35(5):629-636.
③ 刘则渊,陈悦.新巴斯德象限:高科技政策的新范式[J].管理学报,2007,4(3):346-353.
④ 杨中楷,梁永霞,刘则渊.重视技术科学在科技创新供给侧改革中的作用[J].中国科学院院刊,2020,35(5):629-636.
⑤ 杜善义.工程科学与科技强国[J].科技导报,2020,38(10):41-43.
⑥ 杜鹏.加强技术科学是实现高水平科技自立自强的关键[J].群言,2021(8):4-7.

重新理解工程科学创新中技术科学家的伦理责任,重构工程科学创新中的安全原则。

本章首先对"工程科学"这一概念的兴起与发展进行学术史梳理,进而探究工程科学的特征及技术科学家在工程科学创新中所扮演的重要角色;其次,通过系统认识工程安全的相关问题,深入分析技术科学家在工程科学创新中的安全责任;最后,综合上述认识,就新时代如何提升工程科学创新中技术科学家的安全责任提出建议。

第二节　工程科学创新中的技术科学家角色

一、钱学森与工程科学

"工程科学"[①]这一概念的最早生发一般认为应归功于钱学森先生。1947年,钱学森自美国回国探亲时,应邀在国内部分知名高校做了题为"Engineering and Engineering Sciences"的学术报告。[②] 在这些报告中,他基于现代工业的发展状况,特别是对第二次世界大战期间核技术和雷达技术等快速突破的观察,强调纯科学向工业应用转化之间的距离越来越短,科学家和技术科学家的密切合作日益重要;进而明确指出工程科学家是纯科学和工程之间的桥梁,他们的工作是将基础科学知识应用于工程问题。

在报告中,钱学森还高度评价工程科学家对工程和新技术发展的重要贡献,明确提出了工程科学家的三项基本任务,也是工程活动的三个基本问题:工程科学家所建议的工程方案的可行性问题、实现工程科学家所建议的工程方案的途径问题、对于失败工程方案的原因剖析及补救问题。他还结合火箭技术、核技术的发展历史及塔科马海峡大桥案例,就工程科学家推动解决上述三个问题的作用进行了分析,并以应用力学发展历程为例,强调工程科学是对工程科学的基础研究,具有统一性。此外,他还分析了如何对大学生进行有效的培训,使其快速

[①] 这里需要特别说明的是,"工程科学"和"技术科学"这两个概念都来自钱学森先生,"工程科学"源自他1947年演讲中的"Engineering Sciences"的中文译名,技术科学来自他1957年的文章。20世纪80年代,钱先生在回复学者对"技术科学"一词的英文翻译信中,也建议使用"Engineering Sciences"。当前国内学界在探讨相关问题时,学者们会根据个人偏好分别使用这两个概念,不过一般认为两者可混用,两者之间无实质性差别。

[②] 中文翻译参见,钱学森,谈庆明.工程和工程科学[J].力学进展,2009,39(6):643-649.

成长，成为成熟的工程科学家。这是目前所知国内学者对上述问题的最早探究。

1957年，回国一年多的钱学森在全国首届力学学术会议上做了题为《论技术科学》的主题报告。该报告修改后，又发表在当年的《科学通报》上，当时在国内学界引起重要反响。在该文中，钱学森明确提出虽然自然科学是工程技术的基础，但不能简单地把它视作理论推演，而是一个非常困难、有高度创造性的工作；工程科学是有科学基础的工程理论，既不同于自然科学也不是工程技术本身，是介于自然科学和工程技术之间、有组织的互相结合的产物，是化合物，不是混合物。钱学森还列出了一系列技术科学的学科名单，并以力学、流体力学和固体力学为例对工程科学的内涵进行了阐释。如郑哲敏先生所述，钱学森的报告及这篇同名文章系统全面地论述了技术科学的基本性质、形成过程、学科地位、研究方法和发展方向，由此形成了关于技术科学的完整观点。[①] 至此，钱学森工程科学思想已经基本形成。

学者们普遍认为钱学森的上述认识与他的学习和工作经历有关。钱先生受教于冯·卡门等人，深受德国哥廷根应用力学学派思想的影响，继承和发展了该学派强调的数学、力学等要面向应用、解决工程实际问题的相关认识。在其长期的学术研究和工作实践中，钱学森又不同程度地参与到第二次世界大战期间及之后火箭、雷达等应用科学研发之中，基于对20世纪上半叶基础科学向技术应用转化的经验概括和自身科学研究工作的总结，生发出关于工程科学的认识。

虽然距今已经超过半个多世纪，但钱学森先生有关工程科学的认识仍然熠熠生辉，对于我们今天理解工程科学及相关问题仍有重要启发。本章也正是基于这些认识进一步探讨工程科学创新中的技术科学家安全责任。

二、技术科学家在工程科学创新中的作用

钱学森先生的上述工作为我们进一步深入认识和理解工程科学奠定了坚实基础。刘则渊[②]、杨中楷等[③]基于对钱学森工程科学思想的研究，对比了自然科学（基础科学）、工程科学（技术科学）和工程技术三者，见表10-1。

[①] 郑哲敏.学习钱学森先生技术科学思想的体会：纪念钱学森先生百年诞辰[J].力学学报,2011,43(6):973-977.

[②] 刘则渊.技术科学与国家创新驱动发展战略：学习钱学森的技术科学思想[J].钱学森研究,2018(2):30-46.

[③] 杨中楷,林德明,梁永霞.技术科学的学科体系、学术体系与话语体系[J].中国科学院院刊,2023,38(4):614-621.

表 10-1　自然科学、工程科学、工程技术的区别与联系①

范畴	自然科学（基础科学）	工程科学（技术科学）	工程技术
定义	关于自然界物质运动形式的普遍规律和理论的学问	关于人工自然过程的一般机制和原理的学问	关于设计和建造特定人工自然过程的专门技术
对象	自然界	人工自然、技术活动	人工自然、工程建设活动
性质	知识形态生产力,知识的高度普遍性,整个自然科学的基石	基础科学知识向现实生产力转化的中介,工程技术的理论基础	解决直接现实生产力,知识的高度实用性与专业性
目的	认识自然,揭示自然规律	改造自然,认识人工自然规律,揭示同类技术的原理	改造自然,建造人工自然
学科	数学、物理学、化学、生物学、地质学、天文学等	应用力学、工程物理、电子学、机械原理、化工原理等	机械工程学、化学工程学、电子工程学、水利工程学等
方法	科学实验、科学假说、公理系统、直觉、数学	科学实验、技术试验、数学、数值模拟	工程试验、工程设计与建造
逻辑	个别到一般	唯象理论、一般到个别、特殊到普遍	依据标准、规范、规程,一般到个别,普遍到特殊
成果	论文、发现自然现象、发现科学定律、假说	论文、技术原理、发明专利、实验报告、试验装置、模型	论文、专利、工程设计、工程建设方案、标准、工艺、技术产品
评价	实验标准:检验真理性、论文水平与被引次数、社会效果	检验原理正确性、论文学术水平与被引次数、广泛实用性、潜在经济价值	试验标准:工程可行性、专利转让、多元价值标准

表 10-1 综合了近些年来学者们对于自然科学（基础科学）、工程科学（技术科学）和工程技术三者之间的区别与联系的认识。通过比较一般科学研究与工程科学的差别,我们可以发现工程科学属于西方学者说的技性科学（techno-science）范畴。

综合上述研究,本研究认为:工程科学作为面向工程的基础性科学②,是引领工程原始创新的直接理论基础和一般性理论,也是人类知识的源泉;工程科学是自然科学与工程技术间的桥梁,属于应用科学层次,它要求技术科学家既要创

---

① 表 10-1 系作者根据刘则渊和杨中楷等的认识进行了适当修改。
② 汤瑞丽.工程科学进入美国高等工程教育的条件、历程及其影响研究[J].黑龙江高教研究,2023,41(3):1-7.

造性地运用最新的自然科学研究成果,又要学会总结、运用工程技术经验;工程科学在研究目标上与自然科学存有明显差别,它的研究对象处于复杂、受多种因素影响的环境中,不追求过分简化的精确值,追求复杂条件下工程精度所允许的近似答案[①];工程科学的研究成果要回到工程技术中去并得到验证和进一步的发展,然后起到推动工程技术前进的作用,并在这个过程中实现工程科学本身的发展;应用力学属于典型的工程科学。

刘则渊等[②]还进一步发展了司托克斯的巴斯德象限模型,提出工程科学在三个方面有助于推动创新的发生:一是理论导向的应用研究和应用导向的基础研究相结合的原创发明与原始创新;二是基于技术科学和工程科技的引进→消化→吸收→再创新;三是将从工程经验中所获得的知识中凝练出的人工自然规律与自然界的规律相结合,进而推动工程科学促进或上升为基础科学,这是一种潜在创新,可能会实现以技术科学反哺基础科学。[③] 需要注意的是,如李世海等[④]所述,工程科学主要是为实现工程目标服务的,工程科学创新的核心是提出新的工程方案,论证其可行性、可靠性和经济性。

以此为基础,我们认为技术科学家在工程科学创新中兼具集成创新和自主创新双重职责。所谓集成创新,是指技术科学家要注意学习、吸收最新的自然科学研究成果,及时总结工程经验,结合工程实际所需,通过创造性地为我所用,推动实现工程目标。所谓自主创新,是指技术科学家要在把握技术科学原理的基础上取得前沿技术的重大突破、原创性发明,并进而实现前沿技术的原始创新,并在一定程度上反哺基础科学。[③]

第三节　工程科学创新中技术科学家的安全责任

工程安全是工程存在的前提,也是工程设计的核心问题。正如约翰逊所言,

---

① 郑哲敏.学习钱学森先生技术科学思想的体会:纪念钱学森先生百年诞辰[J].力学学报,2011,43(6):973-977.

② 刘则渊,陈悦.新巴斯德象限:高科技政策的新范式[J].管理学报,2007,4(3):346-353.

③ 杨中楷,梁永霞,刘则渊.重视技术科学在科技创新供给侧改革中的作用[J].中国科学院院刊,2020,35(5):629-636.

④ 李世海,张丽.践行工程科学思想的体会:工程科学是技术创新与人类认识的源泉[J].力学学报,2022,54(8):2332-2342.

安全对于工程师的工作而言如此重要,以至于我们根本不用专门提及它——一项好的技术、好的工程理所当然也是安全的。[①]我们也难以设想一项不安全的技术或者工程会被普遍接受或者是广泛使用。也正因为如此,"关心和维护公共福祉"成为技术科学家伦理的核心准则。在多个国家工程专业委员会发布的工程伦理准则中,都要求工程师将公众的安全、健康和福祉置于首位,这是工程伦理的底线。如早在1977年,美国职业发展工程师协会就将相关准则列为工程伦理准则之首;《中国化工学会工程伦理守则》第一条也明确要求,"在履行职业职责时,把人的生命安全与健康以及生态环境保护放在首位,秉持对当下以及未来人类健康、生态环境和社会高度负责的精神,积极推进绿色化工,推进生态环境和社会可持续发展"[②]。

学者们在讨论工程安全问题时,常根据其影响范围将其进一步区分为外部安全和内部安全两类。[③] 其中,外部安全是指工程的结果对普通民众以及环境所具有的潜在影响。20世纪50年代,在苏联专家指导下兴建的三门峡水利枢纽工程就是一个典型的失败案例。由于工程设计时相关人员的实地考察不充分,未能高度重视黄河流域的泥沙问题,导致工程建成即出现泥沙严重淤积,先后多次使得渭河流域出现"小水大灾"事故。问题被发现后,也因先天设计失当,导致后期整改也于事无补,周边环境和人民至今仍深受其害。

工程内部安全是指在工程设计、工程建造和生产、工程使用、工程维护和保养等阶段防止意外发生,保障工人和技术科学家的安全与健康,顺利地实现工程预期目标。工程内部安全问题常因工程设计失当、工程师操作失误等引发。如1986年,发生在苏联切尔诺贝利核电站的泄漏及爆炸事件,主要是由于技术科学家们盲目自信,擅自拆除反应堆的控制杆,导致悲剧发生,给当地民众的生命财产安全和自然环境都带来了恶劣影响。时至今日,当地的生态环境也没有得到恢复,仍然是人类生存的禁区。

工程安全不是与生俱来的,它取决于工程设计者的精心设计、工程管理者的精心管理和维护。然而,一些悲剧案例显示出,工程设计者对于工程安全的理解和重视程度仍有待提高。如1907年,加拿大魁北克大桥在建设过程中垮塌,主

---

① JOHNSON D G. Engineering ethics: contemporary and enduring debates[M]. New Haven: Yale University Press, 2020: 143.

② 中国化工学会.中国化工学会工程伦理守则[EB/OL].(2021-02-24)[2024-01-12]. http://www.ciesc.cn/c235.

③ 李伯聪.工程社会学导论:工程共同体研究[M].杭州:浙江大学出版社,2010:374-375.

第十章 工程科学创新中技术科学家的安全责任问题

要原因就在于大桥的设计者为争夺世界上最大跨度的悬臂桁架桥虚名,没有经过严格论证,擅自将大桥跨度从487.7米增加到548.6米。针对前述切尔诺贝利核电站爆炸事故的事后调查也显示,工程的设计者事先已知道核反应堆在某些情况下会出现危险,但蓄意将其隐瞒,同时苏联为了减少建设费用,以单一保护层的方式修建了核反应堆,这使得二级防护失败,进一步加剧了核泄漏的悲惨后果。

在工程实践中,工程决策咨询和工程方案设计工作主要由技术科学家承担。在现实工程实践中,我们可以明显识别技术科学家群体及其工作的特殊性。技术科学家群体的出现是工程师群体内部分层和精细化分工的结果。这里还要特别说明,技术科学家属于广义上我们所理解的工程师队伍的一员,但又与一般认识意义上所理解的工程师不同,这种差异主要体现在其任务职责上。

工程安全是工程存在的前提,也是工程设计的核心问题。技术科学家在维护工程安全中扮演着重要的角色,其首要安全责任就是将工程伦理的底线原则,也即维护和保障公众的安全、健康和福祉首位原则落实到位。这种安全责任既是对于工人、工程周边人员的,也是对于生态环境的;这种安全责任也是一种可持续发展的责任,既要对当代人负责,也要对我们的后代子孙负责。安全责任是分层次的,既有针对个体的责任,又有针对群体的责任;既有国家安全层面的责任,也有全人类层面的责任。工程的安全责任是全生命周期的,涵盖论证、决策、设计、建造、运营和废弃等多个阶段,要确立全生命周期的安全保障理念。安全责任既是个人的,也是工程共同体的共同责任。技术科学家在工程科学创新中履行安全责任的重要方式之一是进行工程风险评估,管控风险。

深刻认识工程科学创新中技术科学家的安全责任还应理解技术科学家作为知识更为丰富的专业技术人员,与普通民众在风险感知和安全接受等问题上所存在的明显差异。毕竟,很大程度上,某物安全与否与个体对风险的感知和接受程度密切相关,是公众个体基于自身认识所产生的主观判断。劳伦斯关于安全与风险感知的经典表述时常为人们所引用——"如果一件事的风险被认为是可以接受的,那么它就是安全的。"换言之,工程安全与否还在于人们对它的风险感知和风险接受。如果因知识理解或沟通偏差,导致公众不能正确认识工程的风险,错误估计或者夸大工程风险,也将导致他们对工程产生不信任感或者不安全感。

2023年以来,日本政府和东京电力公司无视国内民众的广泛质疑与国际舆论,特别是周边国家的强烈反对,执意强行推动福岛第一核电站核污染水排海计划。日本政府辩称,东京电力公司向海洋排放的水是"ALPS处理水",这种水经过了多核素处理系统(ALPS)处理,"完全符合安全标准",已得到了国际原子能

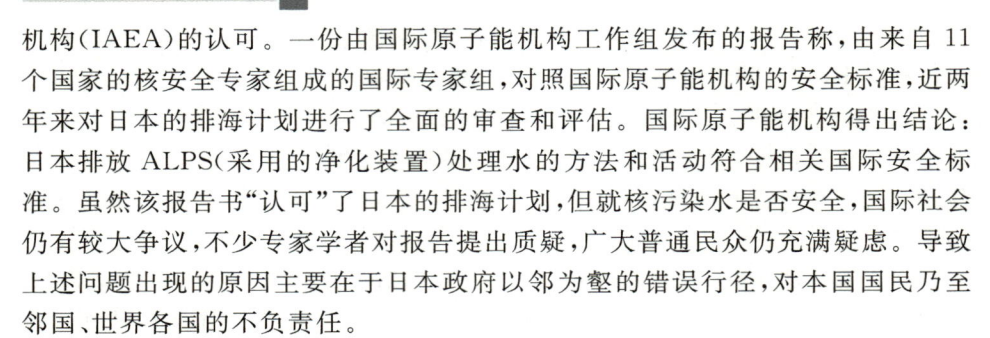

机构(IAEA)的认可。一份由国际原子能机构工作组发布的报告称,由来自11个国家的核安全专家组成的国际专家组,对照国际原子能机构的安全标准,近两年来对日本的排海计划进行了全面的审查和评估。国际原子能机构得出结论:日本排放 ALPS(采用的净化装置)处理水的方法和活动符合相关国际安全标准。虽然该报告书"认可"了日本的排海计划,但就核污染水是否安全,国际社会仍有较大争议,不少专家学者对报告提出质疑,广大普通民众仍充满疑虑。导致上述问题出现的原因主要在于日本政府以邻为壑的错误行径,对本国国民乃至邻国、世界各国的不负责任。

该案例一方面显示出不同人对同一问题安全与否有不同的认识,风险和安全是人为建构的;另一方面,技术科学家和普通民众的风险感知存在明显的差异,有必要加强工程风险沟通,推动公众进一步理解工程安全。

第四节 提升工程科学创新中技术科学家安全责任的路径

工程科学创新中技术科学家的安全责任不仅是一个理论(伦理)问题,也是一个实践问题。在国内外安全实践中,逐渐形成了具有强制性的注册安全工程师职业资格制度,也即只有符合相关要求,如具有专业知识背景的工程师群体通过专门考试获得相应的、不同级别的职业资格证书,才能成为获得专业认证、具备执业资格、专门维护和保障生产安全的注册安全工程师。他们构成了安全生产专业技术人才队伍,在维护煤矿、金属非金属矿山、化工、金属冶炼、建筑施工、道路运输及其他领域等安全方面(不包括消防安全)起着重要作用。中国有关注册安全工程师的具体要求,可参见2019年应急管理部和人力资源社会保障部联合印发的《注册安全工程师职业资格制度规定》和《注册安全工程师职业资格考试实施办法》。然而,需要特别指出的是,这种安全维护强调在工业生产领域的安全,与我们这里所述技术科学家在工程科学创新中所担负的安全责任不尽相同。

技术科学家作为工程决策咨询和工程方案设计工作的主要承担者,在维护工程安全中扮演着重要角色。新时代为进一步提升工程科学创新中技术科学家的安全责任意识,真正推动在工程实践中将技术科学家的安全责任落实到位,可以从以下几个方面着手。

第十章　工程科学创新中技术科学家的安全责任问题

一、建立配套制度,鼓励技术科学家勇做安全"吹哨人"

首先,要加强技术科学家,特别是对未来技术科学家的安全责任教育,进一步提升他们对于工程安全的理解和重视程度。通过学习教育,让技术科学家在工程决策咨询和工程方案设计工程中,坚守初心,敢于讲真话、讲实话,勇做安全"吹哨人";让技术科学家扩大对工程安全的认识,既要认识工程本身的安全,还要认识工程对工人、利益相关者及周边生态环境的影响。其中,对未来技术科学家的教育可以通过提升安全在工程伦理教育中的首位度实现。

让技术科学家进一步明确工程方案的可行性和保障其可靠性实质上是两个问题。不能简单地认为工程方案可行,就能长久保障工程的安全与可靠。如针对类似核电站这样影响深远、危害大的工程设施,要贯彻"纵深防御"设计理念,建立多重安全保障机制,对于安全保障工作留出充分的余地,使得即便故障发生后的第一道防线失守,仍有适当的措施进行评估(探测)、补偿或纠正。

要进一步完善安全责任终身追究机制,让技术科学家在工程实践中时刻绷紧安全这根弦。近年来,我国正在探讨建立安全责任终身追究机制,如2017年,国家发展和改革委员会发布《工程咨询行业管理办法》,以部门规章的形式就工程咨询的相关问题做出规定,要求工程咨询单位在开展项目咨询业务时,应以独立、公正、科学的原则作出信用承诺。其中,第十四条就工程咨询成果质量,明确提出实行咨询成果质量终身负责制,规定"工程项目在设计使用年限内,因工程咨询质量导致项目单位重大损失的,应倒查咨询成果质量责任……形成工程咨询成果质量追溯机制。"今后还要进一步建立诸如工程建设质量终身纠责制度及相关制度的落实机制,完善安全责任终身追究机制,让技术科学家在工程实践中时刻绷紧安全这根弦,真正将保障公众的安全、健康和福祉的底线原则记在心里,并落实到位。

要进一步推动"本质安全"设计理念深入人心,使其得到技术科学家的广泛认可并积极实践。"本质安全"设计理念讲求对危险源的控制,期望通过有效设计消除危害或降低危险程度,从而降低事故发生的可能性和严重性。该理念与技术科学家在工程实践中的角色十分契合,如果能积极落实将有助于提升工程安全。①

其次,加深技术科学家对风险和安全的社会建构性理解,积极进行工程的风险和安全沟通。STS(科学技术与社会)领域的相关研究已经表明风险和安全的社会建构性,以及公众和专家在风险感知和安全接受等问题上存在明显的差异。

---

①　李正风.工程伦理[M].北京:高等教育出版社,2023:197.

相关研究表明公众的焦虑并非完全因为知识不足所造成的理解困难,仅仅依靠单向的科普教育难以获得公众的认可。技术科学家要认识到风险沟通是他们作为专家的责任,也是自身相关本职工作的重要组成部分。在工作中,既要提前考虑公众对相关风险或安全议题的接受能力,提先准备,有应对之策;还要保持谦逊,积极参与针对工程风险和安全议题的沟通,引导获得公众的理解、支持和认同。

二、建立工程共同体安全责任共担制度

长久以来,学者基于技术科学家的个体伦理责任来认识和解决工程科学创新中的安全问题,强调技术科学家有责任保护公众的生命财产安全,防止危害和损害的发生,维护人类福祉。然而,工程活动是一种集体性实践,要经历工程决策、工程设计、工程实施和工程评估等多个环节,每一个环节都是在众多工程共同体成员的共同努力下完成的。[①] 在工程实践中,包括投资者、工程指挥人员、管理者、设计师、工程师、会计师和工人等在内的多种人员,共同构成了工程共同体。这是一个"异质成员共同体",在"知识构成、工作方式、社会影响、经济地位"等方面都有着明显差别,他们是一个追求经济和价值目标的共同体。[②] 尽管相互之间异质性强、工作内容差别较大,但共同体成员间相互影响、相互制约,有着复杂的社会关系,也有共同的追求,承担维护工程安全的共同责任。

工程共同体不仅是工程实践、工程活动的主体,也应当是工程伦理的责任主体,更应共同承担维护工程安全的责任。技术科学家作为工程安全的"吹哨人",一方面有责任和义务听取工程共同体成员对于工程设计方案,特别是有关工程安全方面的意见建议;另一方面还要结合工程进展,对设计方案有关安全内容进行说明、对保障和维护举措进行教育、对危害安全行为进行预警和纠偏,共同推动实现工程安全。

---

① 李正风.工程伦理[M].北京:高等教育出版社,2023:18-21.
② 李伯聪.工程共同体研究和工程社会学的开拓:"工程共同体"研究之三[J].自然辩证法通讯,2008,30(1):63-68.

第十一章　中华人民共和国成立初期煤炭工业安全生产的历史变迁(1949—1957年)

安全生产是人类创造财富的前提。"安全和发展是一体之两翼、驱动之双轮。安全是发展的保障,发展是安全的目的。"[①]然而,自远古以来,人类的生产安全很难得到保障,进入工业时代后,情况同样如此。伴随机器生产的进步和效率的提高,工人的工作环境不仅没有改善,反而日益恶化。工人的各项权益,甚至生命安全都缺乏最基本的保障。对于这些为攫取利润而置安全生产于不顾的现象,马克思和恩格斯曾多次撰文揭露和批判,并提出保护劳工权益、促进人的全面发展的观点。在中国,坚持马克思主义思想的中国共产党自肇始之初,即以保护工人的安全健康为自身的奋斗目标,并展开努力和探索。中国特色社会主义新时代,中国共产党不忘初心,继续在实践中丰富和发展安全生产理论。实际上,回顾历史可知,直到中华人民共和国成立以后,中国共产党的安全生产理念才迎来全面实践和发展的历史机遇。其中,中华人民共和国成立初期安全生产的整顿和治理则是这个理论逐步成型的重要阶段。

煤炭生产属于地下作业,恶劣的采掘环境特别容易诱发各类灾害事故。而且,中华人民共和国成立初期,煤炭工业的安全生产已不是简单的经济问题,而是政治问题和文化问题。毕竟,频仍的灾变事故不仅不利于国家煤炭工业的恢复和发展,而且还影响着社会的安定和民心的巩固,以及国际社会对中国的观感。针对这个问题,百业尚在待兴之际,中国共产党即组织力量,深入调研,调拨资金,从多个方面在煤炭工业领域开展安全生产的整顿、治理与防范工作。

目前,学界关于中华人民共和国成立初期煤炭工业安全问题的研究尚不多

---

① 习近平.在第二届世界互联网大会开幕式上的讲话[N].人民日报,2015-12-17(2).

见。如在煤炭工业的简史或通史中,有些篇章专门论述煤炭工业的安全问题。但是,这些成果均属于平面式的阐述,缺乏立体和纵深。① 因此,本章拟在中华人民共和国成立初期,即国民经济恢复和"第一个五年计划"的历史背景下,以煤炭工业的安全生产为研究对象,运用唯物辩证法,重点探究中国共产党在安全生产问题上的因应之策,及其安全生产理念的基本特点。

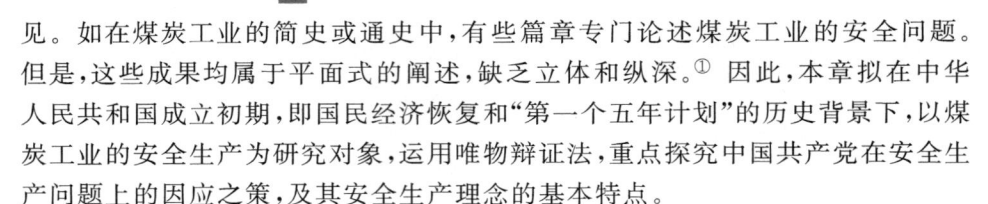

第一节　安全生产思想的宣教

中国共产党始终重视产业工人的安全健康问题,并为之不断探索和努力。1949 年 11 月,在第一次全国煤矿工作会议上,中国共产党就把"安全第一"作为煤矿生产的指导方针。然后,中国共产党领导下的各级政府还试图通过教育和宣传,从思想层面改变矿工和煤矿领导对于安全生产的认识。

一方面,加强安全生产教育,破除迷信思想。在旧中国,矿工的安全生产知识几乎全靠劳动实践中的积累和老工人的传授,且存在"要出煤,事故免不了"的错误观念,以及求神、拜佛保平安等迷信思想,甚至很多矿工还把安全问题归结为"命"。这样的认知严重阻碍了安全生产技术的进步和安全生产制度的构建。中华人民共和国成立后,中国共产党在煤矿领域大力开展安全教育,以便使矿工尽快树立正确、科学的安全生产观念。如有的煤矿因地制宜,通过保安培训班、职工安全培训班、救援队培训班,以及测风、瓦斯检测、支护等专业工种班,开展安全教育。

徐州贾汪煤矿以矿井事故经验教训为主要内容,编印了"保安教育"课本(22 课),发给工人,组织学习,使矿工既学到了安全知识,又学到了文化。1951 年,《煤矿技术保安试行规程》(草案)颁发后,贾汪煤矿的保安科和工会立刻运用广播、标语、黑板报等形式广泛向职工宣传,并举办培训班,组织干部、工人学习。除此之外,贾汪煤矿还通过事故案例展开教育,即抓住典型事故,分析原因,摆出危害,总结教训。另外,贾汪煤矿还采取领导宣讲、绘制连环画和受害者现身说法等形式,对职工进行教育。这些方式不仅形象易懂,宣教效果也很好。② 1954 年 3 月,贾汪煤矿又在全矿范围内开展"四要四不要"(下井要戴安全帽,不要打

---

　　① 如《当代中国的煤炭工业》(张明理,1998 年),《新中国煤炭工业》(王广德,2007 年),《中国工业史·煤炭工业卷》(2021 年)等。

　　② 徐州市人民政府地方志办公室.徐州煤炭志:1882—1985[M].徐州:中国矿业大学出版社,1991:98,101.

第十一章　中华人民共和国成立初期煤炭工业安全生产的历史变迁(1949—1957年)

盹和睡觉;上下罐笼要排队,不要抢上抢下与打闹;上下山要走人行道,不要行走电绞道;过往风门要关好,不要敞开就走掉)的保安学习活动,并要求人人会背、会做。1954年12月,贾汪煤矿还编制了安全技术学习教材,对工人进行教育,有1 070人参加了学习。1956年,针对事故有所增多的现象,贾汪煤矿采取了对遵章作业且有突出表现者送光荣匾、戴光荣花的举措,对屡次违章不改且造成事故者送大字报、在井口示众、用土喇叭喊话的举措。借此,煤矿向职工进行正反两方面典型教育,使职工树立遵章光荣、违章可耻的观念。除此之外,煤矿还利用广播举办"学规章,防事故"安全讲座。①

在旧中国,频发的事故让很多矿工对矿难变得麻木,因此,即便被中国共产党接管后,煤矿员工在安全生产上依然表现得缩手缩脚,信心不足。针对这个现象,河南焦作煤矿先在党内开展两种思想、两条路线的学习和讨论,批判忽视安全生产的观点。通过讨论,煤矿领导普遍树立了安全生产的指导思想,并认识到工人是社会主义企业的主人,安全生产是工人阶级的切身利益,如果对工人漠不关心,就是违背工人阶级的利益和党的政策。通过讨论,工人明确了安全生产和不安全生产是新旧企业根本不同的标志,只有在安全条件下,才能顺利完成各项生产任务。1949年11月,焦作煤矿还结合1949年年初的黄土岗土窑火灾事故,开展了"谁来保安,保安为谁"的安全大讨论,让矿工切实认识到保安工作的重要性,并制定了18条保安条约。1950年年初,焦作煤矿又召开老工人和技术员座谈会,通过忆历史、讲经验、谈教训,揭露当时安全上存在的问题,安全生产方针和思想开始深入群众。1950年4月,民主改革运动中的积极分子通过探究和总结,得到"事故发生都是人为的,任何事故都是可以防止的"结论,有效地提高了煤矿领导和矿工搞好安全生产的信心和积极性。②

1949年之前,湖南永兴煤矿迷信思想盛行,每逢初一、十五请师公(巫师)下井"驱鬼"祈求平安。中华人民共和国成立后,湖南省在首次煤矿保安会议上指出:"保安教育差是事故多发的一个主要原因。"为了杜绝落后观念,树立科学办矿的思想,1950年,在湖南永兴县境内,各煤矿普遍开展学规程、普及安全知识的活动,掀起了安全知识普及和安全培训的高潮。是年3月,湘永煤矿成立职工业余学校,开始举办安全培训班,对工人进行安全知识轮训。③

---

① 徐州市矿务局韩桥煤矿编撰委员会.韩桥煤矿志:1882—1986[M].徐州:中国矿业大学出版社,1992:187.
② 焦作矿务局史志编纂委员会.焦作煤矿志:1898—1985[M].郑州:河南人民出版社,1989,252-253.
③ 编纂委员会.永兴煤矿志[M].北京:方志出版社,2004:107.

安全哲学初探

从 1950 年开始,辽宁阜新矿务局坚持对生产班组进行班前安全教育,即井下作业人员须在班前利用半小时或者一小时的时间学习安全知识,研究可能发生的事故以及事故的预防和处理等。1951 年,阜新矿务局还规定新工人上岗前,必须进行一周的安全知识教育。这个在当时被称为"安全戴帽"的举措,取得了良好的效果。①

另一方面,强化责任意识,树立安全观念。煤矿领导干部思想松懈、责任心不强是诱发矿难事故的主观性因素。1950 年 2 月,河南新豫煤矿公司所属的宜洛煤矿发生了特大瓦斯爆炸事故。事故发生后,政务院立刻召开会议,研究问题,处理事故。周恩来总理在会议上指出:对矿区的灾变问题,不能只是消极地对于失职人员给予处罚,同时还应当积极地想出改进办法,改善行政工作,应该和官僚主义做斗争,和一切坏的作风做斗争,加强宣传教育工作。因此,这次会议除了处理相关责任人外,还决定向全国各地发出通报,要求必须纠正只顾生产、不顾安全的错误思想。②

1950 年 5 月,燃料工业部召开会议,重申了"安全第一"的方针,明确提出:"……在职工中开展安全教育,树立安全第一的思想,尽可能防止重大事故的发生,做到安全生产。""如果我们的干部重视安全问题,大部分事故是可以避免的……各级领导干部都是事故的责任者,保安工作搞不好,要搞好生产是不可能的,党政工会干部一律都要抓具体安全生产问题。"③这次会议还通过了《加强安全生产工作的决议》和《关于煤矿保安工作的决定》,将煤矿"安全第一"的方针正式写入文件,强调各级干部特别是领导干部,必须把"安全第一"提到原则高度,在矿区设施、开采规定、劳动纪律、奖惩条例、劳动竞赛条件及井下各种规章制度中贯彻"安全第一"的方针。1950 年 6 月,《人民日报》发表了《坚决执行安全生产的方针》,指出河南省宜洛煤矿发生特大矿难的主要原因是煤矿存在官僚主义,有关负责人违反了"安全生产"的方针。④ 毕竟,只有在思想观念上重视了安全,才能在生产中切实加强安全防卫工作。

1951 年 4 月,燃料工业部召开了全国煤矿工作会议,再次强调:"接受安全生产经验和伤亡事故的教训,必须继续提高对安全负责的思想,特别是直接领导生产的各级干部,必须确立安全生产的思想,坚定消灭事故的信心,纠正生产与

---

① 阜新矿务局志编纂委员会.阜新矿务局志:上[M].沈阳:辽宁画报出版社,1994:440.
② 马永顺.周恩来组建与管理政府实录[M].北京:中央文献出版社,1995:266-277.
③ 中国工业经济联合会.中国工业史·煤炭工业卷[M].北京:中共中央党校出版社,2021:853-854.
④ 坚决执行安全生产的方针[N].人民日报,1950-06-24(10).

安全对立的观点,克服消极麻痹自满情绪,经常注意检查处理有关保安的各项工作,开展群众性安全生产教育活动"。① 这次会议明确提出,保安工作不能脱离生产工作或工程而独立存在,各种工作或工程必须在安全条件下进行,建立由矿长、总工程师负责和各专业主管单位负责的安全责任制,进一步贯彻"安全第一"的指导方针。1954年4月,燃料工业部召开第四次全国煤矿工作会议,在"安全第一"方针的前提下,提出"安全为了生产,生产必须安全"的指导思想,对消灭重大灾害事故作出了决议。1955—1957年,广西曾选送一批煤矿干部参加培训学习,后来,这批干部成为广西煤矿安全工作中的骨干。②

总之,煤炭工业的安全生产涉及多个方面,无论是采取什么样的管理方式和生产技术,最终都需要身处生产一线的煤矿工人来面对和执行。因此,在矿工和干部中间开展安全生产的宣传和教育,强化生产的安全意识和责任意识,尤为关键。整体而言,在这个历史阶段,这方面的工作收获甚丰。但是,囿于习俗,有的煤矿领导和员工依然对安全生产的重要性认识不够,思想观念和责任心经常停顿和卡壳。各类安全规程既是煤矿管理的准则,也是监督检查的依据。然而,对于这些文件,有的煤矿领导其实没有组织工程技术人员或管理干部认真学习,致使宣教流于形式。在确定计划指标和安全措施时,有的煤矿员工"只管生产、不顾安全",不考虑安全规程的具体要求和机器设备的具体情况,经常违规操作。如1956年,在煤炭工业建设高潮中,一些煤矿竟然将安全规程视为陈规旧律弃置不顾。③ 显然,历史和观念有其特有的惯性和惰性,不可能在短期内完全摒弃和解决。

第二节　安全生产制度的构建

在煤炭工业中,合理的章程和高效的机构可以为安全生产提供制度保障,因此,相应的制度建设就成为中华人民共和国成立初期煤炭工业安全生产治理过程中亟须面对的问题。当时,在苏联经验的基础上,结合国内煤炭工业的实际情

---

① 中国社会科学院中央档案馆.中华人民共和国经济档案资料选编·工业卷:1949—1952[M].北京:中国物资出版社,1996:461.

② 《当代广西》丛书编委会,《当代广西煤炭工业》编委会.当代广西煤炭工业:1949—1995[M].北京:当代中国出版社,1998:364.

③ 中国工业经济联合会.中国工业史·煤炭工业卷[M].北京:中共中央党校出版社,2021:915.

况,中国共产党领导下的各级政府针对制度层面的问题采取了如下措施。

其一,颁布规章制度。1951年5月,燃料工业部参照各地保安规程和苏联技术保安规程,制定并颁发了《煤矿技术保安试行规程》(草案)。该草案共1 246条,内容包括采煤、掘进、通风、排水、运输各生产环节和工序的保安须知、遵守事项及有害气体处理措施等。1951年6月,燃料工业部又颁发了《煤矿技术操作规程》,这也是保证安全、有序生产所必需的一套规程。此外,依据中央层面的精神和指示,地方煤矿因地制宜,结合自身条件,制定了更为具体的相关章程。如1949年,徐州贾汪煤矿就颁布了《井口管理办法》和爆破有关规定。1950年,为了减少顶板事故,贾汪煤矿又颁发了《贾汪煤矿保安规程草案》和《贾汪煤矿保安条例》(共七章四十条)。同时,贾汪煤矿还制定了《保安责任制》(共九项五十四条),并组织实施。1951年,贾汪煤矿再次颁发了《贾汪煤矿安全生产奖励暂行草案》(共四章十五条)、《贾汪煤矿机电安全事故奖励条例暂行草案》(共六章二十一条)和《贾汪煤矿定额累进奖励暂行草案》(共十五条)。另外,贾汪煤矿又对《保安奖励条例》作出了修改,实行月度计奖。1956年11月,贾汪煤矿还制定了《关于井下发生紧急事故进行抢救的规定》,对现场负责人、调度室值班员、矿领导、医院和电话总机人员均提出了明确要求。同时规定,凡发生伤亡或重大生产事故的均取消全部人员或部分人员的奖金。[①]

在"一五"计划期间,中央、各产业部门和地方制定的指示、决议、规定等达300多种。其中,1956年5月25日国务院颁布的《工厂安全卫生规程》《建筑安装工程安全技术规程》《工人职员伤亡事故报告规程》,9月21日劳动部和全国总工会联合发布的《安全技术措施计划的项目总名称表》,以及1957年4月煤炭工业部颁发的《煤矿技术安全监察机构工作暂行条例》较为重要。[②]"一五"计划后期,各级政府开始重点关注小煤窑的安全生产情况。1957年4月,国务院发布《关于发展小煤窑的指示》。指示在鼓励各地恢复和开办小煤矿、满足城乡用煤的同时,特别强调有关小煤窑的安全问题,各级部门和领导对此必须予以足够的重视。指示还规定,小煤窑一定要有两个出口,且在生产过程中,需尽可能地采取必要的安全措施;对于季节性生产的小煤窑,停产的时候,应密闭井口,恢复生产的时候,则应采取防止窒息事故发生的措施。总之,为了达到安全生产的目的,主管部门必须对小煤窑加强指导,定期检查小煤窑的安全情况,并给予具体

---

① 徐州市矿务局韩桥煤矿编撰委员会.韩桥煤矿志:1882—1986[M].徐州:中国矿业大学出版社,1992:191.

② 中国工业经济联合会.中国工业史·煤炭工业卷[M].北京:中共中央党校出版社,2021:909.

第十一章 中华人民共和国成立初期煤炭工业安全生产的历史变迁(1949—1957年)

帮助。事实证明,这些安全工作规程、制度都是中华人民共和国成立初期,煤炭工业在生产中概括和总结出的经验和教训。这些规程和制度不仅推动了煤炭工业安全生产的改善,还促进了煤炭工业安全理论的构建。

其二,创建保安机构。根据1951年全国煤矿第二次会议提出的《改组保安机构的意见》,各矿务局、矿山应改保安科、股为安全检查科、股,并新设通风科、股,受局、矿长和上级安全检查部门双重领导,负责定期检查井下安全的各个环节。对于违反保安规定的作业,安全检查科、股有权向其主管提出建议;对随时有危险发生的场所,安全检查科、股有权依据保安规程停止其作业。另外,创建群众性的安全检查组织,并从井下班组中选出不脱产的安全小组长,或设立劳动保护员,由工会和各安全检查部门领导,形成一支群众性的安全检查队伍。在苏联专家的建议下,1953年煤炭系统三级技术安全监察机构建立:燃料工业部建立技术安全监察局,受部长领导;济南、哈尔滨等5个地区建立地区级技术安全监察局,受地区管理局局长和部监察局双重领导;开滦、阳泉、抚顺等16个矿区建立矿区级技术安全监察局,受地区技术安全监察局领导。尚未成立安全监察机构的单位也先后成立了技术安全检查机构,直接由所在单位的行政首长领导,同时受上级监察或检查机构的业务指导。① 煤炭系统三级技术安全监察机构及技术安全检查制度初步形成了安全生产管理体系。

其三,组建矿山救护队。中华人民共和国成立之前,煤矿没有专职矿山救护队,因此,矿工遇险后无专业人员营救,矿工的生命安全得不到保障。1942年4月,本溪湖煤矿发生爆炸事故。当时,由日本人组成的救护队只抢救了日本的坑长,对中国矿工置之不理。因此,这次事故夺去了1 493名矿工的生命。中华人民共和国成立后,为了贯彻落实国家安全生产方针,各级政府立即要求各煤矿组建救护组,较大的矿务局组建救护队,各矿井下配备值班警务人员。于是,煤矿工业领域的矿山救护队经历了从无到有的初步发展过程。1949年,抚顺、阜新、辽源矿务局率先成立矿山救护队,共66名救护队员。到1952年,已有11个局(矿)建立了救护队;到1957年,共有33个局(矿)建立了救护队,共有1 485名队员。② 1950年7月,贾汪煤矿成立救护队,有队员2人,隶属保安科。然后,保安队不断扩充,到1955年,共有队员23人。③ 为了给矿山救护队培养、准备干部,燃料工业部从1952到1955年共开办了八期矿山救护队长训练班,培训了

---

① 张明理.当代中国的煤炭工业[M].北京:中国社会科学出版社,1988:232.
② 张明理.当代中国的煤炭工业[M].北京:中国社会科学出版社,1988:255.
③ 徐州市矿务局韩桥煤矿编撰委员会.韩桥煤矿志:1882—1986[M].徐州:中国矿业大学出版社,1992:208.

400多名救护骨干。① 与此同时,各地煤矿也陆续通过集中培训的方式,提高救护队的救护能力。1956年4月,针对设备简单、技术力量薄弱、救护经验不足的现象和问题,徐州贾汪煤矿还组织力量,在救护队内部开展技术培训和体质训练,以及思想政治教育等。

1951年,燃料工业部颁布了《中国煤矿军事化矿山救护队试行规程》,要求矿山救护队坚持"加强备战,主动预防,积极抢救"的宗旨,采取军事化管理。1954年,东北煤管局接受苏联专家建议,制定《军事化矿山救护队战斗条例》。各局、矿救护队达到《战斗条例》标准者均改为军事化矿山救护队,分别由局、矿总工程师直接领导;救护队员由常备(专职)和辅助(兼职)两类人员组成,各局、矿救护队归矿务局安全检查处领导,处长兼救护队长。1955年颁布的《煤矿和油母页岩矿保安规程》明确规定,无论在生产期间或建设期间,每个矿井都要有军事化矿山救护队在矿井服务,以便在处理和抢救矿井火灾、矿山水灾、瓦斯与煤尘爆炸、瓦斯突出、炮烟中毒等中发挥作用。而且,在队伍的建设过程中,必须强调在矿山灾害救援中的职业性、技术性、军事化、专业性。1956年,煤炭工业部制定并出版了《煤矿军事化矿山救护队战斗条例》,进一步加强了矿山救护队的组织建设和业务建设。及至1956年,国内73%的矿井建立了军事化矿山救护队。1957年,矿山救护队共有指战员1 485人。②

苏联对中国煤矿救护队的建立也给予了很大的帮助。1953年,在苏联专家的建议下,抚顺、阜新救护队被编成两个军事化矿山救护队,并装备苏联制造的氧气呼吸器。同时,又在苏联的帮助下,抚顺煤矿安全仪器厂组建,并于1952年开始生产4小时氧气呼吸器。1957年,抚顺煤矿安全仪器厂成立后,引进苏联煤矿安全仪器厂的设计和技术,主要制造救护装备。③

总之,中华人民共和国成立初期,煤炭工业安全生产制度的构建取得明显的进展,但也存在一些不足之处。一方面,安全组织措施的落实尚不到位。如通风区虽然已普遍建立,而且也在推广通风管理经验,但是有的煤矿组织建设还不健全,无论是通风工程师,还是瓦斯检查员,都严重不足。矿山救护队虽然也陆续建立起来,但很多煤矿领导的认识还不统一,队员的训练强度不够,故整体力量还很薄弱。有的矿井的井口检测制度也流于形式,带烟火下井和井下吸烟的现

---

① 《中国煤炭志》编纂委员会.中国煤炭志:综合卷[M].北京:煤炭工业出版社,1999:407-408.
② 中国工业经济联合会.中国工业史·煤炭工业卷[M].北京:中共中央党校出版社,2021:910.
③ 张明理.当代中国的煤炭工业[M].北京:中国社会科学出版社,1988:255.

第十一章　中华人民共和国成立初期煤炭工业安全生产的历史变迁(1949—1957年)

象时有发生。另一方面,安全监察和群众监督机制也不够健全。技术安全监察局由于组建不久,人员配备不齐,水平不高,还不能有效行使监督职权。而且,在日常工作中,技术安全监察局的干部由于调查研究不足,缺乏预见性,不能防患于未然。有些干部对规程制度的概念还比较模糊,对监察制度也不习惯,甚至对监察部门的例行工作常流露出不满情绪。尤其在生产任务紧张时,有的干部还把监察人员当成是"绊脚石"。显然,这些问题都影响着监察局的建立和职权的行使。此外,群众检查员制度的执行力度也不够,有的煤矿时有时无,有的煤矿缺少具体的工作指导与支持,甚至还存在打击报复群众检查员的极端现象。①

第三节　安全生产技术的改进

煤炭工业的发展依赖技术的进步,同样,煤炭工业生产中的安全问题的解决也需要技术的进步。中华人民共和国成立后,在中国共产党的领导下,各级政府和煤矿对与安全相关的技术系统进行了改造和升级,即试图通过技术手段来提高安全生产的系数。

其一,改善通风系统。煤矿发生的事故,大多数是瓦斯煤尘爆炸,而良好的通风则能够有效避免这类事故。毕竟,通风可以向井下的工作地点提供新鲜空气,稀释矿井里的有害气体和矿尘并将其排出井外。可是,在接管之前,国内煤矿中的矿井多是自然通风。即便有的矿井是机械通风,也存在设备老化、功率小、风流紊乱、通风效果差等问题。如果按照《煤矿技术保安试行规程》(草案)的规定,河北地区矿井的通风系统和风量都不符合要求。因此,为了防范瓦斯事故、改善矿工的工作环境,中华人民共和国成立初期,煤矿安全生产治理的首要任务便是优化通风系统。整体而言,一方面,原来是自然通风的矿井,改造为机械通风。如湖南永兴煤矿通过引进电动扇以改善掘进工作面局部通风,陆续实现矿井机械通风。② 再如,湖南辰溪煤矿于1954年年底采用抽风机造成井下负压差,使风流动起来,同时还安装了反风装置,使原自然通风井下每人供风量从0.9立方米增加到3立方米。③ 1955年,广西国有煤矿基本消灭了自然通风,实现了机械通风,同时,还建立了矿井通风系统,将煤矿的瓦斯量分为一、二、三及

---

① 中国工业经济联合会.中国工业史·煤炭工业卷[M].北京:中共中央党校出版社,2021:915-916.
② 编纂委员会.永兴煤矿志[M].北京:方志出版社,2004:102.
③ 鲁圣祥.湖南省辰溪煤矿志[M].长沙:湖南地图出版社,2003:428.

超级瓦斯井四个等级,根据计算,再配备有足够能力的扇风机,可以保证井下的风量,并将井下瓦斯稀释后排至地面。① 另一方面,原有机械通风的矿井,更换通风设备或增建风井,改变不合理的通风系统,扩大通风面积,如修理通风道,增加风桥、风门等。1951 年年底,阜新矿务局全部坑口都实现了机械通风。在此基础上,1952 年又基本消灭了坑井中"一条龙"的通风方式。1953 年年底,阜新矿务局 14 个坑井共配备主要通风机 26 台。1955 年,41 个采煤场子和 66 个掘进场子,每人每分钟风量达 3 立方米以上。1956 年,19 个坑井有 14 个安装备用扇风机,10 个安装反风设备,共设风门 959 个,其中自动风门 48 个。② 到 1952 年年底,部属煤矿机械通风的矿井达到 92%,实行分区通风的矿井达到 93%。井下平均每人每分钟获得 3 立方米风量的占井下全部人数的 79%。到 1953 年年底,又有更多的矿井实现了机械通风,并增设了风桥、风门、密闭设施,把"一条龙"串联通风改为分区通风系统。其后,也就是 1953—1956 年间,国营煤矿新增通风机 128 台,新开通风巷道 100 千米,新开风井 77 处。到 1956 年,96% 的国营煤矿采用了机械通风,基本消灭了自然通风和串联通风。③

其二,增加安全装置。中华人民共和国成立后,各矿区先后制定并实施了矿井技术改造方案。有的煤矿在斜井安装了安全钩及保险闸等;有的煤矿改进了运输巷道坡度;有的煤矿在上下人员的竖井装了木罐道及断绳保险卡等安全装置;有的煤矿更换了井下蒸汽绞车和水泵,采用电力驱动设备;有的煤矿增加了排水设备,加强了地面与井下的防水工作,如淮南、阜新等煤矿在地面上建筑了三道防线,有效防止了地面水侵入井下;有的煤矿弃用明火灯,改用安全矿灯,如永兴县内的小煤窑,井下照明开始使用土电灯,东北国营煤矿还在安全矿灯上加了锁。1951 年,广西相关职能部门规定煤矿严禁明火放炮,同时还要配备放炮器、瓦斯检定灯及矿灯。1955 年,广西又推广光学瓦斯检定器,以代替瓦斯检定灯。④ 1954 年 6 月,中南地方工业局规定:严禁所有瓦斯煤尘矿井在井下使用普通手电筒,严禁明火灯下井,土电灯、手电筒应严格检查,瓦斯较严重的地区禁止使用开关及接触不良的土电灯。⑤ 这些安全技术改造和措施有效地增强了煤矿

---

① 《当代广西》丛书编委会,《当代广西煤炭工业》编委会.当代广西煤炭工业:1949—1995[M].北京:当代中国出版社,1998:347-348.

② 阜新矿务局志编纂委员会.阜新矿务局志:上[M].沈阳:辽宁画报出版社,1994:441.

③ 中国工业经济联合会.中国工业史·煤炭工业卷[M].北京:中共中央党校出版社,2021:913.

④ 张明理.当代中国的煤炭工业[M].北京:中国社会科学出版社,1988:347.

⑤ 中国工业经济联合会.中国工业史·煤炭工业卷[M].北京:中共中央党校出版社,2021:913.

的抗灾能力,改善了煤矿的安全生产条件。

1955年,辽宁阜新推行黄泥灌浆预防煤炭自然发火,再配合封闭方法,基本上控制了自然发火的危害。这个黄泥灌浆技术作为防灭火措施,沿用很久。尽管有的煤矿后来又开发出许多新型防灭火技术,但黄泥灌浆始终是主导的技术措施。① 1956年,新安电机厂成功试制了12种矿井防爆安全信号设备,给煤炭工业安全生产提供了技术保障。随后,新安电机厂继续进行新品种的试制并扩大生产,以供应煤炭工业的需要。1956年,抚顺煤矿各矿井均安装了反风设备。如果矿井的井筒、车场或主要巷道发生火灾,这种设备可以迅速改变井下风向,或者矿井下面流动的风量会立刻被来自相反方向的风力挡住。这样,突发的火势就不容易蔓延到工作面,进而保证了工作面的工人能够安全撤离。

由于许多矿井的瓦斯涌出量特别大,只依靠通风尚不能完全解决问题,因此,一些矿井尝试通过瓦斯抽采技术来应对。1952年,抚顺地区有的煤矿便采用巷道抽采技术,1956年又发展为钻孔抽采并在抚顺各矿推广,同时还把抽出的瓦斯用作燃料和制造炭黑。1957年,阳泉煤矿针对开采过程中邻近煤层瓦斯大量涌出的问题,成功试验了井下钻孔、地面钻孔和顶板尾巷等不同的瓦斯抽采方式,并将这些技术在其他高瓦斯矿井推广,"突破了过去曾认为距开采煤层20米以上和6米以下范围难以抽采瓦斯的结论"②。

其三,尘肺病的防范。在煤炭的生产过程中,由于长期接触粉尘和有害气体,加上其他物理因素的影响,长期处在生产一线的煤炭工人特别容易染上各类职业病,如尘肺病、噪声聋、振动病等。其中,尤以尘肺病对工人的健康危害为最,约占各种职业病的73%。尘肺病不仅给矿工及其家庭造成巨大痛苦,还给国家带来巨大的经济损失。中华人民共和国成立初期,为了保障煤炭工人的身体健康,在中国共产党领导下,各级政府试图通过技术的改进来预防尘肺病。如1952年,开滦推行岩粉捕捉器,试图利用该技术来降低矽尘的浓度。可是,由于效果差、操作麻烦,该技术未能坚持和普及。1954年,开滦煤矿又推行湿式凿岩轴心供水,矽尘浓度由原来的干式凿岩(干打眼)每立方米1 300至1 600毫克,降至每立方米6至8毫克,效果明显。但是,这个技术存在着漏水、设备易折断等缺点。1956年年初,开滦唐家庄煤矿研制出侧式供水凿岩机,使降粉尘的效率提高了16%,且杜绝了干打眼。1957年9月,开滦矿区又推行侧式供水,矽尘浓度迅即降到每立方米4至6毫升。不久,开滦成为国内首个粉尘达标矿。③

---

① 《中国煤炭志》编纂委员会.中国煤炭志:综合卷[M].北京:煤炭工业出版社,1999:420.
② 张明理.当代中国的煤炭工业[M].北京:中国社会科学出版社,1988:246.
③ 杨磊.开滦沧桑[M].北京:新华出版社,1998:346.

1954年10月,湖南辰溪煤矿推广个体防护、医疗保健等防尘措施,即发放防尘口罩,定期体检。此后,尘肺病患者数量有所下降。①

总之,在技术的加持下,中华人民共和国成立初期,国内煤炭工业的安全生产得到了初步加强,但有的问题依然存在。一是安全技术管理不能完全适应生产发展之需。煤炭工业的技术管理和生产发展相脱节,是煤矿安全事故频发的主要原因之一。如在通风瓦斯管理方面,很多煤矿普遍存在采区风道维护不良的问题。另外,瓦斯检查和煤尘清扫以及火区密闭制度执行得不够严格。安全技术管理措施执行不严格,在很大程度上削弱了技术进步带来的积极效果。二是大批技术设备相对滞后。比如,虽然各个矿区大量增加通风设备,但仍然未能赶上生产和瓦斯涌出量增长的速度,加之通风不良的地方小型煤矿一度改造不利,直至1956年,这些小型煤矿的生产安全依然得不到保障。另外,由于技术和设备的制约,井下采煤从体力劳动升级为机械化生产在这个阶段还无法实现。三是煤矿的运输和通信方面还存在一些亟待解决的问题。如井巷断面不够和失修问题相当严重,这不仅限制了矿井总入风量的输入,还影响了运输能力的提升。再如,有的线路存在区间短、曲线多、坡度大、设备陈旧等问题,这些都是矿区行车的安全隐患。另外,缺乏必要的通信设备也是安全事故频发的原因之一。②

---

① 鲁圣祥.湖南省辰溪煤矿志[M].长沙:湖南地图出版社,2003:432.
② 中国工业经济联合会.中国工业史·煤炭工业卷[M].北京:中共中央党校出版社,2021:916.

第十二章　中华人民共和国成立初期的水安全建设问题——以苏北地区为例

苏北地区水系格局的形成与发展受到了黄河南徙和水利建设这两大方面的影响。在中华人民共和国成立前夕,该地区连续的水灾严重影响了居民的生活和农业生产。中央政府高度重视水利治理工作,制定了整治沂沭泗河流域的治水计划。通过实施四期"导沂整沭"工程和加固骆马湖,有效提高了防洪水平,保护了河流和农田。这一系列措施代表了我国保障人民水安全的早期实践。值得注意的是,中国共产党在苏北的水利建设所具有的人民性,是区别于明清乃至民国政府最根本的特质。明清政府的治水活动与漕运息息相关,其治水活动的主要动力是为了满足统治集团自身利益的需要,所以在1855年黄河北徙导致运河功能丧失之后,即便造成大面积的灾害,清政府依然对苏北的灾情持消极态度;而中国共产党治理苏北水利的出发点则是为了解决水患本身,为了解决群众切身应对的问题,本质是为了人民。

中华人民共和国成立初期,由于连年长期战争,水利工程设施遭受严重破坏,水旱灾害频繁发生,对于新生的人民政权来说,解决这一问题成了当务之急。面对复杂的形势和各种考验,中国共产党迅速制定了一系列水利方针政策,引领全国各民族人民展开了大规模的水利建设。这些举措不仅促进了农业生产的迅速恢复,也为国民经济的初步发展提供了保障,更是保障"水安全"建设的早期实践。

其中,治淮工程是中华人民共和国成立初期三次大规模水利建设中最早开展的。治淮工程的开展,极大地改善了江苏、安徽尤其是苏北地区的水文状况,为保障该区域内的工农业建设打下了坚实的基础,且时至今日仍受其惠。在整个治淮工程之中,"导沂整沭"工程是最早开展的水利建设活动。1947年3月,山东省人民政府水利工作队根据勘察资料起草了《导沭工程治理初步方案》,随后进行充实修改,并更名为《导沭工程实施方案》,最终经中共山东省委呈报中共中央华东局审批。值得一提的是,导沭工程采用了准军事组织体系,这一组织形式承袭自战争时期的支前民工和民兵组织。这种组织形式在完成导沭工程中发挥了积极作用,并为后期的治淮工程及其他大型水利工程建设提供了宝贵的历史经验,甚至延续至20世纪80年代。

以往针对治淮工程的研究,往往集中于苏北灌溉总渠的开挖以及洪泽湖的拦蓄等建设上,对于"导沂整沭"工程的关注略有不足。但实际上,如前文提及,"导沂整沭"是治淮工程乃至整个中华人民共和国成立初期的大型水利建设工程中最早开展的,而且其沿用的"支前建设"体系对后续的工程建设具有重要的指导作用。另外,"导沂整沭"虽然早于治淮工程的正式部署,但如今看来其本身就是治淮工程的重要组成部分。工程新开新沂河及新沭河,疏浚了六塘河及皂河,同时拦蓄了骆马湖盆地,将其再次发展为水库型湖泊,这都为苏北尤其是徐州及宿迁地区的水安全及粮食安全保障提供了坚实的基础。所以,本章拟围绕"导沂整沭"及骆马湖改造工程的历史背景、工程本身、取得成就及历史意义几个层次展开。

第一节 "导沂整沭"工程及骆马湖改造工程实施的历史背景

骆马湖位于苏北平原东部,地处鲁南丘陵和苏北平原的交界地带,跨徐州、宿迁二市。骆马湖的形状大约为菱形,湖盆整体自西北向东南倾斜,湖岸东部为丘陵,北、西、南岸俱为堤岸。受地形的影响,汇入骆马湖的河流主要集中在西部与北部,主要有沂河水系、南四湖水系、邳苍地区来水等40余条支流,出湖河流主要有中运河、六塘河和新沂河三处。[①]

骆马湖坐落在郯庐断裂带鲁皖段以及枣庄-宿迁断裂带的交汇点上,其湖盆原本即为郯庐断裂带上一组断裂切割所形成的菱形断块。在地质时期,古沂沭河的发育促进了骆马湖地区西、北部对山体的侵蚀作用,南部地区则主要表现为

---

① 王苏民,窦鸿身.中国湖泊志[M].北京:科学出版社,1998:281-282.

第十二章　中华人民共和国成立初期的水安全建设问题——以苏北地区为例

沉积作用①。至历史时期前，骆马湖地区东部为剥蚀丘陵所阻隔，北、西及南部为剥蚀平原与冲积平原，湖区整体呈现为南向开口的箕形洼地。所以，若骆马湖区南部地势被抬高，区域即发育为一闭合洼地，当有足量水源汇入时，即潴水成湖。历史时期前，区域内亦经历过几次明显的成湖运动②。

骆马湖的出现与黄河南徙有着莫大的关联。宋建炎二年(1128年)冬，南宋东京留守杜充试图以黄河之水阻挠南下的金兵，在河南李固渡"决黄河，自泗入淮，以阻金兵"，从此黄河便抛弃了原来由北入海的旧道，开启了长达七百年的南下侵夺淮河入海的历史。

黄河南徙以后，黄河占据淮河入海旧道，将淮河流域一分为二。同时受制于地形的影响，黄河隔断了南北支流的联系，导致苏北水系尾闾紊乱，沭、沂河同时失去了入海通道，形成苏北、鲁南的大片洪涝灾区。所以在沂水入泗于直河口以东、泗水以北、马陵山西面的一片洼地上，自然地形成了一系列互不相连且不稳定的积水小湖。此后，这一系列小型积水湖泊有发展扩大的趋势，并发展为四个较大的小型湖泊，处于中央的叫大江湖，位于西北的叫隅头湖，东北部的叫埝头湖，最南方的叫骆马湖，入湖水源集中于区域西北，以沂水为主要河流③。

不过，由于骆马湖地区南部地势稍低，并不足以存储太多水量，因而直到明朝中期，骆马湖都是时令性的小水洼。而促使骆马湖发展为大型湖泊的根本原因，则与明代的几次治水运动关系颇深。隆庆年间的治水名臣潘季驯为了治理苏北地区频发的黄河水灾，提出"束水攻沙""挽流归槽"的治水思路，在徐州—邳州—宿迁的黄河岸边修筑遥、缕二堤，人为地抬高了骆马湖南岸的地势，使得地质时期的箕形洼地闭合，为湖泊的形成创造了地质条件。同时，万历年间泇运河开挖后，原运河以北的沂、武等支流水系由于失去了汇入泗水的通道，被迫寻找出路，受制于地形因素，最后汇集于骆马湖区的低洼地带，又为湖泊的形成带来了充足的水源。不过由于骆马湖的排水仅仅依靠连接黄河的陈口、骆马湖口和董口三处河沟，又因湖区东部嶂山岭阻塞，下游出水不畅。而黄河的时常泛滥又往往携带大量泥沙倒灌入湖，河水滞蓄于骆马湖区并形成季节变化湖泊，枯水期各自成湖，只有在丰水期连成一大湖。

自明朝以来，朝廷治河一个重要的目的是保障漕运，骆马湖作为运河的重要

---

① 龚伟,曾佐勋,王杰,等.郯庐断裂带江苏段第四纪活动性研究[J].地震研究,2010,33(1):86-92.
② 中国地理学会地貌专业委员会.中国地理学会1977年地貌学术讨论会文集[M].北京:科学出版社,1981:223-228.
③ 王以超.宿迁市宿城区水利志[M].徐州:中国矿业大学出版社,2016:66-67.

水柜,它的兴衰与运河的兴废息息相关,"骆马湖蓄水济漕,为邳宿运河扼要机宜"[①]。晚明以来,明廷对漕运的重视程度大不如前,运河逐年失修,而运河治理的缺乏以及频发的水灾,又进一步对骆马湖产生了实质性的威胁,如《明史》记载如下:"六年七月,河决淮安,逆入骆马湖,灌邳、宿。"至崇祯八年(1635年),骆马湖已经完全淤塞,以致正常的漕运也无法运行。

清朝建立以后,运河仍未得到有效治理。顺治十年(1653年),谈迁北上经水路途经宿迁,行至骆马湖时,见到作为排水通道的陈口已经完全淤塞,而董口也仅"广不数丈"。同时,骆马湖依然于淤塞状态。

康熙帝曾经把"三藩""河事""漕运"视为国家三大要务,但黄河泛滥如故,严重阻碍漕运的正常运行,仅康熙元年至康熙十六年,发生的大型决口就有67次之多[②]。根据《嘉庆重修一统志》的记载:康熙七年(1668年),董口淤,导致运河暂时中断,运粮船被迫取道骆马湖;康熙十八年(1679年),黄河徐州、宿迁等地多处决口,大量泥沙致使骆马湖再度淤塞,漕运一度中断。

康熙十六年(1677年),在清廷已平定三藩后,治理黄河和疏通漕运便成了国家的首要任务,康熙帝于当年三月任命原安徽巡抚靳辅担任河道总督以监河务。靳辅上任后,依据前人的治水经验,并结合当时黄河的状况,采取堵塞黄河决口、修筑减水坝并沿河筑堤的办法使黄河恢复故道。康熙二十三年(1684年),经过靳辅多年治理,黄河和淮河已经尽数回归故道。为了解决骆马湖泄洪不畅的问题,靳辅采取了一系列的措施:康熙十七年(1678年),在骆马湖东开六塘河作为湖泊的泄洪通道;康熙二十年(1681年),又自骆马湖皂河口开皂河向北与泇河接通[③];康熙二十五年(1686年),为使运河完全摆脱黄河的影响,他又提议开凿中运河。雍正年间,清廷继续对骆马湖进行治理,为了防止骆马湖水干扰运河行运,自雍正三年(1725年)起,清政府分别由骆马湖开凿引河一道,并在运河北岸沿线加筑拦水堤坝。

黄河和运河的治理畅通使得骆马湖区域内的水系运行趋于正常,黄运分离策略的最终实现,降低了黄河对骆马湖的威胁。同时,得益于中运河与六塘河的开凿,骆马湖承接了"上源诸湖涨水",并首次拥有了稳定的泄洪通道,黄泛泥沙得以有效排出,使得湖泊逐渐从淤塞状态恢复,并在此期间持续扩张。

清朝中期以后,骆马湖再次进入一个不稳定的时期。乾隆年间,骆马湖水完

---

① 赵之恒,牛耕,巴图.大清十朝圣训[M].北京:北京燕山出版社,1998:5608.
② 水利部黄河水利委员会《黄河水利史述要》编写组.黄河水利史述要[M].北京:水利出版社,1982:30.
③ 朱偰.中国运河史料选辑[M].北京:中华书局,1962:92-93.

第十二章 中华人民共和国成立初期的水安全建设问题——以苏北地区为例

成了由少到多的转变,由初年的"蓄水无多",变成了湖水过多以致"湖不能容,溢而入运,运益不能容,并为巨浸"[①]。湖区多发的水灾也让漕运受到了不同程度的影响,致使"运艘阻滞,旁邑为灾"[①]。骆马湖水的增多,携带了大量泥沙淤积,进而影响到作为国家根本的漕运,为此清政府采取了一系列的措施予以治理:乾隆二十三年(1758 年),疏浚六塘河;乾隆晚期,时任江南河道总督萨载、河东河道总督韩鑅等官员在任期间,采取了开凿引河、疏通中运河河道以及疏浚湖区等措施来对骆马湖进行治理,并取得一定成效[②]。

嘉庆以后,黄河淤积严重,决口不断,已渐有北迁趋势。黄河灾害的增多,诱使骆马湖区水灾频发,再度迫使漕运停滞[③]。此时骆马湖面积较乾隆年间已有大幅度缩减,湖区周围出现了大面积的浅滩,甚至有农民在骆马湖边农垦(表 12-1),再度威胁到漕运。道光年间,骆马湖已经淤塞已久,基本失去调蓄运河水位的作用,湖泊面积也大为减少,其周长仅余百余里。

表 12-1　骆马湖围垦记录统计

时间	记录	资料来源
嘉庆十五年(1810 年)	骆马湖济运引渠日渐淤高,并请严禁私垦一节	《清仁宗实录》
道光三年(1823 年)	清理宿迁县骆马湖官民滩地	《清宣宗实录》
道光七年(1827 年)	免江苏宿迁县骆马湖滩地租钱	《清宣宗实录》
咸丰八年(1858 年)	豁免江南徐州府骆马湖被旱滩地、旧欠租息	《清文宗实录》

咸丰以后,由于黄河河道的不断淤高,水灾多发,苏北地区的水系也变得更加紊乱,通过运河进行漕运的时间成本大大增加。为了保证京师漕粮的正常用度,清政府逐渐采用海路运输漕粮,运河漕粮降至总数的十分之一。[④] 咸丰五年(1855 年),黄河在河南铜瓦厢决口北上,夺大清河经由山东利津入海直至今日。黄河的再度改道对运河毁坏颇深,清朝运河自此已经基本失去作用[⑤]。至清朝灭亡前夕,骆马湖已经基本被淤没,原湖泊地区沦为一深洼地。

1938 年 6 月,国民政府当局为了拦截西进的侵华日军,在河南花园口掘开黄河大堤,黄河夺贾鲁河干流南下,人为地造成黄河二次夺淮,黄河的泛滥在中

---

① 赵之恒,牛耕,巴图.大清十朝圣训[M].北京:北京燕山出版社,1998:2650.
② 赵尔巽.清史稿[M]. 北京:中华书局,1977:10864-10868,10870-10871.
③ 朱偰.中国运河史料选辑[M].北京:中华书局,1962:317-320.
④ 赵尔巽.清史稿[M]. 北京:中华书局,1977:3788.
⑤ 朱偰.中国运河史料选辑[M].北京:中华书局,1962:134.

下游地区产生了数十万平方千米的黄泛区。此次决堤并没有起到阻止日军的作用，仅仅是暂时迟缓了日军行动，但是由于黄河决堤，间接导致了1942年的河南大饥荒，并导致3 000万人受灾，约300万人死于饥饿，给流经地区的人民造成了深远而又沉痛的灾难。黄泛携带的泥沙在经过河南和安徽两省的淤积和沉淀后，到达苏北时虽然已经有所减少，但由于黄泛的时间较长，泥沙在泛区日积月累之下仍较为可观。而且，"只以黄水流量较大，苏北平原缺乏适当排水孔道"①，又直接或者间接地导致了大面积泛区形成，从而造成苏北的一些河道仍然存在淤积问题。根据当时国民政府行政院善后救济总署所做的调查："黄河决口未堵前，浊流夺淮入运，使洪泽、高宝及邵伯等湖湖水漫溢直接影响苏省成灾者计淮阴、淮安、高邮、宝应、江都五县之运河地带；由于废黄河水道泛滥及洪流转入沂、沭、盐及六塘等河而致苏省间接成灾者有沛县、砀山、铜山、萧县、邳县、睢宁、宿迁、泗阳、沭阳、东海、灌云十一县之沿河部分；因黄淮入运水位高涨运堤溃决而致间接成灾者计涟水、阜宁、盐城、兴化四县之一部。"②受此影响，作为骆马湖排水通道的六塘河完全淤塞，这最终致使骆马湖彻底走向消亡。至中华人民共和国成立前夕，骆马湖已经完全变为耕地与乡村，其湖泊的痕迹荡然无存。

骆马湖的形成与黄河南徙的关系极大，可以说是经由半人工干预而形成的湖泊，由于缺乏足够的排洪通道，骆马湖总体的演变是趋于淤塞的。不过自明朝以来，当朝政府治河的一个重要目的是保障漕运。骆马湖作为运河重要的水柜，承担着重要的调蓄和排洪功能。明清时期的几次治水运动，尤其是"束水攻沙""挽流归槽"的治水思路，以及对运河的疏浚和修筑等措施，都直接影响了骆马湖的存水情况和漕运的顺畅进行。一旦适逢国家战乱抑或漕运需求的降低，尤其是清晚期黄河北徙导致运河漕运功能消失，让骆马湖失去了对调蓄运河水位的最大价值，所以，骆马湖虽几近淤没，清政府对其依然置若罔闻。而此后的国民政府人为地掘开花园口，造成更大范围的水利灾害更是加剧了苏北地区的水患风险，因而在中华人民共和国成立之前苏北地区的区域水环境极其恶劣，水灾频发也影响了人民的生活与生产。

第二节　新沂河的开挖与骆马湖的改造

在中华人民共和国成立之前，淮河流域长期饱受水旱灾害困扰，尤其是

---

① 郑通和.欢迎苏北泛区视察团[J].善后救济总署苏宁分署月报，1947(11):1.
② 黄泛区损失统计表[J].行总周报，1947(41):16.

第十二章 中华人民共和国成立初期的水安全建设问题——以苏北地区为例

1840年至1949年的约110年间,该地区共发生水患110次和旱灾102次,几乎每年都有水旱灾害发生。[①] 而骆马湖地区更是淮河流域水旱灾害最为多发的地区之一,尤以1850—1899年这五十年间为剧,共发生水旱灾害44次,几乎年年受灾(表12-2)。特别是从1945年开始,该地区连续5年遭受水灾,尤其以1949年的灾情最为严重,淮河流域的沂沭泗流段再次受到特大洪水侵袭,是数十年来的罕见事件。从1949年夏季开始,沂沭泗流域经历了持续的阴雨天气,导致沂河和沭河水位急剧上涨。据淮阴地区的实测数据显示,从1949年7月初开始的阴雨导致宿迁的运河水位比1931年的洪水位高出0.34米,达到了2.98米。[②] 7月底开始,台风又接连过境苏北,当地的防汛形势更加严峻。至8月初,沂沭泗流域多处河流漫决,自黄河故道至陇海铁路的大片地区都被淹没。洪水甚至蔓延至早已干涸的骆马湖地区,淹没耕地村庄多处。由于六塘河的泄洪能力严重不足,洪水进一步蔓延至运河。在洪水、雨涝、台风的袭击下,出现了波及苏北全境的严重水灾,大水导致1 770余万亩耕地被淹没,受灾群众400余万人。

表12-2 1549—1999年骆马湖地区水旱灾害统计

年份	水灾(次)	大水灾(次)	旱灾(次)	大旱灾(次)	频次(年/次)
1549—1599年	7	6	1	0	3.6
1600—1649年	5	1	0	3	5.6
1650—1699年	3	4	2	0	5.6
1700—1749年	2	5	2	0	5.6
1750—1799年	12	14	0	1	1.9
1800—1849年	23	7	5	0	1.4
1850—1899年	22	8	12	2	1.1
1900—1949年	6	5	5	2	2.8
1950—1999年	5	2	4	0	4.5

注:据赵明奇主编的《徐州自然灾害史》以及羊子瑜主编的《宿迁气象志》中关于宿迁的水旱灾害记录整理。

此时正值淮海战役告捷不久,苏北地区刚刚解放,所以新政权能否及时、有效地处理灾情,解决人民的疾苦,直接关系到政治大局的稳定。水灾发生后,中共中央随即通电苏北区党委,并做如下指示:"这个地区历史上经常遭受洪涝旱灾害,群众生活很苦。现在解放了,如果不认真治水,根治水害,政权就无法巩

[①] 汪志国.近代淮河流域自然灾害与乡村社会研究[M].合肥:安徽大学出版社,2018:131.
[②] 《苏北一九四九年水利工作总结》,江苏省档案馆藏,档案号3067-1-0351。

固,应抓紧当前战争刚刚结束的有利时机,采取以工代赈的办法,积极着手治水。"① 这是中共中央关于治理沂沭泗洪水的最早指示。

骆马湖所在的沂沭泗河流域,由于黄河南徙改变了沿线地区的地貌格局,并且重塑了淮河流域的水系特征,最终的结果是让包含苏北地区在内的广大黄淮地区的水环境发生了巨大改变。而其中最深刻同时影响最深的便是,由于黄河夺淮携带大量泥沙抬高了旧淮河入海道,致使淮河以北的苏北地区的地形由北高南低转变为了南高北低。这一情况导致了原有的水流无法自然排入海洋,每逢洪涝灾害时,区域排水受阻,沂沭河上游洪水急剧增加,水量大,而下游却缺乏相应的排洪河道。因此,一旦发生洪水,所有排涝河道都会被淹没,洪涝问题十分突出。② 这一情况也引起了中央政府的关注。

按照中央的指示,苏北区党委和苏北行署立即投入救灾工作,于1949年8月中旬迅速委派唐太初、王元颐以及孙翰堂等40多名专家组成"徐淮救灾治水大队",前往灾区进行调查。经过一个月的深入调研,治水大队详细勘察了沂、沭河水情和灾情,并制订了救灾方案。治水大队调查得出结论认为,沂河是引发水灾最为严重的诱因,其问题在于下游缺乏相应的排洪河道和调蓄水库。因此,治水大队建议新挖一条河道以弥补沂河排水能力的不足,并拟定在宿迁北郊嶂山最凹处进行切岭,打通沂河向东流的通道,穿越前沭河、港河、官田河、万公河、盐河、小潮河,最终计划注入灌河并流入大海。

苏北行署的调查很快得到了中央的回应。中央人民政府于1949年11月1日正式组建水利部,组建后的第八天,即11月8日召开了全国各解放区水利联席会议。会议主题之一便是宣布1950年各地区的水利事业计划,其中就包括"沂沭河治导工程",这凸显出党和国家对于苏北地区水利建设的高度重视。

根据全国各解放区水利联席会议精神,华东军政委员会水利部(下文简称"华东水利部")在徐州召开了"沂沭汶运治导会议"。会议拟定了苏北、鲁南地区河流治理的总纲领,明确了"沂沭泗分治,沂沭分道入海"的方针,确定了"治沂先治沭而后泗运"的基本方略③,并根据流域划片的多寡,决定导沂以江苏为主、导沭以山东为主,同时两省各自筹备"导沂整沭"及"导沭整沂"工程。④ 由于当时苏、鲁两省省界在今徐州新沂市与邳州市交界的华沂附近,所以骆马湖以上沂河

---

① 王祖烈.淮河流域治理综述[M].水利电力部治淮委员会;淮河编纂办公室,1987:183.
② 王祖烈.淮河流域治理综述[M].水利电力部治淮委员会;淮河编纂办公室,1987:183-184.
③ 《沂沭汶运治导会议总结(1949年12月2日)》,江苏省档案馆藏,档案号3067-1-0010。
④ 楼建军,李建业.山东的水利建设[M].济南:山东人民出版社,2006:2.

第十二章 中华人民共和国成立初期的水安全建设问题——以苏北地区为例

分属山东省及苏北行署。

1950年1月，在方案制订以后，华东水利部在上海再次召开"沂沭河治导技术会议"，对沂沭河洪水的分流方案再次做了详细安排，同时，为了拦蓄洪水，又决定将骆马湖、黄墩湖作为汛期临时拦洪水库。① 同年11月12日，《苏北日报》刊载了苏北行署发布的《导沂工程计划》，确定了新沂河由沂河华沂起始，向南入骆马湖后转向东流经沭阳，最终注入灌河入海的路线。同时，该计划采纳了王元颐提出的平地筑堤，即"筑堤、束水、漫滩"的方式，而非向下挖河的排洪方案。②

治水工程拟定以后，旋即进入了筹备开工的阶段。依靠人民群众是共产党百战百胜的制胜法宝，而且国家成立之初百废待兴，一切工作自然都离不开人民群众的支持。凭借淮海战役广大人民群众自发支前的胜利经验，中共苏北区委、苏北行署颁布《苏北大治水运动总动员令》，号召人民群众打响另一场"人民战争"，矛头直指苏北人民面临的最大灾害——水患。

继《苏北大治水运动总动员令》发布后，中共苏北区委、苏北行署和苏北军区于11月22日发布联合命令，宣布正式成立导沂工程领导机构，即苏北导沂整沭工程司令部和政治部，并授予其全权负责导沂整沭工程的管理和执行。在有效宣传和动员的作用下，苏北地区广大农民，尤其是受水灾困扰的灾民，深刻认识到导沂工程是为了水利治理，并能领取公粮，因此他们对参与治河工作表现出极大的热情。在短短10天内，苏北各地便成功动员了10个县的25万余民工参与导沂工程。③

导沂整沭工程的核心项目包括修建骆马湖和黄墩湖临时拦洪水库，腰斩马陵山，实施嶂山切岭工程，开辟嶂山至出海口的新沂河，并开启排泄沂、泗洪水的新水路。在宿迁的皂河镇兴建束水坝，控制骆马湖水流入中运河和六塘河的水量，确保下游地区的防洪安全。此外，对邳睢、睢宁、新安、宿迁四县的民工进行动员，从皂河束水坝一直到马陵山麓，修建长18.4千米、顶高25米、顶宽6米的骆马湖南堤，初步形成汛期拦洪蓄水的骆马湖临时水库（后来成为常年蓄水库，而黄墩湖则用于洪水期间的扩容调洪）。④

因工程浩大，并需配合山东的"导沭整沂"工程，故导沂工程计划从1949年

---

① 中共徐州市委党史工作办公室.沧桑岁月.第1卷:徐州建国以来党史专题选[M].北京:党建读物出版社,2001:9.
② 陈克天.江苏治水回忆录[M].南京:江苏人民出版社,2000:103.
③ 赵筱侠.苏北地区重大水利建设研究:1949—1966[M].合肥:合肥工业大学出版社,2016:321.
④ 中共徐州市委党史工作办公室.沧桑岁月.第1卷:徐州建国以来党史专题选[M].北京:党建读物出版社,2001:10-11.

冬至1952年,分4期完成,全部工程预计土方7 266万立方米。新沂河第一期工程于1949年11月25日正式启动。第一期工程按照冬、春两个阶段进行,冬季主要专注于开挖干河和筑堤的土方工程,而春季主要着手兴建嶂山切岭、小潮河束水坝等配套建筑物工程。① 为了完成这些工程,相关部门进行了大量的筹备工作,包括组织动员民工、准备所需工具、调配粮食和草料、进行居民搬迁等。此外,还从上海、南京等地招募了150多名工程技术人员,并调集了扬州中学土木科以及苏北建校师生参与施工工作。②

"导沂整沭"的第一期工程从1949年11月25日全面开工,到1950年5月20日完成。参加工程的民工达50万人,土方工程总量达3 645万立方米,有效减轻了旧沭河泛滥地区以及六塘河、柴米河周边约3 500万亩农田的水患。③ 在1950年的汛期中,新沂河刚刚建成的排洪系统成功经历了五次洪水的考验,最大排洪量达到每秒2 550立方米,有效保障了新沂河两岸超过1万平方千米地区的安全,保住了大部分农田的晚秋收成。④ 从1950年至1953年,连续3个冬春,淮阴地区又组织导沂民工,对新沂河大堤进行了培修加固,并实施第二、三、四期的工程。

"导沂整沭"即新沂河工程历时4年,经历4期,共完成土方1.08亿立方米,石方工程18万立方米,混凝土工程2.5万立方米,总投资折合人民币4 197万元(其中包括2.15亿斤以工代赈的工资粮大米)。⑤ 工程基本达到了原始设计要求,在设计洪水位下,新沂河河床可容蓄水量达10亿多立方米,有效保护了新沂河两岸1 000万亩平原农田和600万人口的安全。工程于1953年完工时,骆马湖已经部分恢复为一个可供蓄洪排险的临时性水库。1957年至1975年,分期加固骆马湖东、西两堤,同时对中运河进行整治,疏浚六塘河以及开辟邳、苍分洪道等。

"导沂整沭"工程将骆马湖设置为临时性的蓄洪水库,而非常年性水库,因而防洪水位较低,仅为23米。骆马湖也仅在汛期蓄水拦洪,洪水退后则继续作为农田,即所谓"一水一麦"的皂河控制工程。不过,1957年苏北再遭水灾,骆马湖水位达23.15米,超过设计蓄洪线。⑥ 为调蓄洪水,从1957年开始,水利部决定

---

① 刘文.淮阴文史资料:第10辑[M].北京:中国文史出版社,1993:23.
② 中共徐州市委党史工作办公室.沧桑岁月.第1卷:徐州建国以来党史专题选[M].北京:党建读物出版社,2001:11.
③ 张寿春.江苏历史和现状[M].南京:东南大学出版社,1990:178-182.
④ 张寿春.江苏历史和现状[M].南京:东南大学出版社,1990:179.
⑤ 王祖烈.淮河流域治理综述[M].水利电力部治淮委员会;淮河编纂办公室,1987:184.
⑥ 水利部淮河水利委员会沂沭泗水利管理局.沂沭泗河道志[M].北京:中国水利水电出版社,1996:231.

第十二章　中华人民共和国成立初期的水安全建设问题——以苏北地区为例

将骆马湖改建为一个常年蓄水调控的大型水库,为此开展了骆马湖的改造工程,共出动民工2.9万人,投资217.8万元,完成土方872万立方米。[①] 根据工程规划,骆马湖水库设有两处控制枢纽,宿迁大控制工程和嶂山控制工程。随着工程的进行,骆马湖水库也同时进行蓄水,湖泊节制闸设计防洪水位均为25.1米,预留的防洪水位至闸顶高程为28米,大大提高了骆马湖的防洪水平。[②] 1958年夏季至1959年,骆马湖地区共迁出三个乡的居民,累计12.2万人。[③]

据《新沂县志》记载,截至1994年,骆马湖的水域面积达290平方千米,一般水深4米,可灌溉农田75万亩以及降渍87万亩,为苏北地区一个大型常年蓄水性湖泊水库[④]。同时,在中华人民共和国成立后,在苏北地区开展的旱改水以及南水北调东线工程中,骆马湖水库都发挥了重要的作用;在渔业方面,骆马湖水产资源有鱼类品种56种,年产量9 000余吨;在矿业方面,骆马湖拥有大量优质黄沙资源,是驱动当地经济发展的重要产业;在旅游业方面,作为优质生态湿地的骆马湖,京杭大运河贴湖而过,区内窑湾、皂河等运河古镇亦有一定的知名度。

中华人民共和国成立以后围绕苏北地区建设的一系列水利工程大大补充与加强了地区的排洪能力,出水通道的增加让骆马湖逐渐恢复了过去的水量和面积,同时加上围湖垦田被禁止,黄灾致淤问题的消失,骆马湖各方面达到了相对平衡的状态,湖泊面积也较为稳定。

第三节　"导沂整沭"工程及骆马湖改造工程取得的成就与历史意义

中共中央和苏北公署在对水灾的严重性进行深入调研后,通过"导沂整沭"工程,对沂沭泗河流域进行治导,实现了新沂河的开辟和骆马湖的改造,有效改变了地区的水系特征,增加了排水能力,提高了排洪水平,有效解决了淮河流域长期受水旱灾害困扰的问题。

首先,骆马湖的改造工程将其由临时性的蓄洪水库改造成了常年蓄水调控

---

① 江苏省新沂县地方志编纂委员会.新沂县简志[M].新沂县地方志编纂委员会办公室,1987:161-162.
② 王以超.宿迁市宿城区水利志[M].徐州:中国矿业大学出版社,2016:68.
③ 赵筱侠.骆马湖改建水库、移民与退库还田问题始末[J].福建论坛(人文社会科学版),2012(3):91-96.
④ 新沂市地方志编纂委员会.新沂县志[M].南京:江苏科学技术出版社,1995:132.

的大型水库，极大地提高了骆马湖的防洪水平。改造后，骆马湖可以更有效地调蓄洪水，保障当地水资源的平衡，也为周边地区提供了更加可靠的防洪保护。这一系列的工程举措使得原有的洪涝问题得到了根本性解决，为当地农田提供了更为可靠的防洪保障，也为灌溉农田提供了更为充足的水源。

其次，这两项工程的建设与改造工作还带动了当地经济的发展，改善了当地居民的生活条件。工程的建设过程动员了大量民工参与劳动，通过以工代赈的方式，不仅在中华人民共和国成立之初稳定了灾区的形势，更是依靠群众解决群众难题的彰显。这一过程也展现了当时中国共产党及政府对于人民群众生活的关心与重视，是共产党人民性的根本体现。

最后，这两项工程的成功建设具有重要的历史意义，标志着中华人民共和国在成立初期就开始关注并解决水灾问题，展现了党和国家对于水资源管理、防洪减灾等方面的高度重视，也为中国水利事业的发展积累了宝贵的经验和前期条件，为后续的水利工作奠定了良好的基础。同时，这两项工程也体现了当时中国人民自力更生的精神，展现了中国共产党领导下的团结奋斗、共克时艰的精神风貌。

另外，通过与明清乃至民国时期的治水活动对比，可以明显地发现，坚持人民利益至上是中国共产党一切工作的出发点与落脚点。黄河夺淮造就了苏北地区水环境的紊乱，而历代封建王朝不断兴修水利本质就是为了维持漕运。所以只有当水旱灾害威胁到漕运时，封建王朝才会足够重视。1855年黄河北徙之后，漕运基本废弛，因而即便苏北地区面临巨大的水旱灾害威胁，清政府仍然置若罔闻。苏北地区历史上除了骆马湖外，还有诸如硕项、桑墟及青伊等大型湖泊，然而除了骆马湖外均已湮灭。此三湖消失的原因与历史上骆马湖萎缩的原因一致，皆因为黄河夺淮致使沂、沭水入海不畅，同时黄泛频发，大量泥沙淤积于湖泊从而逐渐淤垫成陆。与对骆马湖的持续治理不同，因为不存在保障漕运的作用，明清政府对三湖的淤垫持消极态度，如康熙年间靳辅为了治理骆马湖开挖六塘河甚至主动围垦硕项湖，从此事件可见一斑。

总的来说，中华人民共和国成立初期在苏北地区进行的"导沂整沭"工程及骆马湖改造工程大大改善了苏北地区由于黄河南徙所造成的水环境问题。"导沂整沭"工程是中国水利工程史上的重大事件，该工程有防洪、灌溉、供水、发电等多种功能，为当地经济社会发展提供了有力支撑。通过"导沂整沭"工程开挖新沂河，苏北地区洪水灾害得到有效控制，河床容蓄水量增加，进而保护了广大农田和人口的安全。此外，该工程在面临干旱等水资源紧缺情况时，也能够进行有效的水资源调配，从而满足不同时期的供水需求，对保障水安全有着积极的意义。